河南省建设工程质量检测行业优秀论文集(2011)

主　编　顾孝同

黄河水利出版社

·郑州·

内 容 提 要

本书收录了 2011 年河南省建设工程检测行业及相关领域 70 篇优秀论文,专业内容包括:建设工程设计与施工技术管理、质量监督与控制、质量检测、建筑节能、安全管理、市政工程等方面。详细介绍了建设工程设计、施工、监督、检测等方面的新技术、新工艺、新方法,从一个侧面反映了当前河南省建设工程检测行业及相关领域的技术和水平。

本书可供建设行业工程技术人员和管理人员学习参考。

图书在版编目(CIP)数据

河南省建设工程质量检测行业优秀论文集.2011/
顾孝同主编．—郑州:黄河水利出版社,2011.10
ISBN 978-7-5509-0129-2

Ⅰ.①河…　Ⅱ.①顾…　Ⅲ.①建筑工程-工程质
量-质量检验-河南省-2011-文集　Ⅳ.①TU712-53

中国版本图书馆 CIP 数据核字(2011)第 209196 号

组稿编辑:王路平　电话:0371-66022212　E-mail:hhslwlp@126.com

出 版 社:黄河水利出版社
　　　　地址:河南省郑州市顺河路黄委会综合楼 14 层　　邮政编码:450003
发行单位:黄河水利出版社
　　　　发行部电话:0371-66026940、66020550、66028024、66022620(传真)
　　　　E-mail:hhslcbs@126.com
承印单位:黄河水利委员会印刷厂
开本:787 mm×1 092 mm　1/16
印张:15.75
字数:360 千字　　　　　　　　　　　印数:1—1 000
版次:2011 年 10 月第 1 版　　　　　　印次:2011 年 10 月第 1 次印刷

定价:38.00 元

前　言

　　工程质量是工程建设的永恒主题,而建设工程质量检测是保证工程质量的重要手段。我国改革开放以来,工程质量检测机构一直伴随着建筑业的改革和管理体制的变革而不断壮大与发展。2005 年《建设工程质量检测管理办法》(141 号部令)颁布实施以来,检测机构的第六方责任主体地位得到进一步明确,工程质量检测机构朝着独立性和社会化方向发展,检测事业迎来了崭新的春天。

　　河南省作为全国建筑大省,检测行业得到了较快发展,各个层次的检测机构遍布全省,随着新材料、新技术、新工艺的不断涌现,检测规范、标准也不断更新,仪器设备也朝着智能化方向发展,新的检测方法也在不断推陈出新。全省检测人员求实创新,勇于实践,不断总结经验,积极撰写科技论文,近年来已有数百篇检测论文公开发表,科研成果不断涌现,谱写了全省检测事业的新篇章。

　　为推进全省建设工程质量检测行业技术交流,提高工程质量检测技术水平,河南省建设工程质量检测协会组织开展了"河南省建设工程质量检测行业优秀论文征集(2011)评选活动",得到了全省工程质量监督检测机构、施工企业等有关单位的大力支持和积极响应,广大工程技术检测人员踊跃投稿,经协会组织专家对论文进行评审,评选出了 70 篇优秀论文,由黄河水利出版社公开出版。这些论文展现了河南省检测行业及相关领域技术创新的优秀成果,反映了全省检测行业积极向上的精神风貌。

　　本论文集旨在为全省检测机构和广大工程技术检测人员搭建一个平台,促进技术交流和先进经验学习。协会希望全省检测行业的从业机构和工程技术检测人员,继续在工程建设实践中总结先进的检测工作经验,加强科技创新,为推进全省检测事业新发展,提高工程建设水平做出新的贡献!

　　该书有较强的创新性和实用性,对工程建设监督检测和施工实践具有很好的指导作用,可供工程技术人员和管理人员学习参考。在此,协会向优秀论文作者表示感谢!同时,真诚感谢黄河水利出版社的责任编辑!她们在编辑和出版过程中对该书提出了许多非常有价值的建议,并付出了辛勤的劳动。

　　由于时间仓促,加之编辑委员会水平有限,本论文集中难免存在不足之处,敬请读者指正。

编　者

2011 年 6 月

目 录

回弹法在现浇混凝土结构工程施工验收阶段应用中应该注意的影响因素

王　超　田荣涛

（郑州市建设工程质量检测有限公司）

【摘　要】　本文结合几个工程实例,提出了回弹法在现浇混凝土结构工程施工验收阶段应用时应该注意的两个显著影响因素:气候条件和泵送。两个因素都会造成混凝土表层与内部质量有明显差异,从而影响回弹法的推定强度值。因此,本文对回弹法的准确应用进行了有益的探讨。

【关键词】　回弹法;钻芯修正;泵送;混凝土内外质量差异

回弹法是根据混凝土的回弹值、碳化深度与抗压强度之间的相关关系来推定混凝土抗压强度的一种非破损检测方法。由于混凝土是非匀质性材料,各相物质随机交织在一起,形成复杂的内部结构,再加上混凝土通常是在工地进行配料、搅拌、成型、养护的,每个环节稍有不慎就会影响其质量,因此对于钢筋混凝土结构,首选的检测项目往往是混凝土的强度。而回弹法检测混凝土抗压强度以其对结构没有破坏、成本低廉、方便快捷等优点在现浇混凝土结构工程施工验收阶段得到了广泛的应用,特别是按照《混凝土结构工程施工质量验收规范》(GB 50204—2002)要求在现场同条件养护试件缺失时更是确定结构实体混凝土强度的重要检测手段。但是,在现实应用中往往由于忽略了影响回弹推定强度的重要因素而造成对结构实体混凝土抗压强度的不客观评价,甚至误判为不满足设计强度要求。下面结合笔者在检测工作中遇到的几个工程实例分析一下影响回弹法检测现浇混凝土结构抗压强度准确性的某些因素。在这里我们的讨论是建立在混凝土满足回弹法检测基本要求的前提下的,即普通混凝土(由水泥、普通碎(卵)石、砂和水配制的密度为 1 950 ~ 2 500 kg/m³ 的混凝土)、原材料、外加剂、成型方法、养护条件都符合《回弹法检测混凝土抗压强度技术规程》(JGJ/T 23—2001)的要求。

1　气候条件的影响

郑州地处我国中纬度地带,气候比较温和,四季较为分明,具有明显的大陆性季风气候特征。春季温暖有风沙,夏季炎热雨丰沛,秋季晴朗日照足,冬季寒冷雨雪少。对比郑州市逐月平均气温和逐月平均降水量(见表1),我们会发现一个显著的特征,那就是5月份和6月份这两个月的气温/降水量明显偏大,甚至超过了气温较高的7、8月份,即这两个月的气候条件是温度高而降水少,自然湿度相对较低,对自然条件下养护混凝土极为不利,特别是过早拆模的竖向混凝土构件(如柱、墙等),表层附着水蒸发速度快,混凝土养护工作难度大,造成表层混凝土早期失水,并形成表层与内部混凝土质量的差异,影响混凝土回弹强度值与强度的评定。

表1 郑州市逐月平均气温及逐月平均降水量一览

类别	月份											
	1	2	3	4	5	6	7	8	9	10	11	12
平均气温(0.1℃)	-1	20	79	151	211	259	271	258	207	150	79	18
降水量(0.1 mm)	87	137	253	484	524	612	1 468	1 174	899	467	255	92
气温/降水量	-0.01	0.15	0.31	0.31	0.40	0.42	0.18	0.22	0.23	0.32	0.31	0.20

这种情况也是我们多年以来在工程验收回弹检测中多发现5、6月份回弹推定强度值低于设计强度值这种异常现象之后逐渐被发现的,因此我们有目的地进行了钻芯取样,并对回弹推定强度值进行了修正。

例如,郑州市某大厦工程,框剪结构20层,我们在进行回弹法检测时发现第12层3/c轴框架柱混凝土设计强度等级为C40,回弹推定强度值$f_{cu,e}$仅为23.3 MPa,后进行钻芯法修正,修正系数η为1.77,修正后推定强度值$f_{cu,e}$为41.2 MPa。又如,某高层住宅楼,框剪结构20层,回弹法检测发现3层、7层剪力墙推定强度值达不到设计强度等级,后钻芯修正后全部超过设计强度等级,具体数据见表2。

表2 回弹法钻芯修正后推定强度值一览

工程名称	构件轴线部位	回弹推定强度值$f_{cu,e}$(MPa)	钻芯法修正系数η	修正后推定强度值$f_{cu,e}$(MPa)	设计强度等级
郑州某大厦	12层 KZ 3/c	23.3	1.77	41.2	C40
郑州某高层住宅楼	3层 JLQ 41/L-G	23.0	1.74	40.1	C35
	7层 JLQ 40/N-Q	18.1	2.07	37.5	C35

很明显,这种情况的出现是由混凝土内外质量的差异所造成的,《回弹法检测混凝土抗压强度技术规程》(JGJ/T 23—2001)第1.0.2条明确规定:本规程不适用于表层与内部质量有明显差异或内部存在缺陷的混凝土结构或构件的检测。在不遭受冻伤、火灾等外部明显伤害的前提下,如何判断混凝土的内外质量有差异的确不是一件容易的事。一般情况下,在郑州地区,当检测的构件浇筑于5、6月份且回弹推定强度低时,应该考虑混凝土内外质量差异的问题。特别是竖向构件,应对同配合比、同条件施工的横向构件混凝土强度进行回弹法检测并将结果对比,当横向构件混凝土强度与竖向构件混凝土强度的差异超过10%时,则应考虑竖向构件表层混凝土与内部混凝土质量差异的问题。对于这样的构件,应该使用抛光机等打磨工具清除测区表面疏松层,在打磨时一般起粉较多,打磨厚度约为1 mm,直至混凝土出现光亮、坚硬面,且不应有残留的碎屑和粉末。打磨后的混凝土回弹值应该有明显的提高,再加上碳化深度的减小,回弹推定强度值自然会得到一定程度的提高。这样更能对构件的混凝土强度进行客观的评价,得到的结果更接近构件的实际强度值,也更符合《回弹法检测混凝土抗压强度技术规程》(JGJ/T 23—2001)的

要求。

2　混凝土输送方式的影响

在检测工作中,我们同样发现了另一个异常现象,那就是很多框架结构的高层建筑回弹法检测时大量构件推定强度值达不到设计强度要求。例如,郑州市某高层住宅,框剪结构24层,回弹法检测时发现大量构件回弹值偏低。经过我们仔细的调查发现,这些构件都有共同的特征,即混凝土采用泵送,大型钢模板成型,表面一般光滑、平整、毫无瑕疵,但打磨和剔凿发现混凝土表层2~3 mm范围内均为水泥浆,回弹时每个测点都在回弹后形成明显的凹痕,回弹值相对偏低。经分析我们认为,混凝土为泵送,水灰比一般都较大而粗骨料粒径小,在浇筑成型后,由于模板保水性良好,造成表层水灰比局部偏大,无粗骨料,所以回弹时回弹值偏低,不能反映混凝土内部的真实质量。经过钻芯取样验证了我们的推断,所有芯样的换算强度值都高于设计强度等级。

3　结　语

上述两种因素对回弹法应用的影响其实都是由被检测构件混凝土表层与内部质量有明显差异引起的,所以我们在回弹法的实际应用中一定要注意回弹法的适用条件,尽量让被检测构件满足《回弹法检测混凝土抗压强度技术规程》(JGJ/T 23—2001)的要求,从而更加准确地评价受检构件的混凝土强度值。

钢筋混凝土结构中
一种新型的钢筋接头形式
——论带肋钢筋套筒挤压连接接头

谷树远[1]   杨东环[2]

(1. 栾川县建筑工程质量监督站;2. 栾川县贤达建材质量检测有限公司)

【摘　要】 本文对钢筋套筒式连接接头作了阐述,并对其抗疲劳性能和应用范围作了探讨。
【关键词】 套筒挤压连接接头;抗疲劳性能

1 问题的提出

目前,在高层钢筋混凝土结构建筑、工业厂房改造和桥梁工程中需用大量的钢筋,尤其是在节点钢筋搭接处会更加密集,而且钢筋的直径也很大(大多在直径 28 mm 以上),且采用强度级别较高的钢筋,传统的绑扎搭接和电焊工艺难以适应新的技术要求,具体表现在以下两个方面。

1.1 绑扎搭接接头

绑扎搭接方法简单,不需要特殊技术,不受气候影响,但要耗用大量钢材,且搭接效果较差。搭接钢筋中的内力系通过周围混凝土的剪力传递,引起混凝土中侧向分离拉力,需要通过加密箍筋来承担。试验表明,柱子受压破坏时粗直径钢筋搭接接头混凝土常有提前压碎现象,因而要求将接头错开布置,任一搭接长度区段内,接头钢筋的百分率也被严格限制,造成施工不便。此外,搭接处钢筋拥挤,混凝土浇筑困难,使混凝土浇筑的密实度难以保证,容易导致结构受荷节点产生裂缝。

1.2 焊接接点

抗震建筑、桥梁的受力钢筋规定不得采用绑扎搭接,但焊接质量在很大程度上受工人技术、材质、电流及气候条件等因素的影响,不易得到可靠保障,而且有脆性断裂的可能,因此粗直径钢筋不宜采用。更为可能的是,目前建筑工人流动性大,素质较差,部分人员操作不熟练,未经专业焊工技术培训、未取得专业资格焊工证的人员上岗操作,不同心、钢筋缺焊、损伤母材截面等质量缺陷,这给工程埋下了重大质量隐患。此外,焊接连接常常要求大功率的电源,设备移动及高空作业较困难,工效较低,具有受明火或易爆气体、气候条件限制等缺点,很难确保钢筋焊接接头质量。

《混凝土结构设计规范》(GB 50010—2010)中钢筋的连接第 9.4.10 条规定,直接承受吊车荷载的钢筋混凝土吊车梁、屋面梁及屋架下弦的纵向钢筋不得采用绑扎接头,且不得在钢筋上焊有任何附件(接头锚固除外),也不宜采用焊接接头,而 φ 10 mm 以上 φ 25 mm 以下钢筋最长才 12 m,ϕ mm28 以上钢筋只有 9 m,必然会遇到钢筋接头的问题,而《混凝土结构设计规范》(GB 50010—2010)并未给出一种合理的新的连接接头形式。

2　带肋钢筋套筒挤压连接技术

　　根据以上方面的原因,结构工程界提出了一种继绑扎、电焊之后的"第三代接头形式"——带肋钢筋套筒挤压连接接头。在日本,1988 年落成的世界最长的大桥——濑户跨海大桥已大量采用此种连接,其中仅南濑大桥一座大桥就采用了神户制钢公司 28 万套机械接头,均取得了巨大的经济效益。这种接头形式在我国也得到了迅速发展,在南浦大桥、杨浦大桥及国际新闻广播电视交流中心大厦等六项工程中也得到了广泛应用,尤其是最近几年,该工艺在栾川县选矿企业改造及高层框架结构中逐步被人们所接受和使用,为企业节省了大量的钢筋,降低了一定的成本,经大量检测试验后,被广泛应用到重大工程项目中。

　　带肋钢筋套筒挤压连接接头的连接原理是:通过专用套丝机械在钢筋端部加工丝头,再用内侧有丝的专用套筒把两根带丝头的钢筋连接起来,用扭矩扳手拧紧形成连接接头。这种连接技术的丝头通过机械加工而成,质量稳定,性能可靠,施工方便快捷。《钢筋机械连接技术规程》(JGJ 107—2010)规定:直螺纹连接 I 级接头在构件中接头位置不受限制,直螺纹连接 II 级接头在构件中接头百分率不大于 50%。

　　栾川县地质博物馆工地在施工中大量采用了钢筋直螺纹连接技术,与传统的绑扎搭接相比,其经济效果较为显著。现在以地下室为例作一介绍:

　　地下室基础及地下室墙、柱、梁共用 HRB400 ϕ22 钢筋接头 3 850 个,如果用绑扎搭接,C30 混凝土按受拉和接头率 50% 计算,每个接头搭接长度为:$L = 1.4 \times 41d = 1.4 \times 41 \times 22 \approx 1\ 263\,(mm)$,质量为:$1.263\ m \times 2.98\ kg/m \approx 3.764\ kg$,费用为:$3.764\ kg \times 4.5$ 元/kg $= 16.94$ 元,而每个 ϕ22 的直螺纹接头费用为 6.8 元,地下室 HRB400 ϕ22 钢筋接头用直螺纹接头与用绑扎搭接相比,共节省资金为:$P = 3\ 850$ 个 $\times (16.94$ 元/个 $- 6.8$ 元/个$) = 39\ 039$ 元,经济效益可观。

　　从加工机理来看,冷压连接工艺是钢材料在压力作用下产生了冷态塑性变形,这就避免了焊接工艺中因焊接加热引起的金属组织结构变化、晶粒增粗、产生金属氧化组织、热影响区的焊接脆性等弊病,以及众多焊接夹杂、夹渣、气孔焊缝不足等缺陷。机械连接工艺性能稳定,可靠程度高,受人为操作因素影响小,对钢筋母材的化学成分也不像焊接那样要求严格,同时焊接接头由于焊接工艺和材料等因素有可能产生脆性接头,该接头在荷载下的断裂速度为 1 030 m/s,存在着钢筋混凝土结构脆性破坏,而冷压接头的失效形式是塑性破坏。

3　钢筋混凝土套筒挤压连接构件的抗疲劳性能

　　套筒挤压接头经过系统的静力性能试验和低周期的反复加载试验,结果表明,挤压接头的各项性能良好,接头的可靠性和塑性优于焊接接头,钢筋套筒挤压接头已在栾川县的高层建筑、工业厂房、大跨度建筑、特种结构等工程中应用。为了使该技术能在动荷载结构如公路桥梁吊车梁中广泛应用,应进行挤压接头的疲劳性能试验。

　　通过对套筒挤压接头试验发现,挤压接头的疲劳试验失效部位完全不同于静力试验。静力试验中挤压接头抗拉强度超过母材,拉伸断口均位于套筒之外的母材上,而疲劳试验显示了由于挤压对套筒及母材产生的不利影响,容易在挤压钢筋处产生疲劳源,此疲劳源从钢筋肋根部开始扩展,最后形成疲劳断口。

　　检测结论:①挤压力是接头疲劳性能的重要参数,只要合理控制挤压参数,挤压接头具有较好的耐疲劳特性,可以用于动荷结构;②挤压接头与焊接接头相比,其疲劳性能有所提高。

参考文献

[1] 中华人民共和国住房和城乡建设部. JGJ 107—2010　钢筋机械连接技术规程[S]. 北京:中国建筑工业出版社,2010.

[2] 中华人民共和国建设部,中华人民共和国国家质量监督检验检疫总局. GB 50010—2002　混凝土结构设计规范[S]. 北京:中国建筑工业出版社,2002.

[3] 袁海军. 带肋钢筋套筒挤压连接技术[M]. 北京:中国建筑工业出版社,1998.

浅议预拌(商品)混凝土搅拌站的质量控制

谷树远

(栾川县建筑工程质量监督站)

【摘　要】 本文主要论述预拌(商品)混凝土企业生产过程环节中的质量控制。

【关键词】 预拌(商品)混凝土;质量控制

预拌(商品)混凝土生产是建设工程中重大的现代化生产方式,主要指由水泥、骨料(粗、细骨料)、水及根据需要掺入的外加剂和掺合料按一定的比例,统一集中到一个独立的经济核算的材料加工企业——商品混凝土搅拌站,经计量、拌制后采用运输车在规定时间内运至使用地点的混凝土拌和物。混凝土的集中拌制及商品化供应可大幅度提高劳动生产率,节约原材料,降低生产成本,提高质量保证率,节约施工用地,实现文明施工,减少现场夜间施工噪声和污染周边环境。近年来,洛阳市商品混凝土企业得到迅速发展,但在栾川县才刚刚起步,尤其是在质量控制方面还存在不少问题,需要探索、研究和进一步改进。

1 原材料质量控制

(1)水泥:商品混凝土应以质量稳定、信誉好的大型回转窑水泥为主,并选择碱含量低的,散装水泥应严格控制入罐温度,以不超过 60 ℃为宜,对其强度、安定性及其他指标按批次,根据《混凝土结构工程施工质量验收规范》(GB 50204—2002)的规定进行复验,其质量必须符合国家标准《通用硅酸盐水泥》(GB 175—2007)的规定,确保水泥质量。

(2)粗、细骨料:在预拌(商品)混凝土中的所占比例较大,是影响预拌(商品)混凝土质量和企业效益的关键因素,在强度和强度保证率相同的情况下,可降低水泥和外加剂的掺量,预拌(商品)混凝土生产一般采用 5～20 mm 连续级配的碎石作为粗骨料,宜优先采用Ⅱ区中砂;颗粒级配、含泥量、泥块含量、压碎指标值等指标均应满足《普通混凝土用砂、石质量标准及检验方法》(JGJ 52—2006)的规定。

(3)水:拌制混凝土宜采用饮用水,当采用其他水源时,水质应符合《混凝土拌合用水标准》(JGJ 63—89)的规定。

(4)矿物外加剂:混凝土中掺用外加剂的质量及应用应符合国家标准《混凝土外加剂》(GB 8076—2008)、《混凝土外加剂应用技术规范》(GB 50119—2003)和有关环境规定,预应力混凝土结构中,严禁使用含氯化物的外加剂,氯化物总含量应符合《混凝土质量控制标准》(GB 50164—1992)的规定。

(5)混凝土中掺用矿物掺合料的质量应符合《用于水泥和混凝土中的粉煤灰》(GB 1596—2005)和《粉煤灰混凝土应用技术规范》(GBJ 146—1990)等规定,其掺量需经过试验确定。

2　配合比设计与控制

混凝土配合比是商品混凝土生产的重要技术文件,混凝土配合比设计除满足施工工艺和硬化混凝土的技术要求外,还应体现其经济合理性的原则。在混凝土生产过程中,混凝土配合比首次使用应进行开盘鉴定,并应至少留置一组标准养护试件,作为验证混凝土配合比的依据,按《普通混凝土配合比设计规程》(JGJ 55—2000)的规定进行配合比试验,掺入粉煤灰或矿粉时应在普通混凝土配合比的基础上按《粉煤灰混凝土应用技术规范》(GBJ 146—1990)和《粉煤灰在混凝土和砂浆中应用技术规程》(JGJ 28—86)的规定,或经试验进行取代调整,泵送混凝土应符合《混凝土泵送施工技术规程》(JGJ/T 10—95)的要求。充分考虑混凝土拌和物的性能,按照《普通混凝土拌合物性能试验方法标准》(GB/T 50080—2002)的规定进行试验,确保出厂时不离析、不泌水、不粘、不抓底,并保持良好的流动性。

3　生产运输过程控制

专业技术人员将施工配合比输入搅拌操作控制电脑中,按不同配合比进行试拌,测定混凝土拌和物的坍落度,观察其黏聚性及保水性,评定其和易性是否符合要求,若达不到要求,则重新调整至符合要求,再由生产操作人员、技术人员共同签字认可后方可进行正式搅拌生产。

(1)计量:计量是关键环节,应按有关规定由法定计量单位进行检定,使用期间应定期进行校准。

(2)搅拌:为保证拌和物搅拌均匀和坍落度稳定,必须严格按搅拌机所需的搅拌时间及使用原材料所需搅拌时间进行搅拌,以免造成质量隐患。

(3)运送:运输车在装料前应将罐内积水排尽,当需要在卸料前掺入外加剂时,外加剂掺入后搅拌运输车应快速进行搅拌,搅拌时间由试验确定,在运输和泵送过程中,严禁任意加水,确保泵送混凝土整体质量。

4　交货检验

预拌(商品)混凝土进入施工现场时,施工单位应当在建设单位或监理单位的监督下,会同生产单位对进场的每一车预拌(商品)混凝土进行联合验收。验收合格后,施工、建设单位或监理及生产单位应当在《预拌(商品)混凝土交货检验车次记录》上会签,验收完毕后,施工单位应当在建设单位或监理单位和生产单位的共同见证下,对现场预拌(商品)混凝土进行见证取样,按规定送至省建设行政主管部门审批的工程质量检测机构进行检验预拌(商品)混凝土的强度。

5　加强预拌(商品)混凝土搅拌站的监督管理

建设工程质量监督站应对商品混凝土企业资质及其质量检测机构进行严格审查,合格后方准予生产。为保证监督的有效性和抽检的真实性,质量监督站对各商品混凝土搅拌站应进行定期、不定期的抽检,加强对企业的质量控制,并对生产管理状况进行监督检查,包括原始资料及企业质控与检验操作,随机抽取原材料与产品样品进行检验。重点审查化学外加剂与水泥及矿物外加剂的适应性及形式检验报告,才能从根本上确保预拌(商品)混凝土的整体质量状况。

参考文献

[1] 中华人民共和国建设部. GB/T 14902—2003 预拌混凝土[S].

[2] 中华人民共和国,国家质量监督检验检疫总局,中国国家标准化管理委员会. GB 175—2007 通用硅酸盐水泥[S].

[3] 中华人民共和国建设部. JGJ 52—2006 普通混凝土用砂、石质量标准及检验方法 [S].

[4] 中华人民共和国国家质量监督检验检疫总局,中国国家标准化管理委员会. GB 8076—2008 混凝土外加剂 [S].

[5] 中华人民共和国建设部,中华人民共和国国家质量监督检验检疫总局. GB 50119—2003 混凝土外加剂应用技术规范 [S]. 北京:中国建筑工业出版社,2003.

[6] 中华人民共和国建设部. JGJ 55—2000 普通混凝土配合比设计规程 [S].

[7] 中华人民共和国建设部,中华人民共和国国家质量监督检验检疫总局. GB/T 50080—2002 普通混凝土拌合物性能试验方法标准 [S].

[8] 中华人民共和国国家质量监督检验检疫总局,中国国家标准化管理委员会. GB/T 1956—2005 用于水泥和混凝土中的粉煤灰 [S].

[9] 中华人民共和国电力工业部. GBJ 146—1990 粉煤灰混凝土应用技术规范 [S].

DS－1型高分子聚合物砂浆防水施工技术

王贵举　马贵申

（河南天工建设集团有限公司）

【摘　要】 本文举例阐述 DS－1 型高分子聚合物砂浆防水施工技术。

【关键词】 高分子；聚合物；砂浆；防水；施工

DS－1 型高分子聚合物砂浆防水液耐高温、耐酸碱、耐腐蚀、无毒无味，在各种防水工程中均得到了广泛应用。产品通过耐老化试验检测，其有效期在 50 年以上。近些年，在防水有特殊要求的国家大型粮库、人防工程、地下装备线和精密仪器设备房的防水防潮中，均收到了良好的效果。

桐柏县医院病房楼工程，地下室防水采用湿作业三层防水净浆＋二层防水砂浆，该产品是在原有聚合物水泥砂浆防水液的基础上研制而成的，代替水拌和水泥及水泥砂浆，高分子聚合物乳液和水泥砂浆反应过程中，高分子化合物中的原子边连接成线并带有较长分支的网状，由于这种高分子一般都呈现乱向分布的立体结构，这种密布于砂浆层内的高分子结构完全堵塞水泥的毛细通道，使水泥及水泥砂浆具有憎水性，增加其密实度和抗渗性。这种体型高分子加热时不能熔融，只能变软；不能在任何溶剂中溶解，只能微溶胀，能够有效地弥补在施工过程中的各种微小瑕疵，省工省时，防水效果好。

施工工艺是防水工程的主要环节，施工顺序为：基层处理—防水净浆层—防水砂浆层—防水层养护。

1　基层处理

（1）基层处理顺序：先顶后墙，自里到外，最后地面。

（2）基层处理方法：对新建工程，当混凝土拆模后，混凝土表面的各种缺陷应事先处理，混凝土较光滑时先进行拉毛；对旧工程，凡是渗漏处必须先堵漏，后作防水处理。砖混结构基础应先做找平层，再作防水处理。在地下水位以下施工时，应先将水位降到抹面层以下。

（3）基础处理要求：基层表面平整、坚实、粗糙、清洁并充分湿润。

2　防水净浆层做法

防水净浆层厚度为 2～3 mm，抹净浆时厚度要均匀，不得漏抹或不抹，严禁扫浆。

3　防水砂浆层做法

防水砂浆层厚度以 12～15 mm 为宜，如果厚度一次做不够，可以分两次抹面。防水砂浆初凝后必须进行压实抹光,如防水层需要毛面的,只能在抹光后用工具扫毛。

4　防水层养护

防水层终凝后,应及时进行养护,养护时间不少于 7 d 且不大于 14 d,养护期间应保持防水层湿润。

该工艺能带湿作业,不做找平层和保护层,操作简便快捷。产品无毒无味,对环境无污染,与水性装饰涂料混合使用时同样具有较好的防水效果。耐老化,不变质,抗龟裂性强,耐穿刺,能在各种防水工程中使用。产品与水泥砂浆拌和使用过程中,凝结时间仍与普通砂浆相同,不影响其原有的工作性和流动度。

泵送陶粒混凝土的试验、生产及施工

胡玉凤　杨瑜东

（驻马店市建设工程质量监督站）

【摘　要】　本文针对陶粒混凝土坍落度损失快、吸水大、难泵送的特点,通过预湿陶粒、提高入模坍落度、延长凝结时间、提高砂率、合理振捣和二次抹面等方法来满足泵送及施工要求。
【关键词】　陶粒;泵送;生产;施工

1　工程的概况

　　某中学教学楼 7 层屋顶构架,外飘 3 m,用陶粒混凝土旨在降低自重。构件尺寸为:长×宽×厚 = 60 m×4 m×25 cm,50 ~ 60 m 长的两块梁板各设后浇带。轻质混凝土设计强度等级为 LC30,干密度为 1 800 ~ 1 900 kg/m³。施工泵送高度为 20 m,水平距离为 150 ~ 180 m。

2　材料选用

2.1　陶粒选用

　　用圆球形和碎石形高强陶粒进行对比试验,该品牌陶粒具有吸水率小、筒压强度高的特点,具体指标见表 1,两种陶粒的对比试验见表 2。

表 1　圆球形和碎石形高强陶粒技术指标

粒形	规格（mm）	密度（kg/m³）		筒压强度	吸水率（%）					空隙率	级配	级别	陶粒
		堆积	表观		1 h	2 h	3 h	4 h	24 h				
圆球形	5 ~ 20	810	1 380	11.1	3.2	3.8	4.0	4.5	7.8	42.0	良好	800	5.2
碎石形	5 ~ 20	780	1 500	7.8	2.7	3.0	3.6	3.9	6.1	48.0	良好	800	4.8

表 2　圆球形和碎石形陶粒混凝土坍落度经时损失比

强度等级	陶粒粒形	原材料用量（kg/m³）						扩散度	坍落度经时损失（mm）				强度（MPa）		
		减水剂	水	水泥	粉煤灰	矿渣	陶粒		初始	1 h后	2 h后	3 h后	3 d抗压	28 d抗压	28 d抗拉
LC50	圆球形	13.68	168	420	85	65	562	320	205	170	130	100	40.0	57.0	4.37
LC50	碎石形	15.39	173	420	85	65	610	510	210	205	195	185	44.4	56.3	4.08

　　（1）在相同初始坍落度的情况下,圆球形陶粒 3 h 后的坍落度比碎石形陶粒的小 85

mm,证明圆球形陶粒比碎石形陶粒的混凝土损失大。

(2)圆球形陶粒润滑性好,坍落度和扩散度较大,但圆球形陶粒比碎石形陶粒更易上浮,不利于泵送和振捣。

(3)圆球形陶粒与碎石形陶粒的混凝土强度接近。

2.2　水泥

一般选用强度较高且出厂温度低的水泥,以减小坍落度损失,利于泵送。使用的水泥矿物成分及物理检验数据如表3所示。

表3　使用的水泥矿物成分及物理检验数据

水泥品种	C_3S	C_2S	C_3A	C_4AF	水泥出厂稳定	3 d 强度	28 d 强度	稠度	比表面积
P Ⅱ 42.5 级	63.95	14.01	6.17	10.51	65	35.8	58.9	26.1	365

2.3　粉煤灰

粉煤灰采用Ⅱ级,需水量小,以利于泵送。选用的粉煤灰主要性能指标:细度为13.2%,需水量为98%。

2.4　缓凝高效减水剂

缓凝高效减水剂可以增加缓凝组分,减小坍落度损失,以利于泵送。主要指标为:含固量31%,减水率18%,水泥净浆流动度200 mm,硫酸钠4.48%。

2.5　砂

采用中砂,细度模数为2.7,含泥量为0.5%。

3　配合比设计及试验

3.1　混凝土的配合比设计与调整

(1)可在原有普通泵送混凝土配合比的基础上,采用等体积陶粒取代碎石的方法进行试验。砂率的计算应按绝对体积法进行。用 1 m³ 陶粒配 1 m³ 碎石的设计思路不适合泵送陶粒混凝土配合比设计,因为按绝对体积计算后,浆体用量太少,没有足够浆体包裹陶粒,难以泵送施工。

(2)当容重较大时,可考虑降低砂率。经试验,砂率降低至3%以内时,容重变化不大。

(3)泵送陶粒混凝土用量水不宜太少,否则坍落度损失快。

(4)泵送陶粒混凝土胶凝材料用量相对较大,可大量掺磨细矿渣,掺矿渣可降低水泥用量,降低造价。

(5)减水剂的掺量应通过试验确定。

(6)由于圆球形陶粒比碎石形陶粒坍落度损失要大,陶粒更易上浮,不利于泵送,应选用碎石形陶粒配制泵送陶粒混凝土。

3.2　泵送陶粒混凝土强度试验及拌和物试验

(1)强度试验结果。

根据试验数据,我们可以得出以下结论:

①轻质高强陶粒混凝土的强度增长与普通碎石混凝土的强度增长相接近,同样满足灰水比与强度呈线性关系。

②用陶粒配制 60 MPa(即 C55)以上的轻质混凝土,难度会加大。主要是因为陶粒具有较强的吸水性,配制混凝土用水量较大。另外,从陶粒混凝土破碎试验的试块的断面来看,C50 以上陶粒混凝土试块浆体强度已高于陶粒强度,大部分陶粒呈中部断裂状态。

(2)拌和物振捣、抹面施工性能试验。

对泵送陶粒混凝土拌和物进行振捣、抹面等施工性能进行试验,我们得出以下结论:

①最佳振动时间(试验用振动台)宜控制在 10 s 以内,否则易浮粒,若坍落度小,则振动时间可适当延长。

②当坍落度超过 220 mm 时,振动时间不宜超过 10 s。

③坍落度在 180 mm 以内,陶粒混凝土经试验台振动 15 s 内,陶粒不会上浮;超过 25 s,陶粒开始上浮;超过 60 s,大量陶粒浮于表面,故施工时不能过振。

④施工时应进行二次收浆抹面。二次收浆可以减少部分陶粒悬浮于混凝土表面,亦可减少裂缝的产生。

⑤成型坍落度不宜过大,若超过 230 mm,在不振动状态易出现浮粒现象,超过 250 mm 时浮粒严重,且会增大,游离的水填充陶粒的内部孔隙。3 次取不同坍落度的陶粒混凝土进行压力泌水率的试验,结果都一样。出水量太少,无法计算。陶粒混凝土的压力泌水率为零。

4　模拟生产及施工试验

4.1　模拟生产试验

模拟生产试验的配合比如表 4 所示。

表 4　模拟生产试验的配合比

水	PⅡ42.5 级	砂	陶粒	粉煤灰	FDN - 2	体积砂率	说明
175	270	657	550	200	8.46 (1.80%)	40.3%	陶粒堆积密度为 785 kg/m³

4.2　模拟生产注意事项

(1)装料前,车及搅拌机要清洗干净,防止混入碎石。

(2)车用完后,要严格清洗干净,防止下次装料时有陶粒污染工地的混凝土。

(3)配料完毕,要严格清洗干净搅拌机及砂仓落料口,防止下次配料时有陶粒污染工地的混凝土。

模拟实际生产,用搅拌机搅拌出 1 m³ 陶粒混凝土,用运输车装混凝土,不断转动 2.5 h,每 30 min 测坍落度损失一次:做完坍落度后的混凝土,分别做抗压、抗渗、抗折试块,取 0.5 m³ 陶粒混凝土出来,浇捣成一块 1 m × 1 m × 30 cm 的地板,以模拟施工。用振动器振动,用秒表测量出浮粒最少的振动时间。

4.3　模拟生产试验结论

(1)陶粒混凝土过振易浮粒,可通过严格控制振动时间来解决,本次试验确定最佳的振动时间为 6 s。

（2）陶粒混凝土振动后，其表面多少都会有浮粒，要两次收浆解决此问题。通过本次试验，观察到两次收浆的表面效果相当好，关键是要控制第二次收浆的时间，即刚接近终凝时（用手指按混凝土还有手印时）开始进行收浆，要保证足够的人力。

5 生产与施工

5.1 陶粒预湿

由于生产用的陶粒方量大，同时陶粒为袋装，要预湿有较大的困难。经多方论证，采用拆包散堆，用 4 个高压水头多方位喷淋 2～3 d，停半天待陶粒表面无明显滴水即用铲车上料到筒仓备用。

5.2 生产准备

陶粒上粒前，将输送带、筒仓、上料口等全部清理一遍，防止残留的碎石混入陶粒。同时，混凝土搅拌机及运输车全面清理一遍。

5.3 配料与出厂控制

（1）用水量：为减少浮粒的出现，在满足坍落度的条件下尽量多减水。

（2）凝结时间：由于室外气温高达 31 ℃，阳光曝晒，故凝结时间应适当延长，可通过增加适当的缓凝剂掺量来实现。

（3）初凝时间：在室内的标准状态下控制为 10～13 h，室外的高温状态最少不宜少于 5 h，以保证有足够的施工操作时间。

（4）坍落度：考虑到运输途中的坍落度损失，故出厂坍落度加大 30～40 mm，从搅拌站到工地现场跟踪对比，最合适的出厂坍落度为 220～250 mm。各性能参数见表 5。

表 5 陶粒混凝土性能参数

强度等级	出厂坍落度（mm）	运输时间（h）	工地入泵口坍落度（mm）	泵管长度（m）	工地出泵口坍落度（mm）	可泵性	3 d 强度（MPa）	7 d 强度（MPa）	28 d 强度（MPa）
C30	195	0.5	190	150	150	较差	28.4	32.5	43.8
C30	220	0.5	220	200	205	良好	25.8	29.3	41.6

经生产验证：陶粒混凝土的最佳泵送坍落度为 210～230 mm，若低于 180 mm，则陶粒在泵压的作用下吸水增大，混凝土会变得干涩而失去流动性。

5.4 泵送

本次所用混凝土泵为六菱柴油泵，泵送陶粒混凝土最大压力为 16～18 MPa，而泵送普通混凝土一般泵压为 12～13 MPa。由于在泵压作用下及陶粒的吸水性，混凝土易变得干涩，缺乏流动性，增加泵送的困难，因此应尽量缩短泵送的距离，必要时可考虑采用移泵的办法。最长管道不宜超过 200 m，以降低堵管的风险。强调要用足够的水先行试泵，充分湿润管道；泵完水后，要有足够的砂浆润管。如果没有经过充分的润管，一旦打入陶粒混凝土，就易因失水过快而堵管。

要预计泵送过程的坍落度损失,200 m 泵送距离大概损失 50 mm,入模坍落度宜为 140 ~ 180 mm,现场宜配有后掺外加剂,确保入泵坍落度控制在 200 ~ 230 mm。

5.5 浇筑施工

用插入式振动器施工振捣,采用快插快拔方式,每振点控制在 6 s 以内,混凝土浮粒较少。同时,初凝前(用手按略有手印时)进行二次收浆,可有效地减少表面的浮粒。二次收浆完毕后,盖上彩条布可有效地减少裂缝的产生。

6 结 语

只要从以下几方面严格把关,陶粒混凝土是完全可以满足工程泵送的要求的:

(1)陶粒的选形要正确:用碎石形陶粒,且规格以 5 ~ 16 mm 最为适宜,级配要求良好。

(2)陶粒混凝土强调要有足够的浆体包裹,要求砂率大,体积砂率宜为 36% ~ 48%。以 C30 为例,最适宜的砂率为 42% ~ 44%;同时胶凝材料大,总量不宜少于 400 kg/m³。用水量宜大些,控制在 175 ~ 185 kg/m³ 较为适宜,否则易泌水及浮粒。入模坍落度宜控制在 140 ~ 180 mm 较为适宜。

(3)由于陶粒混凝土的坍落度损失大,加上泵压作用下,陶粒易吸水,造成混凝土干涩从而流动性差。泵送管道的预湿与润滑也很重要。可用移泵的方法,尽量缩短泵管的长度,以 200 m 以下较为适宜。入泵的坍落度不宜小于 180 mm,最适宜的入泵坍落度为 200 ~ 230 mm。

(4)宜进行施工振捣试验,确定适当的振捣时间,插入式振捣器,一般不宜超过 6 s,以减少浮粒。

(5)浇捣后应进行二次收浆抹面,以减少浮粒及裂缝。

低强混凝土可泵性的研究与应用

崔先停

(驻马店市置地商品混凝土有限公司)

【摘　要】　将大掺量活性细掺料和泵送剂加入混凝土拌和物中,在两者的复合作用下,可使混凝土的工作性、耐久性、强度得到改善,并可提高低强混凝土的可泵性。

【关键词】　低强混凝土;活性细掺料;泵送剂

混凝土按强度划分为低强(≤C15)、中强(>C15)、高强(>C50)、超高强(>C100)四种。目前国内泵送混凝土的研究主要在中、高强混凝土上,而低强混凝土可泵性差,有关低强混凝土采用泵送的报道较少。本文介绍在系统试验的基础上,研究提高低强混凝土可泵性的方法及技术要点。

1　低强混凝土可泵性差的原因

泵送混凝土的特点是在泵压作用下,混凝土拌和物通过管道输送。可泵性差的混凝土是难以泵送的。低强混凝土中的水泥用量少(通常在 $200 \sim 250 \ kg/m^3$ 之间),难以保证混凝土在运输时有足够的水泥砂浆润滑管道,其摩阻力大、易离析、阻塞管道、可泵性差。因此,我国《混凝土泵送施工技术规程》(JGJ/T 10—95)中规定:泵送混凝土的最少水泥用量宜为 $300 \ kg/m^3$。

研究结果表明,对可泵性混凝土,输送过程中起润滑作用的是细粉砂浆。混凝土中细粉料含量对混凝土可泵性能影响很大,德国 DIN 标准中明确规定:所谓细粉料,是指包括水泥和粒径在 0.25 mm 以下的细砂部分,并对每立方米混凝土中细粉料的含量随骨料最大粒径的不同,给出相应的推荐值。我国《混凝土泵送施工技术规程》(JGJ/T 10—95)在规定最小水泥用量的同时也规定了通过 0.315 mm 筛孔的细砂不宜少于15%,与上述标准中的细粉料要求是吻合的。细粉料的含量不足正是低强混凝土可泵性差的主要原因。

2　提高低强混凝土可泵性的方法

针对上述原因,我们以增加细粉料含量、混凝土复合化为研究途径,在低强混凝土中加入大掺量活性细掺料,以增加细粉料的含量。使用的柳州电厂Ⅱ级粉煤灰细度较好,0.045 mm 方孔筛筛余量为5%,需水量比为94%,富集有大量表面光滑的球状玻璃体结构,在混凝土拌和物输送中起"轴承"作用,可显著改善拌和物的和易性,降低在管道滑动中的摩阻力,提高混凝土的可泵性。同时,我们还在混凝土中加入复合型泵送剂 FDN-P。FDN-P 是由几种水溶性磺化聚合物及保水组分复合而成的,具有增塑、缓凝、低引气等特点,可防止混凝土拌和物在泵送管道中离析或阻塞,改善其泵送性能。

试验表明,大掺量活性细掺料和泵送剂的复合作用,能有效地提高混凝土的可泵性,使低强混凝土应用泵送技术成为可能。

3 低强泵送混凝土试验用原材料

(1)水泥:32.5级普通水泥,水泥3 d抗折强度为3.9 MPa、抗压强度为18.1 MPa,28 d抗折强度为7.3 MPa、抗压强度为44.0 MPa,体积安定性合格。

(2)砂:中砂,细度模数为2.7,通过0.315 mm筛孔的细砂为17.7%,含泥量为1.2%。

(3)石子:粒径为5~40 mm的碎石,针片状含量为6%。

(4)外加剂:FDN-P型泵送剂。

(5)粉煤灰:Ⅱ级成品灰,主要化学成分为SiO_2(52.4%)、Al_2O_3(28.33%)、Fe_2O_3(6.55%)、CaO(4.13%)、MgO(1.68%)、SO_3(1.15%)、烧失量(4.17%)。0.045 mm方孔筛筛余量为5%,需水量比为94%,富集大量表面光滑的球状玻璃体结构。

4 低强泵送混凝土的配合比

4.1 水胶比

适宜的水胶比是混凝土在管道中输送的必要条件,水胶比小,混凝土流动阻力大,泵送困难;水胶比过大,混凝土易离析,可泵性差。根据试验,在掺入泵送剂后,将混凝土的水胶比控制在0.54~0.58内,新拌混凝土坍落度控制在(150±20) mm。

4.2 水泥用量

试验研究中突破了泵送混凝土最低水泥用量宜为300 kg/m³ 的限制,水泥用量设240 kg/m³、210 kg/m³、180 kg/m³、150 kg/m³ 四个级别,每个级别设2个粉煤灰掺量。

4.3 活性细掺料

低强混凝土水泥用量少,为使拌和物具有良好的可泵性和稳定性,经试验分析,确定采用大掺量Ⅱ级粉煤灰,掺量为胶结料的23%~55%。

4.4 砂率

细骨料对混凝土可泵性的影响也较大,故选用通过0.315 mm筛孔细砂为17.7%的柳江产中砂,细度模数为2.7,砂率为45%。

4.5 泵送剂

FDN-P型泵送剂,掺量为水泥质量的3.5%。它对水泥具有高分散性,可使低塑性混凝土流态化,经时损失小。

本次试验水泥用量4个级别设8种粉煤灰掺量,并保证混凝土的胶凝材料总量在300 kg/m³ 以上,试验用配合比见表1。

5 混凝土的性能分析

在本系统试验中,由于大掺量活性细掺料和泵送剂的复合作用,使低强混凝土的强度、工作性、耐久性得到了很大的改善。

表1　低强混凝土试验配合比

序号	砂率(%)	粉煤灰掺量(%)	水泥(kg/m³)	粉煤灰(kg/m³)	砂(kg/m³)	石(kg/m³)	水(kg/m³)	泵送剂(kg/m³)
1	45	23	240	72	859	1 049	180	0.84
2	45	29	240	98	848	1 036	180	0.84
3	45	33	210	104	857	1 048	180	0.735
4	45	38	210	129	848	1 036	180	0.735
5	45	43	180	135	857	1 048	180	0.63
6	45	46	180	153	849	1 038	180	0.63
7	45	52	150	163	857	1 048	180	0.525
8	45	52	150	183	851	1 039	180	0.525

5.1　混凝土的可泵性

影响混凝土可泵性的因素很多,据资料介绍,混凝土可泵性评价图由压力泌水量为横坐标、坍落度为纵坐标的分区图组成。提高可泵性的正确途径应该是保持混凝土有较好的流动性,减少压力泌水量,使之位于最佳区段。

我国《混凝土泵送施工技术规程》(JGJ/T 10—95)规定:压力泌水试验一般10 s的相对压力泌水率不宜超过40%。本试验中压力泌水率在14.8% ~17.8%波动,比规定值小,这与细掺料掺量大、混凝土和易性改善的特征相一致(见表2)。

表2　混凝土抗压强度和压力泌水率

序号	水泥用量(kg/m³)	粉煤灰掺量(%)	抗压强度(MPa)			强度发展系数			压力3.5 MPa泌水率(%)
			7 d	28 d	60 d	7 d	28 d	60 d	
1	240	23	10.9	24.5	36.4	0.44	1.00	1.49	17.8
2	240	29	11.9	26.0	38.9	0.46	1.00	1.50	17.8
3	210	33	9.0	21.4	32.3	0.42	1.00	1.51	17.2
4	210	38	8.9	22.7	34.5	0.39	1.00	1.52	16.6
5	180	43	7.0	19.4	29.4	0.36	1.00	1.52	16.1
6	180	46	6.8	20.0	30.8	0.34	1.00	1.54	15.5
7	150	52	5.6	16.3	24.8	0.34	1.00	1.52	15.5
8	150	55	5.4	16.7	25.9	0.32	1.00	1.55	14.8

由于泌水量减少,改善了混凝土的和易性,从而降低了混凝土在管壁中的摩阻力,提高了混凝土的可泵性。

混凝土坍落度经时损失值见表3。

表 3　混凝土坍落度经时损失值 （单位：mm）

序号	0 min	30 min	60 min	90 min
1	140	120	100	90
3	160	140	120	100
5	150	130	105	90
7	160	145	120	105

从表 3 中数据可以看出，混凝土经 60 min 后，其坍落度仍能保持在 100 ~ 120 mm，满足泵送混凝土的技术要求。混凝土坍落度经时损失小是由于掺加了 FDN – P 型泵送剂，其增塑缓凝作用有效地提高了混凝土的流动性，并减少了浇筑过程中坍落度经时损失，保证了混凝土泵送的顺利进行。

5.2　混凝土强度力学特性

混凝土抗压强度测试结果见表 2。结果表明，当水泥用量从 240 kg/m³ 降至 150 kg/m³、粉煤灰掺量相应地从 72 kg/m³ 增至 183 kg/m³ 时，混凝土 28 d 强度从 24.5 MPa 降至 16.7 MPa。从混凝土强度发展情况来看，可以发现混凝土的早期强度比率 $f_{cu,60}/f_{cu,28}$ 呈下降趋势，而后期强度比率 $f_{cu,60}/f_{cu,28}$ 则逐渐增大。4 种水泥用量级别的混凝土后期强度都有较大增长，如 60 d 强度比 28 d 强度均可提高 50% 以上。

试验还表明，同一水泥用量下随粉煤灰掺量增大，混凝土的后期强度增长速度加快。这种结果与粉煤灰的火山灰效应和活性填充作用的特性是一致的。

5.3　混凝土的抗渗性能

在新拌混凝土阶段，粉煤灰填充了多余水分形成的孔隙和毛细管；在混凝土硬化阶段，粉煤灰与水泥水化析出的 $Ca(OH)_2$ 发生火山灰反应，生成难溶于水的水化硅酸钙和水化铝酸钙凝胶，进一步"细化"孔隙和堵塞毛细孔通道。因此，粉煤灰混凝土的抗渗性能较基准混凝土得到了较大的提高，在各级水泥用量下，抗渗等级均在 P8 以上，可满足一般混凝土结构防水要求。

6　工程应用及技术经济分析

某防洪治涝工程由防洪堤、涵闸和泵站三部分组成。防洪堤底宽 17.43 m、高 29 m，基底防渗层为厚 500 mm 的 C15 混凝土，堤身采用 C10 混凝土。涵洞 3 孔净尺寸（宽 × 高）为 3.5 m × 7.0 m，长 90 m，洞身采用 C20 混凝土。基底垫层采用 C10 混凝土。泵房尺寸为 72 m × 21 m，高 28.11 m，采用 C18 混凝土，垫层采用 C10 混凝土。混凝土总量为 6 万 m³。

6.1　混凝土施工配合比强度测试

混凝土采用 32.5 级普通水泥，坍落度均为 140 mm，其平均抗压强度 $f_{cu,28}$：C10 为 14.35 MPa，C15 为 18.13 MPa，C20 为 24.25 MPa。

6.2　技术经济分析

（1）与常规混凝土水泥用量相比，低强泵送混凝土节约率达 29% ~ 31%，该工程共节约水泥 4 400 t,降低工程造价 63 万元,经济效益显著。

(2)低强混凝土实现泵送大大加快了工程进度,缩短工期 1/4,减少了人工费和管理费支出,并可减轻工人的劳动强度。

(3)本研究中更多地掺加粉煤灰(31% ~47%),节约熟料水泥(29% ~31%),取得了一定的环保效益。

地质勘探的监理机制

裴克选

（河南地质矿产勘查开发局第十一地质队）

【摘　要】 面对日益激烈的市场竞争,在现代化管理体制中引入了监理的概念,有效地发挥了监理机构的监督管理作用,用科学系统的方式对现代化企业进行了全面的管理控制。地质勘探作为一门严谨的调查研究工作,工程勘探的质量直接影响到后期工程项目的设计、建设和生产。将现代化科学管理方式融入地质勘探研究工作中来,推动地质勘探市场进入良性循环发展的阶段,也是对地质探勘基础工程的有效保障。

【关键词】 地质勘探;监理机制;工程;质量

1　地质勘探引入监理机制的意义

国土资源部副部长、中国地质调查局局长汪民指出:开展地质勘探项目监理工作不仅是保证地勘项目质量和提高国家投资效益的需要,也是探索建立地质勘察运行新机制的需要;它对加强我国地质勘察单位队伍建设、提高勘察质量和效益,都将具有明显的推动作用。因此,在综合规模化的勘探项目中出现了施工单位多,分项、分部工程繁杂等局面,现在的工程项目工期要求紧,时常跨阶段性施工。如此重叠、烦乱的项目组织必须依靠监理机构,通过专业、科学的管理才能为项目方带来稳定、安全的项目收益。

另外,市场对地质勘探需求的增加,导致了各种不同性质的地质勘探组织纷纷涌入市场,致使技术水平参差不齐、施工水平降低,出现了以进度为主要指标,存在安全、质量等潜在隐患,勘探、研究结果限于形式化,导致浪费大量财力、物力而未能得到预期的研究成果。因此,监理机制在地质勘探中的应用正是为了更科学化、正规化地进行行业监督管理,保证地质勘探行业健康稳定地发展。

2　地质勘探监理机制的运用

在地质勘探中实施监理机制是为了有效地控制地质勘探中的各个环节,保证规划的专业性,保障工程施工的质量、安全和进度,确保能得到最可靠、完整、科学的地质勘探资料。以大唐国际发电股份有限公司投资内蒙古锡林浩特市胜利煤田东区二号露天矿为例,分析地质勘探工程中监理机制的运用。

胜利煤田东区二号露天矿位于内蒙古锡林浩特市东北 10 km,面积 42.4 km²,设计钻探总工程量为 169 500 m。该项目投资近亿元,是在原普查基础上的跨阶段综合性勘探项目。为了保证工程质量和进度,提交可靠、完整的地质资料,河北省煤田地质局第四地质队负责对该工程的设计、施工和地质资料的提交进行全程监理。

　　首先参考相关资料及甲方要求,制定监理工程实施细则,并将地质勘探行业相关技术要求、质量标准和行业规范汇集成册,成为监理人员及设计人员写论文的工作指导标准。随后由总工程师负责,地质、钻探、测量、水文、物探等专业技术人员组成设计审查小组,参照技术规范,对该工程设计进行审查。该工程中审查结果:设计钻孔量由原设计403个调整为259个,工程量由169 500 m减为121 600 m。在进入野外勘探施工阶段,重点对进场钻机进行审查,要求钻机及配套设施符合钻探深度要求和技术要求。实际中查出2台钻机不符合要求,对其下达监理工程师通知单并清除出场,保证施工技术和能力。在监理过程中,重点依据相关技术规程、规范及标准,现场监理人员必须做好监理工作日记和每次会议内容,这样有利于对掌握整个工程的进展情况提供详细的资料。在东区二号露天矿的实际施工情况分析中,先期开采区以200 mm×200 mm网距钻孔施工,保证钻孔布局的合理,同时严格控制无效进尺,按设计要求控制钻孔打到终孔层位15 m内终孔,通过掌握现场第一手材料,及时通知钻机及指挥部终孔测井,保证更加合理的使用工程量,为投资方节约了资金。根据《工程监理实施细则》,坚持按时编写监理旬报,对每旬中关于施工质量、生产进度及发现的问题及时向投资方和施工方进行通报。为保证整个工程施工质量,监理人员在施工现场进行巡查,对未按要求和不符合技术规范的施工方下发监理工程师通知单,要求整改停钻,整改达标后经监理人员验收后方能复工。在案例的野外施工中,共编写通报监理旬报8期,对施工井队下达监理工程师通知单18项,对指挥部下达建议书2项,使工程施工质量得到了有效的监控。

3　地质勘探工程的监理机制

　　通过该工程对监理机制的应用可以发现,监理的目的在于提高工程质量,规范工程。监理机构对建设的工程质量、造价、进度进行全面管理和控制。在施工准备阶段,参考专业的技术、规范、标准对工程设计进行审核,提出修改建议,建立完善的质量保障体系。在施工过程中,重点对进场施工的钻机等设备进行严格审查,对现场的实际问题提出具体要求,对发现的问题要及时进行停钻整改,对现场问题和情况进行详细记录。监理机构要根据设计的施工情况制订相应的工程计划表和工程进度表,进行整体控制。从地质勘探监理机制的运用过程来看,地质勘探监理机制的主要作用是:做好施工前期准备,对工程质量、造价、进度进行合理控制。

4　结　语

　　地质勘探监理是一个新兴行业,需要在工作实践中不断发展和探索,并逐步完善,为提高地质勘探工程质量提供保障。在市场经济下,需要对监理工作和市场进一步规范化、制度化,加强质量、进度、资金控制等监理工作,使监理工作更加科学、全面,才能让地质勘探工程监理在规范的范围内,合理地使用资金,控制质量,实现项目的经济价值。

发泡混凝土在屋面隔热保温工程中的应用

时朝业

（河南天工建设集团有限公司）

【摘　要】　本文结合工程实例,就发泡混凝土在屋面保温隔热工程中的应用进行了探讨。
【关键词】　发泡混凝土;屋面保温;隔热工程;应用

　　发泡混凝土是利用混凝土中大量的封闭气孔达到轻质高强、保温、隔热的目的的,是一种利废、环保、节能、低廉的新型保温隔热材料,且轻质高强,保温、隔热,低弹抗震,安全防火,耐久性佳,原材料广泛。

　　采用发泡混凝土作为屋面保温隔热材料,使发泡混凝土隔热层与原楼板细小凸凹不平的基面填平,并可抓实、抓牢,形成强有力的附着性能,采用发泡混凝土制作的屋面保温中水泥发泡剂原料为植物性脂肪酸,合成体为水溶性,是安全环保卫生产品,不会对人体造成危害。这也是人们选择发泡混凝土的重要因素。

　　河南天工丽水源高层住宅小区,共3幢楼,由于本建筑群位于白河岸边,温差较大,对屋面保温施工质量要求较高。屋面施工正处于夏季,温度高,雨水较多,对工期有一定的影响。每幢建筑物长66.6 m,宽53.1 m,主楼屋顶高92.4 m;地下1层,地上30层,高层商住楼。屋面设计为SBS改性沥青防水卷材上人屋面,屋面面积为10 000 m^2,发泡混凝土的施工量约为1 100 m^3。

1　施工准备

　　施工前先清理屋面杂物、积水等,按图纸设计要求找坡,根据设计要求的屋面坡度,设置坡度线及保温层厚度桩,用灰饼控制发泡混凝土表面标高。对水落口进行临时封堵,浇筑第二天将水落口打开清理,保证落水管畅通。

　　配制发泡混凝土的水泥强度等级不应低于32.5 MPa,水泥用量不少于250 kg/m^3,1 h后发泡的沉陷距≤10 mm,1 h后的泌水量≤80 mm,发泡的倍数≥20。施工用水必须采用自来水,严禁含酸性物质的水掺入发泡剂中,以免产生化学反应,影响发泡剂的发泡效果。发泡混凝土的施工配合比为水泥:粉煤灰:水:发泡剂=250 kg:100 kg:210 kg:17 kg,密度为350 kg/m^3。

　　发泡专用机选用第六代HT-60C,最高泵送120 m。上下采用对讲机联系。

2　施工方法

　　发泡混凝土的生产工艺流程如下:

　　水、水泥、粉煤灰→搅拌→浆料→高压泵
　　　　　　　　　　　　　　　　　　　　　　　　]→混合泵→高压泵→浇筑
　　水、发泡剂→稀释液→发泡

混合后的浆料由高压软管输送到施工部位直接下达,铺摊时采取"分仓"施工,每仓宽度为1 000 mm;分层铺摊,最薄处60 mm,每层虚铺厚度为设计厚度的130%,应尽可能地使铺设的层理平面与铺设平面平行。依据坡度线及厚度桩用木板拍实、抹平、收光。达到标高后用铝合金尺刮平,间隔时间不超过20 min,最后一次性刮平不要反复,以保证混凝土表面平整。直接找出2%坡,采用分层施工,底层浇筑完1 d后进行面层施工,面层厚度控制在100 mm左右,面层施工时要关注天气,施工时及施工后1 d不能下大雨。浇筑时,泡沫集中处要清除掉,浇筑后根据温度情况,其强度未达到要求前不得上人踩踏。

3　质量控制

(1)所用原材料产品出厂合格证(或试验报告)齐全,材料进场按规定抽样复验,并提出复试报告,不合格原材料不准进场使用。

(2)严格控制配合比,水泥用袋计算,浆料及发泡剂流量用调节开关控制。搅拌时要严格计量工作,水泥称量误差要符合规范规定,发泡剂的称量误差不得大于±2%,不得随便加大用水量或增加发泡剂用量,严格执行通过试验确定的配合比。发泡剂在存放期间要妥善保管,防止雨水或杂物侵入,使用前再进行核查,确认可行后才能用于工程。

(3)表面平整度为±10 mm。

(4)HT发泡混凝土注入模硬化后,肉眼观察未见有沉陷和塌陷现象,其表观密度≤400 kg/m³时,抗压强度达到0.5 MPa以上。出料管不得在发泡混凝土中来来往往,以免破坏气泡,待发泡混凝土凝固后才能拆除模板。

(5)施工后第二天就可以用塑料薄膜覆盖面层,以防失水过快造成开裂,影响表面强度,能上人后用切割机切割伸缩缝。做好后一周左右做砂浆找平层。

(6)试块留置:相同原料、相同工艺生产发泡混凝土500 m³为一个检验批,不足500 m³按一个检验批,每一个检验批现场留置试件一组6块(规格为70.7 mm×70.7 mm×70.7 mm),标准养护龄期为28 d,检测干密度及抗压强度。

4　注意事项

(1)发泡混凝土混合料搅拌要充分搅拌均匀,与发泡剂要混合均匀。

(2)搅拌发泡混凝土混合料时,必须严格控制水的用量。

5　安全操作及文明施工

(1)发泡混凝土施工所使用的机具包括发泡混凝土发泡机、水管、水泵、铁锹、卷尺、线绳、水桶等。

(2)所有机具运至施工现场后应由专业电工进行检测、调试,确定无故障后方可进行施工。

(3)专用机具必须设置专用的配电箱,配电箱配置有如下规定:

配电箱内必须设置空气漏电开关,动作时间不得大于0.1 s,额定电流应与电动机功率相配。

配电箱内不得设置照明用插座,避免使用380 V电压作照明用。

每个配电箱必须设置接地、接零、保护装置。

每个配电箱必须安装锁,不用时必须切断电源,并锁好配电箱门。

施工用电缆必须符合要求,必须架空,不得随意拖地,架空时不得使用金属作为杆件,应采用三相五线制。

空气压缩机购买时应按使用规格购买,不得使用大容量、大功率的空压机。空压机使用前应先运行,检查压力表,并按说明书要求调节好施工使用的压力。

空压机连接接头应牢固可靠,不得松动。

空压机使用过程中,每天应定期排放空气中过滤的水分。

定期(一个月)对空压机进行保养。

在使用过程中,发泡出料口绝不允许对准工人,以免伤人。

将配合好的水泥和水等用发泡机搅拌均匀,然后与发泡剂在管道中混合并由高压泵输送至施工现场,浇筑成型。

6 安全操作

(1)工人进入工地施工前,必须对工人进行安全技术交底并签名,交底内容应齐全、完善、有针对性。

(2)进场工人应做好三级教育,并写好登记卡,注明受教育日期。

(3)进场工人必须统一穿工作服,配好安全帽及工作雨鞋。

(4)使用升降机或塔吊,必须由专业人员负责指挥。

(5)发泡混凝土操作工人上、下楼梯时不得乘坐升降机或塔吊吊篮,施工前应由机修人员对升降机、塔吊的钢丝绳和防坠落装置仔细检查并及时更换。

7 经济效益和社会效益

由于在本工程屋面施工过程中,保温层采取了 HT 发泡混凝土,产生以下经济效益:

(1)维修方便:由于一次浇筑成型,均达到表面平整,不易产生裂缝,返修率低,费用少。

(2)工序少,缩短工期。

(3)采用 HT 发泡混凝土与以往珍珠岩相比,节约 51 元/m³。

(4)HT 发泡混凝土为水泥基保温材料,与建筑物主体是同一种材质,只要主体不拆,保温层永远有效,且环保、无污染、不燃烧。

(5)屋面分项工程达到一次成优的效果,赢得业主方的信任,取得较好的社会信誉。

发泡混凝土制作保温层在隔热、附着、承载、环保卫生等方面,都大大优越于其他保温隔热材料,特别适合大工程、高楼层的方便快捷的现场制作施工。发泡混凝土可大量利用粉煤灰或矿渣、石粉等工业废料,减少了废物排放,节约了资源,保护了生态环境。

复合地基检测中如何正确选择承压板

刘　抗

（洛阳益合工程检测有限公司）

【摘　要】　通过对单桩处理面积概念的解释及目前常见的几种布置形式的计算,掌握复合地基检测中如何正确选择承压板,保证静载试验结果的准确性,为检测工作提供实践指导,保障工程建设安全。

【关键词】　复合地基检测;单桩处理面积;承压板

1　复合地基

复合地基就是以竖向增强体为主,结合周围地基土共同承担上部荷载的地基。复合地基作为一种新的地基处理方法,逐渐被人们所了解和使用。复合地基不但可以改善地基土的工程特征,如消除地基土的湿陷性,降低地基土的含水量,加强固结速度,加大地基影响深度等,这些是深基础等其他方法不易解决的问题;同时可调整地基不均匀性,提高地基承载力。

对于不同建筑物的不同需求,工程中采用了很多种类的竖向增强体,如 CFG 桩、灰土桩、夯实水泥土桩、砂石桩、搅拌桩、夯扩挤密渣土桩等。复合地基设计和使用中关键的问题就是既能充分发挥天然地基土的承载能力,又能使竖向增强体和周围地基土有一个合理桩土应力比值。选择合理的桩土应力比,就要求有一定的置换率,置换率低,复合地基承载力特征值低,桩土应力比大,桩身将受力过大,会对基础产生不利影响。

复合地基承载力是由竖向增强体和周围地基土通过变形协调承载而产生的,因此不可使用单桩载荷试验结果和天然地基土载荷试验结果来导出复合地基载荷试验结果。所以,要通过正确的复合地基载荷试验确定复合地基承载力,而试验中的重要环节就是如何选择正确的承压板面积。

2　承压板面积计算

《建筑地基处理技术规范》(JGJ 79—2002)中复合地基承载力特征值计算公式为:

$$f_{spk} = mf_{pk} + (1 - m)f_{sk}$$
$$m = d^2/d_e^2$$

式中:f_{spk} 为复合地基承载力特征值,kPa;f_{pk} 为桩体地基承载力特征值,kPa;f_{sk} 为处理后桩间土地基承载力特征值,kPa;m 为桩土面积置换率;d 为桩身平均直径,m;d_e 为一根桩分担的处理地基面积的等效圆直径。

等边三角形布桩　　　　　　　　$d_e = 1.05S$

正方形布桩 $\qquad d_e = 1.13S$

矩形布桩 $\qquad d_e = 1.13\sqrt{S_1 S_2}$

式中:S、S_1、S_2 分别为桩间距、纵向间距和横向间距。

从以上公式可以看出,单桩复合地基载荷试验的承压板的面积应为一根桩分担的处理地基面积,即根据不同的布桩形式计算 d_e,再计算直径为 d_e 的圆面积即为承压板的面积。

3 计算实例

复合地基中的竖向增强体的布置形式较多,有满堂布置,也有在基础下布置,现将常见的几种形式作为算例计算如下(图中标注单位均为 mm):

例1,等边三角形布桩(见图1)。

$$d_e = 1.05S = 1\,050(\text{mm}) \qquad A_e = \frac{\pi}{4}d_e^2 = 0.865(\text{m}^2)$$

式中 A_e——一根桩分担的处理地基面积。

选择直径为 1 050 mm 的圆形或边长为 930 mm 的正方形的承压板。

例2,正方形布桩(见图2)。

$$d_e = 1.13S = 1\,130(\text{mm}) \qquad A_e = \frac{\pi}{4}d_e^2 = 1.00(\text{m}^2)$$

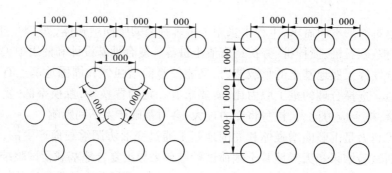

图1 等边三角形布桩 　　图2 正方形布桩

选择直径为 1 130 mm 的圆形或边长为 1 000 mm 的正方形的承压板。

例3,矩形布桩(见图3)。

$$d_e = 1.13\sqrt{S_1 S_2} = 1\,384(\text{mm}) \qquad A_e = \frac{\pi}{4}d_e^2 = 1.50(\text{m}^2)$$

选择直径为 1 384 mm 的圆形或边长为 1 224 mm 的正方形的承压板。

例4,等腰三角形布桩(见图4)。

$$A_e = 1.00(\text{m}^2)$$

选择直径为 1 130 mm 的圆形或边长为 1 000 mm 的正方形的承压板。

例5,其他形式布桩(见图5)。

$$d_e = 1.13S = 1.13 \times 707 = 800(\text{mm})$$

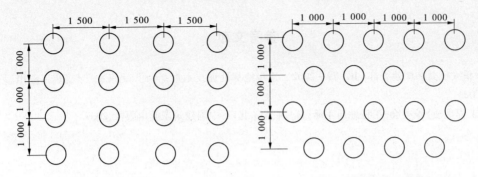

图3 矩形布桩　　　　　　　　图4 等腰三角形布桩

$$A_e = \frac{\pi}{4}d_e^2 = 0.5(\text{m}^2)$$

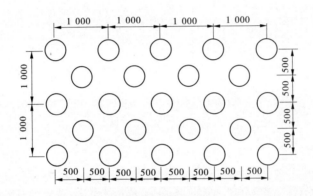

图5 其他形式布桩

选择直径为 800 mm 的圆形或边长为 707 mm 的正方形的承压板。

以上算式较易算错的是例4和例5,易把例4错算成例1,承压板面积小了约14%;例5看上去像三角形布桩,实则为正方形布桩,桩间距为 707 mm,不是 500 mm,易错算为承压板面积为 0.25 m²,小了50%。

复合地基中承载力的判断多以相对变形值确定,忽视板的形状也会对静载试验的结果造成误判。

4 结　语

(1)静载试验作为复合地基承载力检测的主要手段,目前无其他方法可以完全替代。

(2)检测人员应加深对复合地基概念的进一步理解,认真识别桩位图中桩间距的表述,减少失误。

(3)掌握静载试验过程中承压板面积的选择,承压板的面积和形状也将会影响地基承载力的判断。

参考文献

[1] 中华人民共和国建设部. JGJ 79—2002　建筑地基处理技术规范[S]. 北京:中国建筑工业出版社,
2002.
[2]《工程地质》编委会. 工程地质手册[M]. 4 版. 北京:中国建筑工业出版社,2007.

钢筋混凝土用热轧带肋钢筋抗拉强度测量不确定度评定

王 超

(郑州市建设工程质量检测有限公司)

【摘 要】 本文通过具体步骤分析了钢筋混凝土用热轧带肋钢筋抗拉强度测量不确定度评定的方法。

【关键词】 测量不确定度;热轧带肋钢筋;抗拉强度

1 测量原理和方法

(1)测量原理:使用 WA – 1000B 型万能材料试验机,加荷速度在标准规定范围内,将试样拉伸至断裂,试样拉断过程中最大力所对应的应力即为钢筋抗拉强度 R_m。

(2)测量方法依据:《金属材料 室温拉伸试验方法》(GB/T 228—2002)。

(3)环境条件:20 ℃。

(4)试样:HRB400 ϕ 18 热轧带肋钢筋。

2 数学模型

《金属材料 室温拉伸试验方法》(GB/T 228—2002)中钢筋抗拉强度计算公式为:

$$R_m = \frac{F_m}{S_0} = \frac{4F_m}{\pi d^2}$$

式中:R_m 为钢筋抗拉强度,MPa;F_m 为最大力,N;S_0 为原始横截面面积,mm^2;d 为钢筋直径。

对于钢筋抗拉强度检测,由于检测时温度变化对其影响很小,可忽略不计。加荷速度如果控制在规范允许的范围内,其影响很小,也可忽略不计,因此数学模型为:

$$R_m = \frac{4F}{\pi d^2}\delta_1\delta_2$$

式中:δ_1 为数值修约因子;δ_2 为样品不均匀性因子。

3 标准不确定度的评定

3.1 钢筋直径的相对标准不确定度 u_{rd}

根据《钢筋混凝土用钢 第 2 部分:热轧带肋钢筋》(GB 1499.2—2007)的规定,直径为 18 mm 钢筋的允许偏差为 ±0.4 mm,属 B 类不确定度,但规范中规定钢筋的抗拉强度

按公称尺寸计算,所以钢筋直径的标准不确定度 $u_d = 0$,其相对标准不确定度为:

$$u_{rd} = \frac{u_d}{d} \times 100\% = 0$$

3.2　样品不均匀性的相对标准不确定度 u_{r82}

同一根钢筋上均匀截取 10 段钢筋,进行抗拉强度试验,其结果如表 1 所示。

表 1

编号	1	2	3	4	5	6	7	8	9	10
R_m（MPa）	675	670	675	670	670	665	670	670	670	675

$$\overline{R}_m = \frac{1}{n}\sum_{i=1}^{n} R_{mi} = 671(\text{MPa})$$

$$S = \sqrt{\frac{\sum_{i=1}^{n}(R_{mi} - \overline{R}_m)^2}{n-1}} = 3.16(\text{MPa})$$

若以 10 次测量结果的算术平均值作为测量结果,则测量结果的标准不确定度为:

$$\frac{S}{\sqrt{n}} = \frac{3.16}{\sqrt{10}} = 1.00(\text{MPa})$$

其相对标准不确定度为:

$$u_{r82} = \frac{1.00}{671} \times 100\% = 0.15\%$$

3.3　拉力的相对标准不确定度 u_{rF}

（1）试验机误差引起的标准不确定度 u_{F1}。

由于 WA - 1000B 型万能试验机的检定证书并没有提供不确定度,设备精度为 1%,故按均匀分布,则相对不确定度为:

$$u_{F1} = \frac{1\%}{\sqrt{3}} \times 100\% = 0.58\%$$

（2）钢筋拉力试验使用的是自动采集试验数据,故不存在由读数分辨率引起的标准不确定度,故 $u_{F2} = 0$。

$$u_{rF} = \sqrt{u_{F1}^2 + u_{F2}^2} = 0.58\%$$

3.4　数值修约的相对标准不确定度 $u_{r\delta1}$

根据钢筋抗拉强度修约的规则,其修约间隔为 5 MPa,《测量不确定度评定与表示》（JJF 1059—1999）中 5.9 规定,数值修约导致的标准不确定度 $u_{\delta1} = 0.29 \times 5 = 1.45$（MPa）,相对标准不确定度 $u_{r\delta1} = \frac{1.45}{671} \times 100\% = 0.22\%$。

4　不确定度分量

（1）钢筋直径的相对标准不确定度 $u_{rd} = 0$。

（2）样品不均匀性的相对标准不确定度 $u_{r82} = 0.15\%$。

(3)拉力的相对标准不确定度 $u_{rF} = 0.58\%$。

(4)数值修约的相对标准不确定度 $u_{r\delta 1} = 0.22\%$。

5 拉伸强度不确定度的合成

最终不确定度由上述四个彼此独立的基本分量组成,由此可得相对合成标准不确定度为:

$$u_{r\delta} = \sqrt{u_{rF}^2 + u_{rd}^2 + u_{r\delta 1}^2 + u_{r\delta 2}^2} = 0.64\%$$

拉伸强度合成标准不确定度为 $671 \times 0.64\% = 4.3(MPa)$。

6 扩展不确定度($k = 2$)

扩展不确定度为:

$$u = ku_{r\delta} = 2 \times 4.3 = 8.6(MPa)$$

7 结果报告

当每次测量 10 个样品,取其平均值报告结果时,扩展不确定度 $u\overline{R}_m = 8.6(MPa)$,包含因子 $k = 2$。

工程项目成本管理例谈

时朝业

（河南天工建设集团有限公司）

【摘　要】　本文举例探讨了如何加强工程项目成本管理。
【关键词】　工程项目;成本管理;例谈

随着建筑业市场的竞争日益加剧,建筑企业要想提高自身竞争力,使经济效益最大化,搞好成本控制至关重要。然而,在当今的建筑市场中,很多施工企业还没有将成本控制工作落到实处,没有意识到成本控制的重要性,或者整个企业成本控制的体系不够完善,致使工程项目施工过程中出现了很多浪费,增加了工程项目的成本,导致施工企业利润的减少,企业的内部积累减少,降低了施工企业的竞争力,从而阻碍企业的长远发展。

1　贯彻落实集团公司制度,强化思想认识

为了适应市场形势和企业发展,我们加强了企业项目管理成本向管理要效益,在南阳市建筑设计研究院设计的南阳市拓宝玉器有限公司综合楼取得了令人满意的效果。

南阳市建筑设计研究院设计的南阳市拓宝玉器有限公司综合楼工程地下 1 层,层高 3.9 m,地上 29 层,总建筑面积为 31 906.8 m²,工程造价 2 800 万元,总工期 23 个月,开工前项目部多次召开会议,分析合同情况,考察市场、劳务、材料和机械设备的价格,一致认为外部利润空间很小,必须控制降低施工成本。我们知道,成本管理是一项系统工程,它贯穿于项目投标到竣工验收的全过程,如果方方面面的职能和责任不能集成与连锁,成本管理就是一句空话,就可能出现项目管理人员的巨大付出得不到应有的经济回报。因此,项目部必须按照集团公司的要求,突破惯性思维,把降低成本的视野从单一的施工过程控制扩展到项目组织、施工生产以及交工验收各个环节,在项目部形成全方位管理、全过程控制、全员齐抓共管的成本管理格局和氛围。项目部利用各类小报,宣传绿色节约施工,提高广大职工对成本管理的认识,增强成本观念,贯彻技术与经济结合、生产与管理并重的原则,向全体职工进行成本意识的宣传教育,培养全员成本意识,变少数人的成本管理为全员参与的管理。营造项目部整体重视成本,全体员工关心成本,施工生产全过程控制成本的良好氛围,争取自己的生存空间。也就是说,对工程成本来说,只有提高管理水平,向内挖潜,才能增收节支,减少浪费。

2　强化项目成本控制班子建设,深化成本管理

项目部认识到成本控制是计划控制、质量控制、安全文明施工等各项控制的结果,必须由项目经理挂帅,调动整个项目部全员的积极性和责任心,才能搞好成本控制。为了保

证成本控制管理工作的顺利进行,项目部成立了以项目经理为负责人的成本管理工作领导小组,成员由项目部副经理、核算员、技术员、保管员、质量员、安全员、警卫组成。项目经理是成本管理的第一责任人,项目部根据工程实际情况编制《项目成本管理开支控制计划书》,结合施工经验和工程的实际情况二次分解编制了项目人工费、材料费、机械费及综合费用开支控制计划。成本控制组织机构建立及办法确定后,我们又建立了成本控制责任体系,用统一的规范责任书来约束和指导工程参建人员的工作,保证施工项目达到预期的经济指标。由项目经理按计划的要求将目标分解到各职能人员、施工班组,签订成本承包责任书,然后由各承包者以书面形式提出保证成本计划完成的具体措施。各责任人因工作粗心造成经济损失将对责任人处以10%的罚款并当月兑现。

3 加强过程控制,狠抓落实,深化成本管理

项目坚持以限额领料为载体,加强施工过程的动态成本控制。施工项目成本的动态控制环节包括:施工项目计划成本责任制的落实,施工项目成本计划执行情况的检查与协调和施工项目成本的核算等。项目经理根据编制的《项目成本管理开支控制计划书》、工程的投资和往年的工程实际成本的分析总结,进行该工程的成本计划二次分解,落实施工项目计划成本责任体系。项目部按照计划定期检查成本计划的执行情况,并在检查后及时分析,采取措施,控制成本支出,保证目标成本计划的实现。施工项目成本的核算,就是项目经理部根据承包成本和计划成本,分析成本偏差。目标偏差为实际成本与计划成本之差,目标偏差越小,说明成本的控制效果越好;如果目标偏差较大,应组织责任人分析产生大偏差的原因,进行补救,达到成本动态控制的目的,根据工地项目成本的实际情况,在板报上公示奖罚,项目部对成本控制实际情况简述如下。

3.1 材料成本的控制管理

建筑施工企业的材料费在工程成本中约占工程费用的60%,所以材料成本控制至关重要。根据计划和材料定额实行限额领料制度,是我们在施工中形成的行之有效的材料管理办法。我们结合以往施工中的经验教训,制定了本项目部开展限额领料工作的具体办法,并按办法贯彻实施。即根据定额加一定的操作损耗,使每一道工序的材料用量控制在材料计划用量之内,达到总材料用量在计划之内,可有效地控制材料成本。项目部在每一层的施工前,对工地签发材料控制计划书,作为限额领料的依据,材料员根据材料控制计划书的要求,按照集团公司限额领料制度落实材料的领发、兑现奖罚。

在钢筋控制上,采用与班组签订合同,明确绑扎,制作节约奖励。在施工生产过程中能否降低材料消耗,直接影响工程项目成本,搞好限额领料工作是材料成本管理的有效保证。所以,加强施工材料的限额领料工作,不浪费一块砖、一个钉、一袋灰等,是工程材料成本控制管理的有效方法。

加强周转材料租赁费、损坏、丢失赔偿及周转率的管理,也是该项目的重点,以往的周转材料丢失、损坏赔偿占实际成本比例的6%~9%,从此比例不难看出,周转材料租赁费、损坏、丢失赔偿的成本也存在着较大的潜力。周转材料租赁费、损坏、丢失赔偿及周转率也常常被项目部忽略,虽然此部分的成本管理不像砖、石、砂、水泥、钢筋工用的扎丝及木工用的胶带等低值易耗品那么容易控制,但它也有可操作性,如对大模、方木的使用进

行限额控制,安全网、竹架板的合理存放延长使用寿命,增加分摊次数,降低使用成本。钢管、扣件、钢模的使用天数、进出场的把关及现场使用的管理等有效的控制,将会大大降低周转材料租赁费、损坏、丢失赔偿占实际成本的比例。例如,3 000 mm 长的方木领走 100根,使用完毕后必须归还 65 根方木,少 1 根将按照规定进行处罚。根据公司材设科的规定,3~4 m 的残值率为 80%,扣除转到其他项目部及现场现有的进行计算,最终残值率可控制在 65% 左右,即工程分摊在 30%~37% 范围内。由此可知,控制方木原长度数量是提高残值率的有效途径。

3.2 劳务人工费成本控制

项目部编制人工费的成本控制是以施工定额为依据,结合施工组织及划分的流水施工段,注意合理安排人员进出场的时间,避免窝工现场,并严格控制无定额用工,减少辅助人员,提高工效,降低劳务成本。对于无定额依据的计时工,如环保、安全、文明施工等项目的用工,采用包工的方式,再根据市场劳动力情况,制定切实可行的工资计件单价,由分公司审批后,增加 4% 的杂工量,作为计件工资总额数。再依据工程预算书算出的产值情况,由计件单价形成工资总额的含量,目标是工资含量控制在 21% 以内,以工程量及计件单价,建立工程量控制台账,施工过程中严格工程量台账的限额数及每个月的累计数,这样就能有效地控制人工工资。也就是说,只控制工程量台账就可以有效地控制工资的含量。此工程量台账又可以作为工程最终的依据。在工资结算中严格结算程序,要把质量、安全、文明施工、限额领料等内容体现在任务单上,使任务单真正体现优质优价,起到调动广大职工积极性的作用,有效地克服验工计价把关不严、乱签点工的现象。

3.3 产品质量成本控制

项目部将成本管理思想融入工程质量管理中,落实到杜绝工程事故和失信事件的各个环节上,体现在兑现合同承诺、建设优良工程的管理实践中,确保项目管理整个过程有序可控,避免工程质量引发的效益流失。产品质量成本可以分成三部分,即预防保证产品质量成本、富余质量成本、处理质量事故成本。项目部产品质量成本控制的原则是:①合理加大预防保证产品质量成本。②严格控制富余质量成本。③避免或减少处理质量事故成本。

项目部产品质量成本控制的办法是:①建立责、权、利相联系的质量管理制度,严格落实项目部制定的《质量创优保证措施》,严格自检、互检、交接检的质量管理制度。从项目经理到操作人员加强质量责任心,树立质量成本的意识。实行质量目标分解,签订目标责任书,明确目标。②在编制"质量计划"的同时,根据质量计划的内容,制定相应的质量成本控制目标,这主要是试验、检验、调研费和为了达到质量要求所需支出的人工、材料、周转材料及所采取技术措施的费用,还包括一部分可以预见后来富余质量增加的成本。

3.4 安全文明施工及工期对成本的影响

(1)安全防护设施的管理。合理增加安全设施的成本,安全设施成本控制在总造价的 0.5% 以内,降低安全防护用品的损耗率,保证新购置竹架板、安全网等的完好率在85% 以内。

(2)搞好门子架等起重机械设备的维护保养,停靠装置、超载限位装置完好率必须达到 100%。

（3）履约合同工期,降低周转材料的租赁费及管理成本。

（4）避免安全事故或工期投诉事件,否则将在遭遇信誉风险的同时付出沉重的经济代价,成本管理势必陷入无边的泥潭。

（5）综合费用的控制。

项目部牢固树立"节约光荣,浪费可耻"的思想意识,深入开展"我为节约作贡献"活动,及时对综合费用的预算数与项目的实际开支进行登记,及时掌握项目的各项成本支出,对出现异常的情况及时反馈,进行核查,为项目分部位截算、成本概算的申报奠定基础。

通过对工程成本的控制管理,使项目部管理人员明白了成本管理是每一个人都要参与的事情,通过此项工作,真正体会到了"一查握住成本管理的手,项目效益就拥有"。成本控制在整个项目目标管理体系中处于十分重要的地位,实施成本控制,对降低工程成本,改善经营管理,提高职工的主人翁意识和劳动积极性都有极其重要的作用,特别是对提高工程质量、确保安全施工等方面也有深远的意义。

回弹法检测混凝土强度的影响因素

焦志武　耿高亮

（郑州市建设工程质量检测有限公司）

【摘　要】　本文分析了应用回弹法检测混凝土抗压强度时对推定强度有影响的几个因素,弄清了这些影响因素所起的作用和影响程度,有利于提高回弹法检测混凝土强度时的测试精度。

【关键词】　回弹法;影响因素;混凝土抗压强度

采用回弹仪测定混凝土表面硬度,以确定混凝土抗压强度是根据混凝土硬化后其表面硬度(主要是混凝土内砂浆部分的硬度)与抗压强度之间有一定的相关关系。通常,影响混凝土的抗压强度与回弹值的因素并不都是一致的,某些因素只对其中一项有影响,而对另一项不产生影响或影响甚微。弄清这些影响因素的作用及影响程度,对正确制定及选择测强曲线、提高测试精度是很重要的。我国回弹法的研究成果基本只适用于普通混凝土(由水泥、普通碎(卵)石、砂和水配制的质量密度为 1 950 ~ 2 500 kg/m³ 的混凝土)。

1　原材料

混凝土抗压强度主要取决于其中的水泥砂浆的强度、粗骨料的强度及二者的黏结力。混凝土的表面硬度除主要与水泥砂浆强度有关外,一般和粗骨料与砂浆的黏结力以及混凝土内部性能关系并不明显。

1.1　水泥

浙江省建筑研究院的试验结果表明:当碳化深度为零时或在同一碳化深度下,普通硅酸盐水泥、矿渣硅酸盐水泥及粉煤灰硅酸盐水泥的混凝土抗压强度与回弹值之间的基本规律相同,对测强曲线没有明显差别。自然养护条件下的长龄期试块,在相同强度条件下,已经碳化的试块回弹值高,龄期越长,此现象越明显。这主要是由不同水泥品种的混凝土碳化速度不同引起的。广州市建筑科学研究所和冶金部第十七冶金建设公司建研所、陕西省建研院试验后认为:用于普通混凝土的五大水泥品种不同强度等级、不同用量对回弹法的影响在考虑了碳化深度的条件下,可以不考虑。

1.2　细骨料

普通混凝土用细骨料的品种和粒径,只要符合《普通混凝土用砂质量标准及检验方法》(JGJ 52—2006)的规定,对回弹法测强没有显著影响。国内外试验研究资料和看法一致。

1.3　粗骨料

粗骨料的影响至今看法不统一。国外一般认为粗骨料品种、粒径及产地均有影响。

国内也反映了不同的意见和看法,有的认为不同石子品种对回弹法测强有一定影响,有的认为影响不大,认为分别建立曲线未必能提高测试精度。

2　外加剂

试验表明,可以不考虑非引气型外加剂对混凝土回弹测强的影响。

3　成型方法

试验表明,只要成型后的混凝土基本密实,手工插捣和机振对回弹测强无显著影响。但对一些采用离心法、真空法、压浆法、喷射法和混凝土表层经过各种物理、化学方法处理成型的混凝土,应慎重使用回弹法的统一测强曲线,必须经过试验验证后方可使用。

4　养护方法及湿度

4.1　养护方法的影响

标准养护与自然养护的混凝土含水率不同,强度发展不同,表面硬度也不同,尤其在早期,差异更明显。国内外资料都主张标准养护与自然养护的混凝土应有各自不同的校准曲线。

还有试验表明,蒸汽养护使混凝土早期速度增长较快,但表面硬度也随之增长,若排除了混凝土表面湿度、碳化等因素的影响,则蒸汽养护混凝土的测强曲线与自然养护混凝土基本一致。因此,主张蒸汽养护出池7 d 以内的混凝土应另行建立专用测强曲线,而蒸汽养护出池7 d 以上的混凝土可按自然养护混凝土看待。

4.2　湿度的影响

国内外一致认为湿度对回弹法测强有较大的影响。试验表明,湿度对于低强度混凝土影响较大,随着强度的增长,湿度的影响逐渐减小,对于龄期较短的较高强度的混凝土的影响已不明显。

5　碳化及龄期

水泥经水化就游离出大约35% 的 $Ca(OH)_2$,混凝土表面受到空气中 CO_2 的影响,逐渐生成硬度较高的 $CaCO_3$,这就是混凝土的碳化现象,它对回弹法测强有显著影响。随着硬化龄期的增长,混凝土表面一旦产生碳化现象后,其表面硬度逐渐增高,使回弹值与强度的增加速率不等,显著影响了 f_{cu-R} 的关系。对于三年内不同强度的混凝土,虽然回弹值随着碳化深度的增大而增大,但当碳化深度达到某一数值(如等于6 mm 时),这种影响基本不再增长。

6　模　板

使用吸水性模板会改变混凝土表层的水灰比,使混凝土表面硬度增大,但对混凝土强度并无显著影响。试验表明:只要模板不是吸水类型且符合《混凝土工程施工质量验收规范》(GB 50204—2002)的要求,它对回弹法测强没有显著影响。

7 泵送混凝土

非泵送混凝土中很少掺加外加剂或仅掺加非引气型外加剂,而泵送混凝土则掺加了加气型泵送剂,砂率增加,粗骨料粒径减小,坍落度明显增大,故有必要对回弹法检测泵送混凝土抗压强度进行修正。

8 其 他

混凝土分层泌水现象使一般构件底边石子较多,回弹读数偏高;表层泌水,水灰比略大,面层疏松,回弹值偏低。

钢筋对回弹值的影响视混凝土保护层厚度、钢筋直径及其密集程度而定。资料表明:当保护层厚度大于 20 mm、钢筋直径为 4~6 mm 时,可以不考虑它的影响。

中国建筑科学院结构所就约束力对回弹值的影响的试验表明:约束力对回弹值有明显的影响,要使回弹值相同,必须按有效的约束荷载,试验证明了 15% 极限荷载最为有效,约束力太低或太高都会使回弹值偏低。由此证明,对于小试件回弹测试,如果约束不够,都会造成回弹值不准且分散性较大。

另外,测试时的大气温度、构件的曲率半径、厚度和刚度以及测试技术等对回弹值也有不同程度的影响。

混凝土浇筑过程中管道抗浮技术

王贵举　　马贵申

（河南天工建设集团有限公司）

【摘　要】　本文以南阳市污水处理厂二期二沉池工程 C25 混凝土包管浇筑抗浮施工为例，简要介绍了施工工艺。

【关键词】　沉池工程；混凝土包管；抗浮施工；施工工艺

南阳市污水处理厂二期二沉池工程，二沉池与配水排泥井之间 D1020 钢配水管和 D630 钢排泥管采用 C25 混凝土包管。在浇筑混凝土时，为防止管道在浇筑过程中上浮，采取了以下措施并收到了良好效果，具体施工工艺如下：

（1）包管混凝土浇筑时分 3 个阶段进行，如图 1 所示：

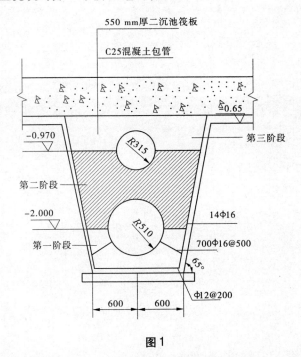

图1

（2）第一阶段：在 D1020 钢配水管下部两侧焊接长度 700 mm ф16@500 钢筋，与底排钢筋焊接。混凝土浇筑至标高 −2.000 m，即 D1020 钢配水管的一半。用 5 mm 钢板封堵 D1020 钢配水管两端，在浇筑过程中向 D1020 钢配水管中注水，浇筑完后，D1020 钢配水管中水注满。此时混凝土对两管的浮力 $F_a = 188$ kN，而两钢管及管中水的重力 $G = G_{管}$（70 kN）$+ G_{水}$（225 kN），重力大于浮力，所以钢管不会上浮，混凝土振实找平。

（3）第一阶段混凝土将近初凝时，开始第二阶段混凝土的浇筑，第二阶段浇筑至 -0.970 m。用 5 mm 厚钢板对 D630 钢排泥管两端进行封堵，在浇筑过程中向 D630 钢排泥管中注满水。此时混凝土对钢管的浮力为 $F = 74$ kN，钢管及水的重力 $G = 89$ kN，重力大于浮力，钢管不上浮，混凝土振实找平。

（4）在第二阶段将初凝时，进行第三阶段混凝土的浇筑。此时下部已浇筑混凝土的重力及两管中的水的重力完全大于混凝土对管的浮力。

应用效果如下：

（1）避免了在浇筑过程中，混凝土对钢管的浮力过大而造成钢管上浮。

（2）分层浇筑有利于混凝土中水泥水化热的散发，避免混凝土内部温升过高。

（3）两钢管及其中的水能够吸收水泥水化热，降低混凝土内外温差，避免混凝土因温度应力而造成开裂。

几种桩身完整性检测方法原理及对比

焦志武　曹科方

（郑州市建设工程质量检测有限公司）

【摘　要】 桩身完整性检测的几种方法各有优缺点，根据现场具体条件，结合两种或两种以上方法对受检桩进行检测，能更准确地判断桩身缺陷的位置、类型。

【关键词】 桩身完整性；高应变；低应变；超声法

随着社会的不断进步，人们对物质文明、精神文明方面的要求不断提高，各行各业都在飞速发展，建筑行业作为基础行业也在快速发展，建筑材料的不断升级，施工工艺的不断进步，造就了一幢幢高楼平地而起，一个个伟大的建筑神话横空出世。当然，安全、质量问题也是人们关注的重点，基础作为楼之根本显得尤为重要，随着楼层设计的不断增高和地质条件的复杂多样化，桩基得到了广泛应用。随之而来，桩的施工质量问题也是社会关注的焦点。桩的质量检测主要包括承载力检测和桩身完整性检测两个方面，承载力检测主要用静载荷检测，而桩身完整性检测主要有低应变法、高应变法、钻芯法、声波透射法等多种检测方法。下面就桩身完整性的各种检测方法的原理及优缺点进行比对讨论。

1　低应变法

低应变法适用于检测混凝土桩的桩身完整性，判定桩身缺陷的程度及位置。它属于快速普查桩身质量的一种半直接方法，由于其具有检测速度快、费用低和检测覆盖面广的优点，它已成为基桩完整性检测中应用最为广泛的方法。

低应变检测桩身结构完整性的基本原理是：通过在桩顶施加激振信号产生应力波，该应力波沿桩身传播过程中，遇到不连续界面（如蜂窝、夹泥、断裂、孔洞等缺陷）和桩底面时，将产生反射波，检测分析反射波的传播时间、幅值和波形特征，就能判断桩的完整性。从应力波传播的角度来看，实测中手锤对桩顶的敲击可视为点振源，敲击后产生一个半球面波，直到传播到一定深度，球面波才能近似看做平面波，满足平截面的假设。而在此深度内，应力波传播很复杂，信号干扰严重，理论及实测表明"盲区"范围为测点以下1倍桩径 D 至 $1/2\lambda$。低应变激振频率在 1 000 ~ 4 000 Hz 范围内，因此一般测点以下 2 m 之内为反射波法测试的"盲区"。由于"盲区"的存在，使基桩本身很浅的部分存在的缺陷被掩盖了，所以应该尽量减少"盲区"对测试结果的影响，因此可在实测中通过改变手锤质量、接触面刚度，使用合适的传感器及检测参数，以减小"盲区"的范围，一般可检测到距离测点以下 1 m 左右的较严重的缺陷，再浅的缺陷只能凭经验推测，并且由于缺陷在桩头附近，可通过开挖进行验证。由于低应变法的理论基础是一维线弹性杆波动理论，因此对于桩身纵向缺陷的位置及缺陷程度，低应变法是无法确定的。

2　高应变法

高应变法检测试桩的基本原理:用重锤冲击桩顶,使桩土产生足够的相对位移,悬落重锤冲击试验以充分激发桩周土阻力和桩端支承力,通过安装在桩顶以下桩身两侧的加速度传感器和安装在重锤上的加速度传感器接收桩和锤的应力波信号,应用应力波理论分析处理力和速度时程曲线,从而判定桩的承载力和评价桩身质量完整性。

与低应变法检测的快捷、廉价相比,高应变法检测桩身完整性虽然是附带性的,但由于其具有激励能量和检测有效深度大的优点,特别在判定桩身水平整合型缝隙、预制桩接头等缺陷时,能够在查明这些缺陷是否影响竖向抗压力承载基础上,合理判定缺陷程度。也可以测出一根桩两个以上不同断面处的明显缺陷,因为高应变锤击波形从起始到峰值的上升时间一般在 2 ms 以上,因此对桩身浅部缺陷位置的判定存在盲区,也无法判定缺陷程度。只能根据力和速度曲线的比例失调程度来估计浅部缺陷程度,不能定量地给出缺陷的具体部位,尤其是锤击力波上升非常缓慢时,还大量耦合有土阻力的影响。对浅部缺陷桩,宜用低应变法检测并进行缺陷定位。另外,高应变法检测也难以判别桩身的微小裂缝。

3　钻芯法

钻芯法适用于检测混凝土灌注桩的桩长、桩身混凝土强度、桩底沉渣厚度和桩身完整性,判定或鉴别桩端持力层岩土性状。钻芯孔位置选择十分重要,若钻芯孔位置偏差,则不能钻取真正缺陷部位而产生误判,因此需通过低应变法或声波透射法综合确定钻芯孔位置。优点是能准确判定桩身强度、沉渣厚度及桩底情况,但存在耗时长、以点代面缺陷容易漏判等局限。钻芯法是破坏性检测,检测周期较长,容易影响工期,且受场地限制较多,因此实际工程中应严格控制钻芯孔数量和时间,以免影响工程进度。

4　声波透射法

声波透射法适用于在灌注成型过程中已预埋两根或两根以上声测管的混凝土灌注桩桩身完整性检测,判定桩身缺陷的程度并确定其位置。优点是能检测全面、细致,声波检测的范围可覆盖全桩长的各个横截面,信息量丰富,结果准确可靠,且现场操作简便、迅速,不受桩长、长径比的限制,一般也不受场地限制。但需预埋声测管并保证管封闭和通畅,对成桩工艺特别是钢筋笼吊装要求较高,也要求浇筑时声测管与混凝土耦合严密,不留沿管径空隙。另外,声波透射法对基桩浅部 0 ~ 7 m 范围内的缺陷容易产生误判。若声测管出现损坏或阻塞,则不能用声波透射法进行检测,可利用钻芯法进行核验,并利用钻芯孔道与其他完整的声测管进行声波透射法检测。若声测管出现管道与混凝土径向空隙,对空隙段相应断面检测时会出现声波图、首波初至(FAT)图、波速图和波幅图均为空白和间断的情况,这种状况如出现在桩身 40 m 以内时可用低应变法进行核验,出现在桩身 40 m 以上时需利用钻芯法进行核验。针对浅部缺陷容易误判的情况,由于桩身浅部混凝土强度比深部较低且容易出现空洞等缺陷,会使声波图、首波初至(FAT)图、波速图和波幅图出现多次异常而产生误判,该情况可用低应变法进行核验,或直接开挖进行核验。

用声波透射法对检测中可判定的桩身缩径、空洞和严重离析等缺陷位置,可利用钻芯法进行核验并利用孔道对缺陷进行修复和处理。

5　结　语

　　桩基工程中,常常会出现各种缺陷,因此桩基质量检测尤其重要。桩基完整性检测的工艺技术、仪器设备、操作方法、工作经验等对检测结果均有影响,因此选择正确的检测技术、先进的检测设备,以及丰富的检测经验和严谨的工作态度都是检测成功的关键。在实际工程的基桩完整性检测中,桩身完整性检测宜采用两种或多种合适的检测方法进行,低应变法受尺寸效应的影响,对大直径桩的完整性判别存在一定问题。因此,对大直径桩宜采用声波透射法或钻芯法和低应变法联合测试。对多节预制桩,接头质量差是常见的缺陷,此时可采用高、低应变法结合的方式进行测试,浅层缺陷可采用开挖验证,达到"安全适用,正确评价"的目的。要充分利用低应变法、高应变法、声波透射法和钻芯法等4种常用检测技术的优缺点,互为补充,相互验证,以确保检测结果的准确性,为缺陷处理提供科学依据。

建筑工程施工管理分析

顾良涛　李继芳

（周口市扶沟县住房和城乡建设局测绘队）

【摘　要】　本文就成本管理、进度管理、质量管理、安全管理等几个方面阐述了施工管理。
【关键词】　建筑工程；施工管理；分析

随着社会的不断进步和城市的日新月异变化，建筑业也正在发生着广泛而深刻的变化。在现代建筑业及房地产市场中，如何生产出合乎市场需求的产品，从而在激烈的市场竞争中得以存活和发展与许多因素有关，但最重要的是产品质量和质量管理。在工程实践中，总结工程管理的经验，提出施工工程管理，是非常必要的。建筑工程管理主要通过管理使项目的目标得以实现，其中主要包括成本管理、进度管理、质量管理、安全管理等几个方面。

1　成本管理

项目施工的成功与否，利润率是一个重要指标。由利润＝收入－成本可知，利润的增长在于增加收入、减少成本。收入在施工单位竞标以后是相对固定的，而成本在施工中则可以通过组织管理进行控制。因此，成本控制是建设项目施工管理的关键工作。企业应该在项目成本的形成过程中，对生产经营所消耗的人力资源、物质资源和费用开支进行指导、监督、调节和限制，把各项生产费用控制在计划成本范围之内，保证成本目标的实现。项目经理是项目成本控制第一责任人，应及时掌握和分析盈亏状况，并迅速采取有效措施。

1.1　合同方面

以施工图、承包合同为依据，根据合同要求的工程项目质量、进度等指标，详细地编制好施工组织设计，以此作为制订计划成本的基础。对合同中的暂定项目和存在变更的分项工程及时申报，尽可能地增加工程收入。用合同赋予的权力合理地增加收入，减少支出。

1.2　技术、质量和安全方面

根据施工现场的实际情况，科学规划施工现场的布置，减少浪费，节约开支；依据自身的技术优势，充分调动管理人员的积极性，开展提高合理化建议活动，尽可能地扩大成本控制的范围和深度；严格按照工程技术规范和安全操作规程办事，减少和杜绝质量与安全事故的发生，使各种损失降至最低限度。

1.3　财务方面

财务部门是成本控制的重要组成部分，主要是通过审核各项费用的支出，平衡调度资金以及建立各项辅助记录和配合经理部对各部门成本执行情况进行检查监督等手段,对工程进行全方位的成本分析,并及时反馈到决策部门,以便采取有效措施来纠正项目成本的偏差。

2　进度管理

首先,应在充分掌握工程量及工序的基础上编制进度计划。其次,建设单位在招标时会提供标底工期,施工单位应参照该工期,同时结合自己所能调配的最大且合适的资源,最终确定计划工期。再次,实时监控进度计划的完成情况并能够在出现偏差的情况下及时调整。最后,进度计划一经确定,应严格按照计划进行施工,原则上不提倡赶工期。进度计划是在施工单位所能获取的最大且合适的资源的基础上进行编制的,赶工期无疑将增大资源的投入。

3　质量管理

要根据建筑工程的质量目标建立完善的质量保证体系,制定相应的质量验收标准,而且要使企业质量验收标准高于国家验收标准。要充分运用全面质量管理的统计方法,对工程质量状况随时进行综合统计与分析。事前要逐项分析可能发生质量问题的各种因素,加以分类排队,找出施工过程中的薄弱环节,有针对性地采取预防措施。

(1)一个工程项目往往施工工艺复杂。各施工工种班组多,因此在技术上做好管理工作非常重要。应该熟悉施工图纸,甚至将每一道工序进行优化,同时考虑自身的资源(施工队伍、材料供应、资金、设备等)条件,认真合理地做好施工组织计划。除合理的施工组织计划外,还必须在具体的施工工艺上做好技术准备,特别是高新技术要求的施工工艺。技术储备包括技术管理人员、技术工人、新技术、新工艺培训,施工规范,技术交底等工作。确保施工过程的每一工序步骤尽在掌握之中,使各种情况的处理准备方案保证能按时保质地完成。

(2)做好材料管理工作:材料的管理工作应该从材料供应、材料采购、材料进场、材料发放等几方面进行。

(3)做好人员管理工作:施工人员对工程项目的质量和进度起着关键的作用。施工队伍中的技术管理人员和技术工人密不可分,坚持以人为本,可以培养施工队伍的凝聚力。同时,必须明确施工队伍的管理体制,各岗位职责,权利明确,做到令出必行。

关键部位要组织有关人员加强检查,预防事故的发生。凡属关键部位施工的主要操作人员,必须强调其应有相应的技术操作水平。严把材料质量关。材料的控制是全过程的控制,从材料的采购、运输、存储和使用等过程进行控制。采购的材料要符合国家规范标准(含环保标准)和设计要求,严格执行材料验收制度。同时,要积极推广应用新技术、新材料。随着科技进步,新材料、新技术不断涌现,施工企业要及时掌握这些信息并积极地应用到工程中来。

4　安全管理

安全管理工作在建筑行业中是一项重点工作,安全工作的好坏直接影响某一个企业的名誉和这个单位管理工作的素质。首先要建立健全安全生产责任制,并对各级部门在安全生产工作中的责、权、利进行明确界定,通过与各级各类人员、各单位层层落实,逐级落实安全生产责任,并按责任和要求追究责任。其次要建立安全生产责任制考核和奖惩制度,定期对生产经营单位主要负责人安全生产责任制落实情况进行考核,还要提高对安全教育的认识,真正把安全教育摆到重点位置。作为施工管理人员,必须要做足安全措施,对所有的进场人员要做好安全教育与宣传工作,要以"预防为主,安全第一"。让进场人员自觉遵守安全规则,执行安全措施,这样才能保障企业生存和工程的效益。确保安全设施投资到位,安全设施投入不能省,一旦发生安全事故,造成的损失要比安全投入的费用大得多,而且造成的影响很大。再次要加强重大事故应急救援体系建设。控制和降低事故危害后果以预防为主,是安全生产管理的核心。最后为了避免或减少事故和灾害的造成损失,应该居安思危,常备不懈,才能确保事故和灾害发生的紧急关头反应迅速、措施正确。

建筑工程的施工管理是一项复杂的工程,要做好这项工作,需要建筑施工企业认真分析自身的特点,充分利用自己的长处,采用科学的方法提高施工管理素质。因此,在施工管理工作上,一定要把安全工作放在施工管理工作中的首位,若忽视了施工安全的管理,那是很危险的,也是施工管理工作中最大的错误,而且安全管理牵连到人的生命,所以安全是企业命脉。在进行项目管理时,应用系统的观点、系统的方法进行管理。在实际工程项目中,需要结合各项目的特点,进一步细化管理中的各项工作,以严谨的科学态度,不断地学习、不断地积累经验,才能保质、保安全地按时完成施工任务。

建筑生态美学

许 文 马 蓉

（新乡市高新建设工程质量检测有限公司）

【摘 要】 建筑美学是建筑学体系中的一个分支。其美学原则一直左右着建筑师对建筑的评判标准。本文就建筑生态美学探讨分析。

【关键词】 建筑;生态;美学

历来评论是创作发展的必要因素,没有建筑评论就没有建筑创作的发展。

处于新世纪的中国建筑界正面临着前所未有的思想、意识、观念和标准的纷繁。曾经有人呼吁重新研究诸如"建筑美学的标准到底是什么?","当今建筑评优的标准到底是什么?","建筑学还是不是具有客观规律与法则的科学?",如此等等,真的使我们建筑师坐不住了。笔者拟写出几点感悟,希望能与同行交流。

1 关于 21 世纪"可持续发展"口号下的建筑创作与评论的标准问题

1.1 当今世界建筑界的脉搏

20 世纪人类经历了两次环境革命,第一次发生在 60 年代末 70 年代初,人们开始辩论环境质量与经济增长的关系并转向对环境的关注。80 年代末和 90 年代初是第二次环境革命,这一次重新界定和扩大了许多原有的概念,并提出了可持续发展问题。

1987 年,以布伦特兰(Bruntland)为主席的联合国与世界环境发展委员会,对可持续发展下的定义可概括为:既满足当代人的需要,又不对后代人满足其需要的能力构成危害的发展。从国际建协 20 次大会的议题来看,建筑学发展到今天已经在全球范围内开始与自然进行全面的对话。今天"人类环境科学"基础上的建筑学使众多建筑师真切体会到了自己肩上担子的沉重,也因此感受到了新趋势下当代建筑师的责任和创作的冲动。可持续发展作为时代的主旋律,促使建筑学有了重大的发展。人居环境的研究成为一门科学,而建筑、城市和园林则成为其主导学科。研究绿色建筑、智能建筑和创造无废、无污、可持续发展的建筑环境并在此基础上发展建筑文化已成为当代建筑师的历史使命。

1.2 美学标准的发展

世纪更替,建筑学领域的拓展,不仅使建筑学的体系框架发生了变化,也使建筑师对建筑学中所包含的一些分支理论提出了再认识。

建筑美学可算是建筑学体系中资格较老的一个分支。从《建筑十书》、《模式语言》、《形式美的原则》到我们今天建筑学的教科书,古典的比例、尺度、色彩等美学原则一直左右着我们老一辈和新一代建筑师对建筑的评判标准,至今它仍是我们许多专家在对国优、省优和部优建筑进行评判时不可不提的关键点。以往如若某位专家或口头或撰文,以连篇累牍的美学原则来评价一幢建筑是如何如何美或如何如何丑时,只要他的美学原则引用得无误,众同僚大约都会颔首称是,一致曰正确。可是就在传统建筑学被拓展、建筑师被更广博的知识和技术所武装、人类要求在改造生存环境中站得更高看得更远的今天,一定会有不止一位建筑师站出来大声提出异议:我们以前一直公认为美的建筑,放在人居环境这样一个大范围中,从资源评价、景观评价、生态环境分析、无废无污绿色建筑等方面来评判,它还能是一个优秀的建筑吗? 传统建筑美学的原则是否应当更新? 或许现在,或将来某一天,我们回过头来用发展了的美学原则再来检验我们当初的结论会得到一个完全相反的结果。

这不是耸人听闻,更不是哗众取宠,因为就在我们建筑师们仍不舍得抛弃旧的观念、不情愿接受新的观念的同时,我们的近邻经济地理学家们、人口学家们和生态学家们已经开始做着本应属于我们建筑师的研究工作。他们运用 GIS 系统、资源评价系统、生态分析等对我们一些建筑师来讲还很陌生的理论和方法,切切实实地对人居环境进行了全新的研究和评价,使建筑学内涵得以扩大,使建筑学的研究方法得以更新。他们的成果是显然的,是有说服力的,是科学的、进步的,我们没有理由不赞成他们。当然,最关键的是我们没有理由不修正我们的思想,不去跟上时代的步伐。

2 从传统建筑美学走向生态美学

2.1 传统建筑设计及美学标准的局限性

随着自然环境危机对人类的警示,传统建筑设计及评判标准在面临人类越来越高的生活质量要求和复杂的生态问题时,其局限性就显现出来了。面对当今建筑这样一个超越形式与功能的复杂系统,传统建筑设计及评判标准由于缺乏对环境、生态和与建筑相关的自然的深刻认识,使得我们对建成的建筑及城市环境对外部系统大自然未能有良好的作用,因而其生态效益由于环境污染等问题而显得微乎其微。

从生态出发的建筑设计不同于传统的建筑设计,它将建筑视为一个人工生态系统,一个自组织、自调节的开放系统,是一个有人参与、受人控制的主动系统。其侧重研究的并不是单纯的形式问题,而是建筑系统的能量传递和运动机理,其目标是多元的。

2.2 自然美学和生态美学

建筑凝聚了建筑师的情感。在传统(自然)美学中,它强调形式与功能的结合,注重体量、色彩、比例、尺度、材料和质感等视觉审美要素及空间给人的心理感受。具有代表性且为世人所传颂的作品皆出自大师之手,因为他们独具风格,美妙的构图、精致的比例、完美的空间组合无不给人美的感官享受。显而易见,这种偏重审美的评判取向均是以人为衡量的标尺的,它为了人类而美。然而,实际上建筑并非只为人而美,它包含着自身的价值。汉斯·萨克塞指出:物体的美是其自身价值的一个标志,当然这是我们判断给予它的。但是,美不仅仅是主观的事物,它比人的存在更早。

在自然中,众多生命与其生存环境所表现出来的协同关系与和谐形式就是一种自然的生态美。空气、水、植物在生命维持的循环中相互协调,这本身就是美,并创造着美。建筑师的创作是一种人工环境的创造,如果我们不否认当代建筑设计的最高目标应该是创造出可持续发展的人工生态系统的话,那么在建筑这一人类基本生存的环境中,我们也完全能够在遵循生态规律和美的创造法则的前提下,借助于建筑师的生态观念、高超的科学技术和结构手段,进行加工和改造,创造出具有生态美学标准的人居环境。

2.3 建筑审美的生态美原则

若从生态美学的角度去研究建筑审美的标准,那么生态美学的三个特征(或称原则)应是建筑评判的尺度。

生态美学的第一特征,生命力。生态美是以生命过程的持续流动来维持的,良好的生态系统遵循物质循环和能量守恒定律,具有生命持续存在的条件。如果这一生命持续存在的条件不具备或是被破坏,诸如因建筑的营造造成了景观的破坏、环境的污染、能源的巨额耗费等,那么这一建筑显然是没有生命力甚至是具有破坏力的,也就根本谈不上美了。

生态美学的第二特征,和谐。人工与自然的互惠共生,使人工系统的功能需要与生态系统特性各有所得,相得益彰,浑然一体,这就造就了人工景观和生态景观的和谐美。对建筑而言,和谐不仅指的是视觉上的融洽,而更应包括物尽其用、地尽其力、持续发展。

生态美学的第三特征,健康。建筑最终是服务于人类的,在争取到自然与和谐的前提下,创造出使人生理、心理、现实、未来的需求都能得以满足且具有健康特质的建筑应是当代建筑师设计的一个原则。一个能使人类天性得到充分表现的环境,是进化的环境。

3 建筑策划是建筑创作与评论的重要依据

3.1 建筑策划的意义

建筑策划是什么?建筑策划就是在建筑学领域中,建筑师根据总体规划目标设定,运用建筑学及相关学科的原理,通过对目标环境及条件的实态调查,对目标相关因素进行分析,从而得出既满足业主要求又具有环境效益、经济效益和社会效益的科学而全面的建筑设计的依据。

由于建筑活动的特殊性,使得建筑创作和评论在很长的一个历史时期内得不到新的发展,从思维方式、调查手段、数据分析方法等方面一直沿用传统的建筑创作模式,建筑评论与评价也多是停留在意识形态和感性描述上。20 世纪 60 年代以后,建筑学理论流派竞相出台,建筑理论新概念不断涌现,然而方法的研究和科学的评价却相对滞后,于是出现了所谓的"纯粹建筑理论家"和"建筑设计匠人"。这种现象到 60 年代末 70 年代初随电子技术为中心的现代工业变革,出现了一些转机。系统论、信息论、计算机等现代理论和技术的应用为现代建筑设计方法论提供了科学的准备,建筑策划的萌芽在此出现了。它一方面强调建筑师创作思想的体现,强调建筑的社会性、文化性、地域性和精神性等主观感性的因素;另一方面又运用计算机、统计学、科学调查法等近代科技手段对感性的、经验的建筑创作思想进行整理、归纳和反馈修正,使建筑创作在理论与方法、经验和逻辑推理中进行。它是建筑创作和建筑评论在理论方面与技术方面的必然要求。

3.2 建筑策划是创造"精品"和建筑评论客观标准的保证与先决条件

建筑学在中国的发展经历了不同于西方的过程。中国建筑从殷商时代开始至今3 000多年形成了自身独特的建筑体系。中国古代建筑理论从老子对建筑的释义到先秦古籍的《考工记》、汉代的《九章算术》、唐代王孝通的《缉古算经》、宋代秦九韶的《数学九章》及李诚的《营造法式》、明代的《园冶》、清代的《工段营造录》直到近世的《营造法原》等专著,对中国古代建筑的理论特别是方法进行了详细的论述,是我国建筑界的重要宝藏。但中国的建筑知识的教习一直是师徒相授、父子相传,往往人亡艺绝,阻碍了建筑学的发展。直到20世纪初,现代建筑师的称号及其知识传授方式才由西方传入中国,上述情况才得以改变。

由于我国建筑教育模式的特征和自身的局限,加上建筑创作中的社会经济因素等的影响,使建筑创作理论、方法和建筑评论的研究与发展较西方国家滞后了很长一段时间。建筑创作环境的窘迫、建筑论坛的封闭、建设部门结构体制的几十年一贯制,加上建筑商品化进程的缓慢,使得几十年来我国的建筑创作和评论或多或少地出现了一些偏差,主要表现为只片面强调经验传统,忽略方法论的研究;只注重经验资料的借鉴,忽略建筑创作思想和方法的创新;只强调建筑的空间组合、比例、尺度等感性的因素而忽略建筑与社会、环境、文化、使用以及技术中的科学性,使建筑完全变成了刻意追求风格和标新立异的个人情感的载体。建筑评论也雷同于欣赏一座雕塑或一幅画,浮于表面的感官评价被炒来炒去,缺乏社会责任感和科学的态度,此时的建筑师无疑已经沦为一个匠人。这种情景在我国目前“大建设”时期同时又是外来各种流派蜂拥而至,而我们建筑师又极想一下子成名的特殊时期显得尤为突出。难怪有些我们认为相当不错的作品在外国人眼里是那么不可理解。

建筑策划的理论和方法正是为我们提供了这样一个环节,在这里,建筑师可以对项目的各种内部和外部条件进行分析,对项目的社会、经济和环境的相关因素进行科学的研究,对建筑设计的条件进行定量的分析和逻辑的推理,使得建筑师在此基础上完成的设计具有较高的社会效益、环境效益和经济效益。

3.3 关于建筑策划的全民意识

建筑创作无论有多少理论内涵和技术含量,其成果总是以一种具体的方式展现在世人面前。这种类同于艺术品且明明白白立于世间的展示,其招至而来的评论必将是全社会的。显而易见,全社会人群组成的不同、文化背景的不同、价值观念的不同以及生活环境和方式的不同,使得评判的结论千差万别。但无论如何,一幢建筑的客观条件是一定的,其使用及内在运作机理是一定的,因而它的社会效益、环境效益和经济效益的评价结论应是唯一的。可实际上,当众人评价一幢建筑时往往由于不懂得运用相关的原理和科学的方法而只是停留在对外观和体型的评判上。公众都来有意识地提高评论的水平和评价的科学意识,普及建筑策划的基本概念和方法,提高全民的建筑审美素质是我们建筑创作健康发展的重要基础。

随着建筑策划理论和方法的普及,它的社会效益和经济效益也将日益被人们所重视。目前,世界上已有许多国家已经有明确的法律规定,何种等级以上的建筑一定要进行建筑策划之后才能开始建筑设计。当建筑策划成为建筑创作中一项不可或缺的环节时(这一天很快就会到来),就会有许多专职建筑策划师及建筑策划事务所出现。随着建筑策划研究的社会化、商品化,其研究机构的组织形式、收费标准、管理体制直至法律程序也都将完善起来。那时,我国基本建设及建筑创作的发展就会呈现出一个全新的格局。讲求科学的、逻辑的以及社会的和经济实效的建筑创作之风将盛行。

4 关于中国当代建筑评优标准

4.1 优秀建筑的困惑

北京市规划委员会一年一度在北京举办首都建筑设计成果汇报展,展出期间评选出当年度"十佳建筑"。建设部及其他部委和地方系统也每年举行国家、部委和地方的建筑评优活动。评优活动的成效是显著的,从中许多优秀建筑和设计脱颖而出,也缔造了一批基本功扎实、有社会责任心、不断追求完美的新一代建筑师。

但评优过后,再坐下来细细品味和研究那些获奖作品时,会发现其中有些建筑和设计尽管造型、比例、尺度和色彩雕琢得尽善尽美,但把它们放到环境中去,与环境的结合是那么令人失望,不是标新立异与环境格格不入,就是摆出以自我为中心的架势。若再深入研究更会发现,在平面布局上大有将锅炉房面向周围居民区、大片的镜面玻璃幕墙明晃晃地反射向一侧小学校、为追求立面效果东西向大开玻璃幕墙使能源消耗大大超出规范要求、一味追求造型破坏自然的采光和通风的例子,如此等等,实在令人不敢苟同。

如果有心翻看一下近年来国外获奖作品,会发现其评选的标准似乎与我们大相径庭。获奖作品有些外观、造型极其普通甚至算不上美,但其对环境的分析与理解以及利用环境、改善环境、融入到环境中去、与自然合而为一却研究得那么透彻。其中利用自然的光、自然的通风、自然的景观、节能、储能的设计构想以及因此而衍生出来的全新的建筑形制,其巧妙令人赞叹。特别是国外建筑师对待环境、自然、能源及人居环境可持续发展的认识和积极投入其中的热情着实令人钦佩。

显然,在当今潮流中优秀建筑的标准已绝不是单纯的造型上的好看与难看的问题了,没有对环境的分析与理解,没有可持续发展的意识,如此创造出来的建筑充其量只能是一个仅代表建筑师个人情感和意愿的作品。不可否认,时代的发展要求我们必须对建筑评论提出适应时代发展的全新的标准。

4.2 现代建筑评论对传统美学标准的拓展

现代建筑评论尽管加入了浓重的时代色彩,但也并非是对传统美学标准的全面摒弃。建筑创作的最原始的机理仍旧使我们不能放弃传统的美学原则。准确地讲,现代建筑评论的标准应是对传统美学原则的拓展。

第一,建筑的评论要有可持续发展理论的宏观指导。可持续发展的概念早在1980年就已被国际自然联盟(International Union for the Conservation of Nature)所接受,但大体而论,它只限于保护主义者的论坛,此概念引入建筑界只是近十年的事。它描述了一个不允许使自然资源基础恶化的过程。在建筑中可持续性特别强调地球与人类共生环境不被破坏,能够持续向未来发展,它超越了"节能"这一单一的概念,考虑寻求共生未来。既然当代建筑创作已不得不遵循这一原则,那么显然,衡量与评价它的标准也必然应遵循这一原则。

第二,现代建筑评论的标准应把自然和建筑对环境的影响放在第一位。建筑不是孤立的艺术品,它是人类活动的载体,更是社会环境的一部分。如果一幢建筑破坏了景观,污染了环境,妨碍了社会秩序,即便它再美也不能算是一幢优秀的建筑。所以,现代建筑评论应首先考察建筑对环境的作用,看它在人文环境、自然环境、景观、能源、小气候、排污及自净等方面是否达到相应的标准,是否能是一幢无废无污的绿色建筑。只有当环境这第一位的问题考察充分了,才能进行下一步对功能、空间、比例、尺度、美观等的评价。

第三,现代建筑评论标准应建立在客观的、科学的、定量的统计与分析的基础上。这一点现代科学技术的发展已完全可以解决。GIS 系统、全球定位系统、动态模拟系统、实态调查快速跟踪系统等近代科技手段已逐渐为建筑师所熟悉,并愈来愈被广泛地运用到建筑设计与建筑评论中。

4.3 建筑与自然和谐共生是建筑师追求的最高境界

尊重自然、可持续发展是时代赋予建筑师的历史使命,克服个人主义,拓展知识面以适应时代的发展是当代建筑师的首要任务。

建筑师要以平常而客观的心态来研究环境、研究社会、研究建筑和人的活动,以达到创作中的建筑与自然和谐共生的完美境界。

5 结 语

随着中国一步步坚实地步入国际现代建筑舞台,中国的建筑创作水平将愈来愈受到全球的关注。中国建筑师已不再陶醉于老祖宗古建筑的诗情画意,而更希望在现代建筑创作领域中独树一帜。现代建筑评论作为建筑发展的必需,宏观指导与导向性至关重要,同时它也反映了建筑创作的前沿性和水平。当新世纪来临之际,我们不应该仍旧还是死抱着"美观、漂亮"等感性描述式的评价,向世人展示那些缺乏环境研究、破坏自然的所谓美的建筑。我们应向世界展示的是中国不但自古就有"天人合一"的创造环境和改造自然的哲学思想,更有今天的研究环境、与自然共生的可持续发展的创作理念和水平。

论钻孔灌注桩施工技术及质量控制

贺当民　　陈艳彦　　徐茹彬

(河南豫美建设工程检测有限公司)

【摘　要】　钻孔灌注桩在区域基建工程基础工程中发挥了重要作用,钻孔灌注桩技术,因其具有对各种土层的适应性强、无挤土效应、无振害、无噪声、承载力高等优点,在工程中得到了广泛应用。文章阐述了钻孔灌注桩施工前要做的准备工作,介绍了施工技术的工作流程、桩身混凝土质量控制、事故原因及处理。

【关键词】　施工技术;声测管;断桩处理

1　工艺流程及施工准备

1.1　工艺流程

施工前必须全面掌握钻孔灌注桩的施工工艺,因钻孔设备不同,其施工工艺流程也不一样,现以 GPS100 型回旋钻机成孔为例,其主要施工工艺流程为:场地平整→孔位测定→护筒埋设→钻机就位→开钻成孔→提钻→第一次清孔→检孔→钢筋笼吊放→下导管→第二次清孔→水下混凝土灌注→提拔导管→成桩。

1.2　主要准备工作

(1)必须预审施工组织设计。工程开工前,施工单位应提前向监理部报送施工组织设计(专项施工方案)进行审查,其中包含施工方法、主要技术指标及控制措施。经监理工程师审核后完善施工组织设计方案。

(2)必须认真把好测量定位关。测量定位是整项工作的关键,在思想上必须足够重视,这关系到孔位的准确性、钻孔的垂直度及基准面的标高。施工单位在具体操作过程中,须严格按三检制的要求层层落实,及时与监理方沟通,与监理方认真复核、验收相结合,严格控制偏差在设计或规范允许范围内。

(3)必须把护筒、钻机安装稳固、准确。护筒有固定桩位、钻孔导向、保护孔口和隔离孔内外表层水的作用。在制作过程中,要求具有坚固、耐用、不易变形、不漏水、装卸方便和能重复使用等功能,一般采用带法兰的钢质护筒,由 3～5 mm 厚的钢板制作,在护筒外侧上、中、下部各焊一道加劲肋增加刚度,防止变形,形状可以做成整体或两半圆。埋置时应保证平面位置正确,偏差不得大于 5 cm,且高出施工最高水位 1.0～2.0 m;在水下埋设的护筒,应沿着导向架借助自重、射水、振动或锤击等方法将护筒下沉至稳定深度。

钻机是钻孔、吊放钢筋笼、灌注混凝土的支架,要安装稳定、安全,应能承受钻具和其他辅助设备的重量,并具有一定的刚度,在钻进中或其他操作时,不易产生晃动,高度由钻具长度和钢筋骨架节长度确定,一般为 8～12 m;底盘的长度应根据高度稳定性确定。主要受力构件的断面尺寸由施工中出现的最大负荷计算确定,安全系数不宜小于3。在钻孔过程中,成孔中心必须对准桩位中心,钻机架必须保持平稳,不发生位移、倾斜和沉陷;安装就位时,详细测量后底座,并用枕木垫实塞紧,顶端用缆风绳固定平稳,并在钻孔过程中经常检查,以保证转盘面水平、钻机机架垂直,进而确保桩身的垂直度和孔径大小。

2 原料选择与下料

混凝土原料宜选用卵石,石子含泥量应小于2%,以提高混凝土的流动性,防止堵管。一般混凝土初凝时间仅3～5 h,只能满足浅孔小桩径灌注要求,而深桩灌注时间为5～7 h,因此应加缓凝剂,使混凝土初凝时间大于8 h,为了使混凝土具有良好的保水性和流动性,应按合理的配合比将水泥、石子、砂子倒入料斗后,先开动搅拌机并加入30%以上的水,然后与拌和料一起均匀加入60%的水,再加入10%的水(当砂、石含水率较大时,可适当控制此部分水量),最后加水到出料时间控制在60 s内,坍落度应控制在(180 ± 20) mm之间,混凝土灌注距桩顶约5 m处时,坍落度控制在160～170 mm,以确保桩顶浮浆不过高。气温高,成孔深,导管直径在250 mm以内时,取高值,反之取低值。

3 选择打桩顺序

打桩顺序一般分为:由一侧向单一方面打,自中间向两个方面对称打,自中间向四周打。打桩顺序直接影响打桩速度和桩基质量。因此,应结合地基土壤的挤压情况、桩距的大小、桩机的性能、工程特点及工期要求,经综合考虑予以确定,以确保桩基质量,减少桩机的移动和转向,加快打桩速度。由一侧向单一方向打,桩机是单向移动的,桩的就位与起吊均很方便,故打桩效率高;但它会使土壤向一侧作技术性灌注。操作技术分为首批混凝土灌注与后续混凝土灌注及后期灌注三个过程。在首批混凝土灌注过程中,混凝土灌注量与泥浆至混凝土面高度、混凝土面至孔底高度、泥浆的密度、导管内径及桩直径有关。孔径越大,首批灌注的混凝土量越多。由于混凝土量大,搅拌时间长,因此可能出现离析现象,首批混凝土在下落过程中,由于和易性变差,受的阻力变大,常使导管中堵满混凝土,甚至漏斗内还有部分混凝土。此时应加大设备的起重能力,以便迅速向漏斗加混凝土,然后稍拉导管;若起重能力不足,则应用卷扬机拉紧漏斗晃动,这样能使混凝土顺利下滑至孔底,下满后,继续向漏斗加入混凝土,进行后续灌注。在后续混凝土灌注中,当出现非连续性灌注时,漏斗中的混凝土下落后,应当牵动导管,并观察孔口返浆情况,直至孔口不再返浆,再向漏斗中加入混凝土。

牵动导管的作用有两点:

(1)有利于后续混凝土的顺利下落,否则混凝土在导管中存留时间稍长,其流动性能变差,与导管间摩擦阻力随之增强,造成水泥浆缓缓流坠,而骨料都滞留在导管中,使混凝土与管壁摩擦阻力增强,灌注混凝土下落困难,导致断桩。同时,由于粗骨料间有大量空隙,后续混凝土加入后形成的高压气囊会挤破管节间的密封胶垫而导致漏水,有时还会形成蜂窝状混凝土,严重影响成桩质量。

(2)牵动导管增强混凝土向四周边扩散,加强桩身与周边地层的有效结合,增大桩体摩擦力,同时加大混凝土与钢筋笼的结合力,从而提高桩基承载力。

在混凝土灌注后期,由于孔内压力较小,往往上部混凝土不如下部密实,这时应稍提漏斗增大落差,以提高其密实度。当然,在控制混凝土初凝时间的同时,必须合理地加快灌注速度,这对提高灌注质量十分重要,因此应做好灌注前的各项准备工作及灌注过程中各道工序的密切配合工作。

4　灌注桩声测管埋置的几个技术问题

目前,我国对于基础工程中桩基质量的检测工作普遍采用低应变法和超声波透射法进行。低应变法大致始于20世纪60年代,由于其检测结果精度低,目前主要用于小直径桩、短桩的检测。而超声波透射法虽然检测成本高于低应变法,但其检测结果准确性较高,因而目前得以广泛应用。

采用超声波透射法检测桩基质量,首先应进行声测管的预埋置工作。超声波透射法检测桩基质量的工作机理一般情况下是:一个发射、一个接收两个换能器(探头)从桩底按一定高度利用发射探头所发射的超声波,通过混凝土再到接收探头,其间根据某些声学参数如声时、声幅、频率等的不同变化,从而反映混凝土的内部情况,如离析、孔洞、强度等。而声测管就是探头运动的通道。由于超声波透射法检测桩基质量是把声测管绑缚于桩基的钢筋笼上面,不受桩长、桩径的影响,成为目前较受欢迎的桩基检测方法,而个人观点认为,要进行好超声波透射法检测桩基质量工作,除检测人员技术水平、检测设备质量等影响因素外,还有一个更为重要的影响因素就是声测管的埋设是否满足技术要求,若不满足埋设要求,则会直接影响到桩基的检测结果,严重时会使检测人员造成误判。一般来说,为避免以上情况的产生,声测管的预埋设工作按如下方式进行:

(1)声测管一般宜采用钢质管,而PVC管虽然价格便宜,但由于绑扎、水泥水化热等因素的影响而易于变形,最后导致探头的上下运动无法进行检测,故一般不应采用。

(2)钢质声测管在进行连接时,一般采用焊接或丝口连接,焊接时应注意不要破坏钢管,以免出现洞口导致混凝土浇筑时水泥浆体的渗入而堵塞声测管;丝口连接时则应在丝口处紧缠麻丝,其目的是防止水泥浆体的渗入。

(3)超声波透射法检测桩基质量时,声测管的埋置数量按相关规范要求,一般为2根、3根、4根等。

(4)当声测管绑缚于桩基的钢筋笼上面时,首先应平行于桩孔轴心线;其次是声测管之间尽量平行,切记应牢牢绑缚于桩基的钢筋笼上面不容许有松动;再次是对于端承桩而言,由于桩底情况是我们需要重点观察的地方,因此几根声测管的尾部都应放到桩底且都应处于同一水平面上;然后是声测管在安装时尽量等距均匀分布;最后是在桩顶处声测管应高出桩顶混凝土面30~50 cm为宜。

(5)声测管在绑缚于桩基的钢筋笼上面时,应先将声测管的一头一尾用薄钢板焊接密封,以免异物落入管中堵塞声测管。

(6)在桩基检测前一天,将声测管端头的薄钢板取掉,施工方可先用测绳进行声测管检查,检查项目包括实际桩长、声测管有无异物堵塞等,检查完毕后在管中灌入清水,以待测桩。

5　钻孔灌注桩断桩的原因分析与处理

5.1　钻孔灌注桩断桩的原因分析

断桩是严重的质量事故。对于诱发断桩的因素,必须在施工初期就彻底清除,同时必须准备相应的对策,预防事故的发生,或者一旦发生事故可及时采取补救措施。断桩产生的原因有以下几个方面:

(1)在灌注混凝土过程中,测定已灌混凝土表面标高出现错误,导致导管埋深过小,出现拔脱提漏现象形成夹层断桩。特别是钻孔灌注桩后期,超压力不大或探测仪器不精确时,易将泥浆中混合的坍土层误认为是混凝土表面。因此,必须严格按照规程用规定的测身锤测量孔内混凝土表面高度,并认真核对,保证提升导管不出现失误。

(2)在灌注过程中,导管的埋深是一个重要的施工指标。导管埋深过大及灌注时间过长,会导致已灌混凝土流动性降低,从而增大混凝土与导管壁的摩擦力,加上导管采用已很落后且提升阻力很大的法兰盘连接的导管,在提升时连接螺栓拉断或导管破裂而产生断桩。

(3)卡管现象也是诱发断桩的重要原因之一。由于人工配料(有的机械配料不及时校核)随意性大,责任心差,造成混凝土配合比在执行过程中的误差大,使坍落度波动大,拌出混合料时稀时干。坍落度过大时会产生离析现象,使粗骨料相互挤压,阻塞导管;坍落度过小或灌注时间过长,使混凝土的初凝时间缩短,加大混凝土下落阻力而阻塞导管,这些都会导致卡管事故,造成断桩。所以,应严格控制混凝土配合比,缩短灌注时间,这是减少和避免此类断桩的重要措施。

(4)坍塌。因工程地质情况较差,施工单位组织施工时重视不够,有甚者分包或转包,施工者谈不上有什么经验,在灌注过程中,井壁坍塌严重或出现流砂、软塑状质等造成类泥沙性断桩。这类现象在本工程的断桩中占有相当大的比例,较为严重,而且位置深、难处理,是导致工期无限延期及经济上大量浪费的重要因素之一。

(5)导管漏水、机械故障和停电造成施工不能连续进行,突然井中水位下降等因素都可能造成断桩。因此,应认真对待灌注前的准备工作,这对保证桩基的质量很重要。

(6)施工原因。由于导管下距孔底过远,混凝土被冲洗液稀释,使水灰比增大,造成混凝土不凝固,混凝土桩体与基岩之间被不凝固的混凝土软体充填。桩身中岩渣沉积成层,将混凝土桩上下分开。由于在浇筑混凝土时,导管提升和起拔过多,露出混凝土面,或由停电、待料等原因造成夹渣桩身出现空洞体。未采用"回顶"法灌注,而是采用从孔口直接倒入的办法灌注混凝土,产生离析造成凝固后不密实坚硬,个别孔段产生疏松、空洞现象。

5.2　常用处理方法

(1)原位复桩。对在施工过程中及时发现和超声波检测出的断桩,采用彻底清理后,在原位重新浇筑一根新桩,做到较为彻底处理。此种方法效果好、难度大、周期长、费用高,可根据工程的重要性、地质条件、缺陷数量等因素选择采用。

(2)接桩。为确保工程质量,停止混凝土的浇筑并提前拔出导管。确定接桩方案,首先,对桩进行声测,确定好混凝土的部位;其次,根据设计提供的地质资料确定井点降水,

开挖 -20#素混凝土进行护壁,护壁内用钢筋箍圈进行加固;最后,挖至合格数处利用人工凿毛,按挖孔混凝土施工方法进行混凝土的浇筑。

(3)桩芯凿井法。这种方法说起来容易做起来难,即边降水边采用风镐在缺陷桩中心凿一直径为 80 cm 的井,深度至少超过缺陷部位,然后封闭清洗泥沙,放置钢筋笼,用挖孔混凝土施工方法浇筑膨胀混凝土。此方法日进度缓慢,如果遇到个别桩水处理不好、降不下去,更是困难重重,导致质量、工期和经济上的重大损失。

(4)补送结合法。当打入桩采用分节连接、逐根沉入时,差的接桩可能发生连接节点脱开的情况,此时可采用送补结合法。首先,对有疑点的桩复打,使其下沉,把松开的接头再顶紧,使之具有一定的竖向承载力;其次,适当补一些全长完整的桩,一方面补足整个基础竖向承载力的不足,另一方面补打的整桩可承受地震荷载。

(5)纠偏法。桩身倾斜,但未断裂,且桩长较短,或因基坑开挖造成桩身倾斜而未断裂,可采用局部开挖后用千斤顶纠偏复位法处理。

(6)扩大承台法。由于以下三种原因,原有的桩基承台平面尺寸满足不了构造要求或基础承载力的要求,而需要扩大桩基承台的面积。

①桩位偏差大。原设计的承台平面尺寸满足不了规范规定的构造要求,可用扩大承台法处理。

②考虑桩土共同作用。当单桩承载力达不到设计要求时,需要扩大承台并考虑桩与天然地基共同分担上部结构荷载。

③桩基质量不均匀,防止独立承台出现不均匀沉降,或为提高抗震能力,可采用把独立的桩基承台连成整块,以提高基础整体性,或设抗震地梁。

6 结语

钻孔灌注桩在区域基建工程基础工程中发挥了重要作用,钻孔灌注桩打桩过程中的施工流程尤为重要,必须严格按施工工艺操作。施工人员要认真学好专业基础知识,自觉实践,一丝不苟,认真总结,正确应用有关规范;熟悉地质资料、设计图纸、相关文件及各项技术要求,不断提高自身的业务素质和技术水平,抓好施工准备、成孔、清孔、混凝土浇筑等各个环节的桩基础工程。在施工过程中,若不严格按规定操作,通常会出现质量事故,影响使用安全。引起灌注桩质量事故的原因较多,各个环节都可能会出现重大质量事故。因此,在桩基工程开工前应做好各项准备工作,这是控制灌注桩质量的关键。认真审查地质勘探资料和设计文件,强调现场管理人员要有高度责任心,以防为主,对灌注桩的施工全过程进行严格的质量控制和检查,发现问题及时采取合理措施,及时补救。

膨胀土地基墙体裂缝分析及处理

史　杰[1]　史宛生[2]

(1. 河南天工建设集团有限公司；2. 南阳市直房产管理处)

【摘　要】　本文对某工程膨胀土地基墙体裂缝的成因进行了分析，并提出了处理意见。

【关键词】　膨胀土；地基；墙体裂缝；分析；处理

1　工程概况

某工程于 2008 年 9 月 13 日开工，2009 年 8 月 13 日竣工，工程已通过交工验收，质量合格。共计 12 幢标铺，均为三层现浇钢筋混凝土框架结构。围护墙、内墙均采用 250 mm、200 mm 厚加气混凝土砌块墙体，砌块强度为 A3.5，砌筑砂浆为 M5.0 混合砂浆。主体框架基础为柱下独立基础，基础埋深为 1.6 m；围护墙及内隔墙基础设计为条形基础，与柱下独立基础无连接措施。地基承载力特征值 $f_{ak} = 170$ kPa，该持力层为黏性弱膨胀土，胀缩等级为 Ⅱ 级。

标铺山墙至区间混凝土道路之间为生态草坪砖地面。其做法为 100 mm 厚稳定砂垫层，面层铺设生态草坪砖(不能解决渗水问题)；另每幢楼的前后均设有排水沟，排水沟断面尺寸为 300 mm × 400 mm，沟底为 100 mm 厚 C10 混凝土，沟壁为机砖砌筑，沟内面均采用水泥砂浆抹面，沟内边距建筑物约 1.0 m。

2　存在问题

该工程交工后，特别在 2010 年 3 ~ 4 月，紧邻主干道北侧的六幢标铺南端外墙及内隔墙，多处出现不同程度的裂缝，裂缝部位主要集中在柱侧、梁底、窗角和原施工预留洞位置处，裂缝宽度均在 1.0 mm 以内，裂缝的走向有斜裂缝、平缝及竖缝等。

3　原因分析

3.1　部分地基受水浸泡的原因

该工程基础坐落在膨胀土上，部分地基受水浸泡，使地基土受水膨胀，失水收缩，造成不同类型的基础变形不均，引起上部结构变形，致使墙体出现裂缝。

水的来源有以下几个方面：

(1)基础、主体施工期间，地基土已遭水浸泡。《膨胀土地区建筑技术规范》(GBJ 112—87)第 4.2.2 条规定：基础施工宜采用分段快速作业法，施工过程中不得使基坑(槽)曝晒或泡水；雨季施工应采取防水措施。该工程在基础施工期间，适逢雨季，基坑曾遭雨淋，地基遭水浸泡。违背了第 4.2.2 条的有关要求，给后面的质量问题埋下了隐患。

(2)《膨胀土地区建筑技术规范》(GBJ 112—87)第3.6.3条规定:平坦场地上Ⅰ、Ⅱ级膨胀土的地基处理,宜采用砂、碎石垫层,垫层厚度不应小于300 mm,垫层宽度应大于基底宽度,两侧宜采用与垫层相同的材料回填,并做好防水处理。实际工程中砂垫层做法符合规范要求,但回填土的材料及"做好防水处理"两项不符合规范要求,使用原土回填,并未做防水处理。这是造成地基被水侵蚀的一条通道。

(3)《膨胀土地区建筑技术规范》(GBJ 112—87)第3.3.4条规定:地下排水管道接口部位应采取措施防止渗漏,管道距建筑物外墙基础外缘的净距不得小于3 m。而现场却在建筑物的两侧距其不足1.0 m处,分别设置了纵向砖砌排水沟且仅作砂浆抹面,雨水极易渗入地基内。这是地表雨水渗入地基内的另一途径。

(4)《膨胀土地区建筑技术规范》(GBJ 112—87)第3.7.3条规定:散水设计宜符合下列规定:

①散水面层采用混凝土或沥青混凝土,其厚度为80～100 mm;

②散水垫层采用灰土或三合土,其厚度为100～200 mm。

《膨胀土地区建筑技术规范》(GBJ 112—87)第3.7.4条规定:宽度大于2 m的宽散水,其做法宜符合下列规定:面层可采用C15强度等级的混凝土,厚80～100 mm,……

山墙南端为生态草坪砖地坪,其下为100 mm厚稳定砂层,这显然不符合上述规范规定。这是地表雨水渗入地基内的第四个途径。

3.2　结构构造措施原因

《膨胀土地区建筑技术规范》(GBJ 112—87)第3.7.8条规定:膨胀土地区建筑应根据地基土胀缩等级采取下列结构措施:

(1)较均匀的弱膨胀土地基,可采用条基,基础埋深较大或条基基底压力较小时,宜采用墩基。

(2)承重砌体结构可采用拉结较好的实心砖墙,不得采用空斗墙、砌块墙或无砂混凝土砌体;不宜采用砖拱结构、无砂大孔混凝土和无筋中型砌块等对变形敏感的结构;Ⅱ级、Ⅲ级膨胀土地区,砂浆强度等级不宜低于M2.5。

(3)房屋顶层和基础顶部宜设置圈梁(地基梁、承台梁可代替基础圈梁)……

本工程的基础分两种:框架(主体工程)为柱下独立基础,内外墙为条形基础,而墙体基础没设圈梁也未与主体框架的独立基础连接,而墙基础(条形基础)只承载一层墙体,自重基底的压力远小于独立基础的压力。当地基膨胀土受水侵蚀膨胀、失水收缩时,基础(独立基础与条形基础)的变形自然不会一致,造成沉降不均,从而产生墙体裂缝是必然的。如将墙基改为地基梁支承在独立基础上,梁下留一定空隙,墙体将不受膨胀土的影响而产生裂缝。

3.3　其他原因

此外,由于受季节性温度的影响和材料性能的不同,也会造成填充墙砌体与梁、柱间的裂缝及窗口的斜裂缝,这是工程中的质量通病之一,在本工程中也是存在的。地基的蠕动变形加剧了上述通病的程度和范围。

基于上述三条原因,笔者认为:第一条是主要原因,即部分地基受水浸泡,使地基土含水量不均,地基土遇水膨胀,失水收缩,造成基础沉降不均,随季节变化(雨季和干季)基础反复升降,带动上部结构(墙体)蠕动变形,使墙体某些部位受到较大的剪力,造成墙体出现斜向裂缝、水平裂缝或垂直裂缝。当然这些裂缝尚不会影响结构安全,但是若不及时处理,进而会影响使用功能(如外墙渗水等),同时也有碍观瞻。

4 处理意见

(1)首先解决地基受水侵蚀问题,这就需要堵截水源,使外部水不再渗入地基内,方法如下:

①分别在六幢楼山墙南端的生态草坪砖下增设防水层,截断此部位的渗水。

首先拆除原有生态砖和稳定砂层,然后清理其下部土层至设计标高,再安散水层和防水层,施工时应按规范要求留设伸缩缝。

②标铺门前的暗沟排水改为管道排水。鉴于暗沟排水易造成渗漏,故原暗沟排水改为采用 ϕ 300 的 PVC 管道排水。安装 ϕ 300 的 PVC 管道时,应拆除影响安装的原部分排水沟。

③沉砂井和阴井增加防水处理。沉砂井和阴井内增设的防水层采用聚氨酯防水涂料。

防水层施工阶段,应清除其表面明水,涂刷两遍防水涂料后,在其表面粉刷 20 mm 厚 1∶2 水泥砂浆保护层。防水涂料应按照产品说明书或在厂家技术人员的指导下进行施工作业。

(2)对墙面裂缝处理。

①外墙裂缝处理方法如下:

凿除裂缝两侧抹灰层,凿除抹灰层的宽度为裂缝两侧各 200 mm,将表面清理干净并洒水湿润。

沿裂缝加设钢板网一层,钢板网的宽度约为 300 mm。

刷 801 素水泥浆一道,配合比为 801 胶∶水 = 1∶4。

抹第一道聚合物水泥砂浆,并用铁泥抹压光。

待第一道聚合物水泥砂浆九成干后,涂刷两道改性聚氨酯防水涂料。

抹第二道防裂砂浆,并加设耐碱网格布一道。注意:网格布距抹灰表面 3～5 mm,不能使网格布靠近抹灰基层,否则起不到防治裂缝的作用。

②内墙裂缝处理方法如下:

内墙做法与外墙一样,只是内墙抹混合砂浆即可(不用防裂砂浆和防水涂料)。

墙面裂缝处理完后重新做面层涂料。

经过以上处理后,一年来观察未出现新的裂缝。

参考文献

[1] 中华人民共和国城乡建设环境保护部. GBJ 112—87 膨胀土地区建筑技术规范[S].北京:中国计划出版社,1987.

浅谈成本控制在项目管理中的作用

史宛生[1]　史　杰[2]

(1. 南阳市直房产管理处;2. 河南天工建设集团有限公司)

【摘　要】　本文介绍了项目管理中成本控制的作用,以及对技术、质量、安全、进度、资金、物资设备的控制,以提高索赔质量,增加经济效益,科学改进工程项目成本核算制度。

【关键词】　项目管理;成本控制

突出成本控制,用科学的成本控制来预测管理成本,进而压缩成本、节约成本,是施工企业追求最佳效益的关键所在。

1　增强全员成本核算意识

作为以盈利为目的的经济组织,成本核算应该贯穿企业经济活动的全过程,而工程项目管理更应该把成本核算自始至终贯穿到施工管理的全过程中,即"事前预算、事中核算、事后决算"。项目开工前,应组织相关人员对项目进行评估和预算分析,对各个环节的单价进行分析,确定合理的目标成本。因为成本核算是多方位、多系统、多层次的一项系统工程,必须要各职能部门及全员参与,既然要全员参与,那么在操作过程中人的因素便成为一项很重要的因素。因此,把成本核算意识深入到每个员工的心中,是搞好成本核算、提高全员素质和操控能力的关键。

2　对技术的控制

首先要对施工方案进行优化,确定合理、先进、科学的施工方法,使劳动生产率得到提高,施工成本得到降低。其次要积极推广建筑业"四新"技术,组织现场技术攻关小组,有针对性地对施工中的重点、难点问题开展科技攻关活动,在保证工程质量的前提下,采用科学合理的施工技术方法来降低工程成本。

3　对安全、质量、进度的控制

要以狠抓施工现场的文明施工来强化安全管理,以规范、安全、文明施工行为来保证工程进度。要全面贯彻 ISO900 标准、ISO14000 标准和 OHSMS18000 标准,用标准流程、工艺、定额规范施工作业行为,从而降低工程成本,实现工程质量高、进度快、造价低、效益好的预期目标。

4　对资金的控制

目前,施工企业大部分项目管理都由项目经理一人签字。如果项目经理本人的确是有德、有才、无私奉献、有主人翁责任感的管理者,那么各项费用开支可能不会偏高。但如果项目经理心存私念,或者是责任心不强,就会使项目管理出现失控,费用开支严重超支,经济纠纷不断。资金管理上,可实行项目资金使用联签制度,严格按照规定和程序办理,这样一来,既能相互分工,相互促进,又可相互监督,还可以避免和减少经营上的漏洞,降低生产和非生产性开支,提高项目经济效益。但即使这样,上级的相关职能部门仍然要定期进行有效的监督,避免集体性的职位犯罪,力争用最低的成本创造最大的效益。

5 对物资设备的控制

如何有效地降低材料价格、购买设备的价格、材料设备的管理费用,直接关系到项目的生产成本和项目的利润,关系到企业的经济效益,所以要严把采购关,主材和设备必须要实行竞价体制,坚持"货比三家,比质比价"的原则,利用公开招标形式进行阳光操作,从源头上控制成本。也就是说,工程质量的主要材料和用量大、价格高的材料及设备在保证质量的前提下,由相关部门调查后确定合格供应商,向供应商发邀请函,然后进行公开评标,确定供应商。最后,由合同管理部门和物资设备管理部门共同与中标方签订合同。这样既避免了采购由谁说了算、吃回扣、以次充好、虚报实效等行为,也增加了采购的透明度,更重要的是,有效地降低了成本。其他一般材料和地方材料在保证工程质量的前提下进行采购,采购时实行"总量定货,分批采购"的原则,避免积压和浪费。材料的管理,要坚持限额发料,严把消耗关,减少"跑、冒、滴、漏"现象。

6 提高索赔质量,增加经济效益

近几年来,企业所承接的工程项目大部分是"降级、优惠、压价",这样做往往亏本中标。在努力干好这些工程的同时,要力争做到创造社会效益,更要获得经济效益,提高经济效益的两个方面是降低成本和增加工程收入,而增加工程收入的主要途径是加强索赔的管理。因此,一个项目的索赔工作的好坏直接影响到工程的盈亏。

增加经济效益的方法如下:一是项目部人员抓好业务学习,对招标、投标文件、合同进行学习,做到正确、全面地理解有关内涵,再就是对当地基本建设文件法规进行学习,对定额文件做到全面理解。二是加强施工方案的编制,一份成功的施工方案,经业主确认,将会给工程带来一定的经济效益。三是变被动为主动,许多业主在洽商变更时,不是在口头上就是在会议上要求变更,他们往往很少发出书面通知,为了执行业主的指令,根据业主的指令,先作出书面核定单,交业主签字后再施工,这样既积极配合了业主工作,又从自身的角度出发写了核定单,较大地维护了自身的利益。四是加强竣工结算的管理,工程接近竣工阶段,项目部便着手结算的编制工作,竣工结算要与中标预算、材料实耗清单、人工费发生额进行比较,以寻找竣工结算的漏项,竣工结算要进行严格的审核和复核,确保竣工结算的准确性、完整性,从而确保结算质量。

7 积极适应 WTO 规则要求,科学改进工程项目成本核算制度

随着我国加入 WTO,我国建筑施工企业将走向世界,在国际市场上,建筑施工企业将完全暴露在各种风险之中,这就要求施工企业工程项目管理人员具备较强的业务技术水

平和职业道德素质、职业网络技术应用能力和开拓能力、创新能力、判断能力、应变能力，并利用各种手段去防范、规避风险，加强项目目标管理，落实考核责任制，以工程合同为纽带，增强工程索赔意识，向科学管理要效益，使施工企业得以生存和发展。同时，建筑施工企业要积极研讨 WTO 的有关规则要求，并逐步建立适应其发展的生存环境。建立健全适应市场发展的施工项目成本核算体系，建立科学的工程项目成本核算制度和相应的激励制度，调动工程项目管理人员的积极性，不断提高成本核算管理体系的运行质量，把工程项目部建设成一支懂经营、善管理、优质高效低耗的施工队伍。

参考文献

[1] 中华人民共和国住房和城乡建设部. GBJ 108—2008　地下水工程防水技术规范[S]. 北京:中国计划出版社,2008.

[2] 中国建筑科学研究院. JGJ 3—91　钢筋混凝土高层建筑结构设计与施工规程[S]. 北京:中国建筑工业出版社,1991.

[3] 中国建筑科学研究院. JGJ 6—99　高层建筑箱型基础设计与施工规程[S]. 北京:中国建筑工业出版社,1999.

[4] 中国建筑科学研究院. JGJ 3—2002　高层建筑混凝土结构技术规程[S]. 北京:中国建筑工业出版社,2002.

浅谈大体积混凝土结构裂缝的控制

崔先停

(驻马店市置地商品混凝土有限公司)

【摘　要】　大体积混凝土施工裂缝是常见的质量通病,本文以土建处施工的佳田国际大厦工程为例,详细介绍了大体积混凝土施工裂缝的成因、防止裂缝的措施及大体积混凝土施工技术。

【关键词】　大体积混凝土;裂缝;措施;配合比;三掺技术;浇筑温度;简易测温法;保温保湿养护

1　引　言

近年来,随着国民经济的发展,高层建筑日益增多,高层建筑基础由于承受较大的荷载,往往采用大体积混凝土结构。施工裂缝是大体积混凝土常见的质量通病,它直接影响到结构的整体性、耐久性、防水性。如何控制大体积混凝土施工裂缝,保证施工质量和安全也就成了重要问题。本文以佳田国际大厦工程为例,谈谈大体积混凝土施工裂缝控制问题。

2　工程概况

该工程一裙两塔,东塔为 25 层住宅楼,西塔为 23 层综合楼,3 层裙房,2 层地下室,总建筑面积为 54 451 m²,现浇框架——剪力墙结构,片筏基础,基础长 86.6 m,宽 44.2 m,厚度主要有 1.8 m、2.1 m、2.4 m 三种,最厚达 3.5 m(电梯基坑),自然地面标高 -0.6 m,基坑底标高 -12.3 m、-12.6 m、-12.9 m 等,最深达 -14 m,筏板基础混凝土量为 6 785 m³,基础混凝土强度等级 C35,抗渗强度等级 S8。

3　施工难点

本工程基础底板为大体积混凝土,要避免出现施工裂缝,有以下难点:

(1)混凝土强度等级高,所需水泥强度等级亦高,用量大,产生的水化热大,易产生收缩裂缝。

(2)基础筏板面积大,底板超厚,混凝土内部水化热不易散发,混凝土内部温度升高,易产生温度裂缝。

(3)施工期间气温高,环境温度达到 35 ℃左右,混凝土终凝时间缩短,易产生施工缝。

(4)混凝土要求整体浇筑完成,不留施工缝,而工程地处交通要道口,并且施工场地狭窄,交通疏导和管理难度大。

4 大体积混凝土的施工裂缝成因分析

4.1 温度裂缝

大体积混凝土在硬化初期,水泥水化产生大量水化热,使混凝土中心温度急剧增高,而混凝土表面和边界温度受外界气温影响,温度较低,这样形成较大的内外温度差,结果混凝土内部产生压应力,面层产生拉应力,当该拉应力超过混凝土抗拉极限强度时,混凝土表面产生裂缝。

4.2 收缩裂缝

混凝土浇筑后数日,水泥水化热基本已释放,混凝土从最高温度逐渐降温,降温结果引起混凝土收缩,再加上由于混凝土内部拌和水分蒸发等引起的体积收缩变形,受到地基和结构本身的约束,不能自由变形,导致产生温度应力(拉应力)。当该温度应力超过混凝土抗拉极限强度时,则从约束面开始向上开裂,形成收缩裂缝。

5 防止裂缝产生的措施

5.1 合理选择和控制混凝土材料

水泥宜选用水化热较低的矿渣硅酸盐水泥 42.5 级,由于该种水泥不能满足施工要求,故选用天瑞集团生产的普通硅酸盐水泥 42.5 级,砂选用中砂,细度模数 2.5 左右。含泥量控制在 2% 以下,石子选用 5 ~ 25 mm 小碎石;含泥量控制在 1% 以下,碎石中针片状颗粒含量不得超过 15%。

5.2 优选混凝土施工配合比

针对工程具体特点和施工时的气候情况,实验室经过近两个月反复试配,确定大体积混凝土配合比(kg/m^3),水泥:砂:石:水:减水剂:粉煤灰:膨胀剂 = 330:717:1 075:210:3.3:92:36.8。

5.3 合理掺用外加剂

为减少水泥用量,降低水化热,减少混凝土收缩,延缓混凝土初凝时间,改善和易性,混凝土配制采用"三掺技术"(即混凝土中加入减水剂、膨胀剂、粉煤灰),减水剂采用郑州建科外加剂厂 JKR - 2 复合减水剂,减水率达 20%,可延缓混凝土初凝时间约 8 h,膨胀剂也用该厂具有抗裂防渗作用的 UEA - H(I)普通型膨胀剂,粉煤灰选用姚孟电厂Ⅰ级粉煤灰,烧失量小于 5%,可替代水泥 20%。

5.4 控制混凝土浇筑温度

由于本工程基础混凝土施工正值 7 月,日均气温 35 ℃左右,所以须采取措施降低各骨料的原始温度和混凝土入模温度(控制在 30 ℃左右)。

控制混凝土浇筑温度的方法有:①混凝土泵,搅拌站全部搭棚,以防阳光直射;②散装水泥出厂冷却 15 d 以上,避免使用未冷却的高温水泥;③砂石料场搭遮阳棚,并浇水降温;④混凝土泵管用三层岩棉被包裹,并不断浇水,保持湿润,搅拌车转筒经常洒水降温;⑤拌和水采用低温地下水,施工中实测混凝土入模温度约 28 ℃,满足了温度要求。

5.5 分段施工和分层浇筑

根据设计要求,整个基础混凝土以后浇带为界,分东、西两个施工段,分别独立施工,每个施工段要求整体浇筑,不留施工缝。混凝土采用的分层浇筑方法的优点在于,增加了散热面,减小了应力约束,加快了热量释放,减小了收缩应力,并保证层与层浇筑间隔不超过初凝时间。

5.6 加强保温、保湿养护

在混凝土初凝后,在其表面覆盖 1 层塑料薄膜,2 层草袋,草袋上下错开,搭接压紧,形成良好保温层,从而使混凝土表面保持较高的温度,减少表面热的扩散。由于气温较高和水泥水化热开始的共同作用,表面水分散失很快。为防止表面干缩裂缝,表面要进行适度的潮湿养护(少量水润湿),在水化热高峰过去以后,方可除去覆盖层,并派专人浇水养护不少于 14 d。

6 大体积混凝土施工工艺

6.1 机具布置

混凝土采用商品混凝土与现场搅拌相结合的方式,本工程设置两个搅拌站:一个为HZS50 型全自动化搅拌站,理论生产率为 50 m^3/h,水泥、砂、石、水、外加剂全部由电脑计量,自动上料。另一个为设在现场的混凝土搅拌站,它由两台 750 L 混凝土搅拌机、一台HPD800 配料机、一台 ZL301B 型装载机组成,另外现场设两个拖式混凝土泵。

6.2 浇筑工艺

总的施工顺序为:先施工东段,后施工西段,先浇筑深坑的混凝土,后浇筑浅的部分混凝土,在浇筑过程中遵循"条形分段,斜面分层,一次到顶,循序渐进"的成熟工艺,从起点端开始沿底板高度自下向上逐层移至顶面,每斜面层均由混凝土自然流淌形成斜坡层,然后沿长方面按斜坡层逐层向前推进,直至终端,在浇灌方向呈"之"字形往后退浇,每一层厚度控制在 500 mm 左右,同时明确混凝土斜面上、下覆盖时间不得超过 7 h,以避免形成冷缝。

6.3 混凝土振捣

每一台混凝土泵配置 6 台 ϕ50 插入式振捣器,分别布置在混凝土卸料点、坡脚处及混凝土侧面,先振捣出料口混凝土,形成自然流淌坡度,然后全面振捣,在振捣时间上,以混凝土开始泛浆和不冒气泡为准,在振捣过程中,避免漏振、过振、久振。

在混凝土初凝前 1~2 h,为提高混凝土的抗渗性能,减少表面龟裂,采用平板振动器进行二次振捣,然后用长刮尺按标高刮平,用木槎板反复搓压数遍,收水后用铁抹子压光。

7 大体积混凝土测温

7.1 测温方法

采用简易测温法,即在混凝土中预埋 ϕ25 钢管,底口焊铁板封死,上口高出混凝土面10 cm,用木塞封口,利用普通测温计测温。

7.2 测温孔布置

在底板平面上基本均匀布置 35 个测温孔,各点纵横间距 10 m 左右,测温点布置应具有代表性,应能全面反映大体积混凝土各部位的温度,每个测温点设上、中、下三个测温孔。

7.3 温度监控

在混凝土浇筑完毕 12 h 后,开始测温,温升阶段每 4 h 测温一次。2~5 d 后,混凝土温度达到峰值,在降温阶段每 8 h 测一次,7 d 以后每天测一次,测温 14 d。

7.4 测温结果

测温时间从 2003 年 7 月 7 日开始,7 月 21 日结束,环境温度为 24～38 ℃,混凝土入模温度为 28～33 ℃,混凝土内部温度最大为 76 ℃,最高温升 48 ℃,混凝土浇筑约 2 d 后,水化热达到峰值。维持 1～2 d 后,缓慢降温,降温速度达 2～5 ℃/d。

8 施工体会

该大厦筏板基础为大体积混凝土工程,经过验收和质量评定,混凝土强度达到设计强度的 135%,未产生任何有害裂缝,施工质量优良,取得了较好的技术经济效益,为大体积混凝土施工积累了经验,几点体会如下。

8.1 宜采用 60 d 或 90 d 强度作为设计强度

高层建筑工期一般为两年左右,所以上部荷载不会很快增加到基础上,因此应充分利用中后期强度,以减少水化热,《高层建筑混凝土结构技术规程》(JGJ 3—2002)也规定对于筏板基础宜采用 60 d 或 90 d 强度作为混凝土设计强度,由于本工程设计不同意以 R60 代替 R28,我们曾担心混凝土强度较高,水泥用量大,水化热高,出现温差裂缝,由于采取了各种有效措施,达到了预期目的。

8.2 通过试配减少水泥用量

技术关键是配合比的先进与合理,混凝土配合比不能按常规计算,应在反复试配,取得试验数据的基础上,确定最优配合比,以减少水泥用量,降低施工成本,降低混凝土内部水化热,既要保证强度,又要满足混凝土的和易性与可泵性。

8.3 混凝土的湿养最低 14 d

严格的保温保湿养护,是保证大体积混凝土质量至关重要的环节,温度高,热损失大,水分蒸发快,膨胀剂又必须在足够的潮湿条件下才能补偿混凝土收缩,混凝土强度增长也与温湿度有密切关系。因此,混凝土潮湿养护时间越长越好,但考虑到工期因素,混凝土养护不宜少于 14 d。

8.4 掺合料和高效外加剂不可或缺

大掺量粉煤灰、高效复合减水剂及膨胀剂的应用,一方面代替水泥,降低水化热;另一方面不仅满足混凝土强度,而且由于混凝土有良好的施工性能,使混凝土连续浇筑成功,保证了施工质量。

8.5 必须采用电子测温

温度反馈是防止混凝土裂缝工作中至关紧要的一环,所以测温精度要保证,采用普通温度计不能满足需要。建议测温方法采用电子测温仪,利用计算机进行数据分析和处理。

8.6 混凝土内外温差可放宽到 30 ℃

根据《高层建筑箱形与筏形基础技术规范》(JGJ 6—99)的规定,大体积混凝土内外温差应控制在 25 ℃ 以内,明显偏严,较难操作,并且不经济,根据本工程大体积混凝土测温结果,不少部位内外温差超过 25 ℃,最大温差达到 34 ℃,也并未采取任何措施,未出现任何裂缝,建议混凝土内外温差放宽到 30 ℃,以简化保温措施,降低成本。

浅谈地下工程的防水措施

马 蓉 许 文

（新乡市高新建设工程质量检测有限公司）

【摘 要】 地下工程经常会遇到各种地下因素的困扰,比如说会遇到地下水的侵蚀,影响工程的质量,所以地下工程的防水措施变得尤其重要。本文对地下工程的防水措施进行了探讨。

【关键词】 地下工程;防水;措施

地下工程的防水主要分为两个部分:一是主体结构防水,是指大面积的防水;二是细部结构防水,是指细缝、连接处等的防水。

1 主体结构防水

1.1 防水材料的选择

防水材料有很多,所以怎么样去选择适合本工程的防水材料就会变得很重要。早期的防水材料主要有涂料类的、乳胶漆类的。新材料的发展取代了叠层膜和胶凝涂料,同时伴随着地下防水的加速发展,大量新的优异塑料取代了排水介质,甚至止水带。

防水材料要与基面的形状相适应,而这样的防水材料可采用多种材料复合,适应基层的材料多数为涂料、乳胶漆和压敏型、蠕变型自粘卷材,但为了适应基层抗裂性能的不同,它常采用与其他的防水材料复合的方法。防水材料的选择还要去适应温度。温度不同,那么选择的防水材料也应该不同,一般地下工程会随着深度的不同而导致温度的不同,那么在防水材料的选择上就要根据地下温度的不同做不同材料的复合,以防止防水材料的变形、断裂或失效。当然,防水材料的耐久度才是考验其防水效果的重要指标。防水材料的耐久度要大,要能够抵御自然因素的侵害,不会快速老化。对于防水材料的选择还要做到能够有利于施工,也就是施工可行性要大,不能存在不能施工的问题。最后就是防水材料的环保性能,防水材料不能污染周围的环境,要倡导绿色防水、绿色施工。

1.2 防水混凝土

地下工程多为混凝土结构,结构自防水,也就是主体防水,一般是防水的重要手段。对结构自防水最有利的就是使用防水混凝土。防水混凝土较普通混凝土而言,主要是改善了混凝土的空隙结构,提高了混凝土的密实性,同时提高了混凝土的耐久性和物理力学性能。

防水混凝土主要用密实度和抗渗性来表示。防水混凝土的配合要严格按照要求进行:要求水泥用量应大于 320 kg/m³,掺有活性掺合料时水泥用量应大于 80 kg/m³;灰砂比为 1:1.5 ~ 1:2.5 较为合适;砂率宜为 35% ~ 45%,水灰比不得大于 0.55;泵送可以增至 45%;在混凝土坍落度不宜大于 50 mm 的情况下,泵送宜控制在(120 ± 20) mm。从配合比上讲,防水混凝土依据增加混凝土的有效阻水截面和提高砂浆密实性的原理,采用较小的水灰比、较高的水泥用量和砂率、适宜的灰砂比、适量的外加剂。可见,防水混凝土能否防水,配合比设计是重要的一环,是影响防水性能的首要因素。

与普通混凝土的施工基本一样,但是对于防水混凝土更要注意振捣的密实,混凝土振捣时必须由专人负责,采用高频机械振捣,振捣时间宜为 10～30 s,以混凝土泛浆和不冒气泡为准,确保不漏振、不欠振、不超振。还有一件很重要的事情就是防水混凝土的浇筑方向和顺序。在防水混凝土施工前,应该编制科学合理的施工方案,确定出混凝土浇筑的方向和顺序;在施工时周密地安排施工操作人员,设专人进行指挥和监督,严格按照既定的施工方案施工,混凝土浇筑应分层进行,每层厚度不应超过 25 cm,混凝土下落高度不应超过 1 m,并应保证茬口整齐;应用人工摊平使混凝土拌和物分布均匀,而不得用振捣器摊平。最后要对防水混凝土进行养护,混凝土中心温度与表面温度的差值、混凝土表面温度与大气温度的差值均不应大于 25 ℃。养护时间应不少于 14 d。

2 细部结构防水

2.1 施工缝的处理

一般处理方法都是在浇筑新混凝土时采用人工凿毛、刷毛、冲毛、高压水枪冲刷,然后刷水泥浆。

工程技术人员总结出用"栽石法"处理施工缝。具体做法是:当基础混凝土浇捣完之后,应立即在基础与上部墙接触面的部位,将事先洗好浇筑混凝土用的碎石子栽到已浇捣好的混凝土里面,石子栽深为碎石子直径的 2/3 左右,栽石面积约占接触面的 2/3 以上。等待混凝土终凝后(夏季一般在 14～20 h),用铁钩钩去栽石缝之间混凝土表面的乳皮,使其露出沙粒。在支模板之前,将其冲洗干净,在浇筑上层混凝土时,先铺一层 2～3 cm与混凝土同强度等级的水泥砂浆,以利于上下层新老混凝土之间的黏结,保证构件的整体性和防渗性。

2.2 变形缝的处理

变形缝可分为伸缩缝、沉降缝、防震缝三种。建筑物在外界因素作用下常会产生变形。按照习惯做法,建筑物超过规范规定的长度要设伸缩缝;建筑物超过规定的高差,或地基产生不均匀沉降要设沉降缝;结合抗震要求,还要设防震缝。变形缝的防水处理是"堵、注、涂、嵌、抹"多种工序的组合施工,技术性强,要注意每一个施工环节,整治后使其形成一个封闭的整体。地下建筑、地下室等处的伸缩缝,出于防水要求,常在防水结构层的外侧或底部加铺玻璃布油毡、橡胶片、镀锌铁皮、紫铜片,以及采用内埋式或可卸式止水带(如橡胶、塑料、金属等),并用沥青砂浆、沥青麻丝或浸沥青木丝板等填嵌缝隙。

2.3 后浇带的处理

施工后浇带分为后浇沉降带、后浇收缩带和后浇温度带,分别用于解决高层主楼与低层裙房间差异沉降、钢筋混凝土收缩变形相减小温度应力等问题。这种后浇带一般具有多种变形缝的功能,设计时应考虑以一种功能为主,其他功能为辅。施工后浇带是整个建筑物,包括基础及 L 部结构施工中的预留缝("缝"很宽,故称为"带"),待主体结构完成,将后浇带混凝土补齐后,这种"缝"即不存在,在整个结构施工中既解决了高层主楼与低层裙房的差异沉降,又达到了不设永久变形缝的目的。

后浇带的施工应满足以下规定:后浇带混凝土施工前,为了防止杂物落入,应该给予后浇带部位一定的保护;后浇带的施工时间应在其两侧混凝土龄期达到 42 d 后再进行;后浇带应采用补偿收缩混凝土浇筑,其强度等级不低于两侧混凝土;后浇带混凝土的养护时间不得少于 28 d。

地下工程要想取得良好的防水效果,单一的处理是不够的,要把多种技术结合起来使用。工程主体防水是重中之重,因此对防水材料的选择和防水混凝土的施工是关键。其实仅仅工程主体防水是不够的,工程的细部结构也要有很好的防水效果,那么就要对施工缝、变形缝等进行相关的处理。主体结构和细部结构的防水要两手抓,两手都要硬。这样地下工程的防水才能向滴水不漏迈进。

浅议工程地质勘察

裴克选

（河南地质矿产勘查开发局第十一地质队）

【摘　要】　本文介绍了工程地质勘察的目的以及决定勘察任务的因素,具体阐述了工程地质勘察流程(包括前期准备、各阶段勘察内容及工程地质勘察报告),以期指导相关人员正确进行工程地质勘察,为设计施工提供准确的地质资料。

【关键词】　工程地质勘察;目的;任务;勘察报告

建筑是建在地面以上的,地面以下土层的分布,土质的疏松、强度,地下水的深度等都会影响到在建建筑的安危。所以,为了确保建筑及其地基设计的准确性,就必须有建筑场地的地质资料作为科学依据。只有对建筑场地的地质资料有全面的了解、准确的把握,才能更好地对建筑及其地基进行设计。

1　工程地质勘察的目的

工程地质勘察的主要目的是运用坑探、触探、钻探等勘察手段和方法,对在建工程的场地进行调查研究分析,为工程设计和施工提供所需的地质资料。

2　决定勘察任务的因素

2.1　建筑场地的复杂程度

根据建筑场地的地形情况将场地复杂程度分为三个级别:简单场地,对建筑地基影响不大;中等场地,对建筑的地基可能会造成一定的影响;复杂场地,对建筑的地基存在很大的影响。

2.2　工程所在场地地质条件的研究及当地建筑工程经验

比如,在某一陌生区域,对当地的地质条件缺少研究,则勘察工作量就加大;相反,如果在此地有工程施工经验,则花费时间及工作量都会减少。

3　建设规模及建筑物等级

依据所建工程类型,建筑地基负荷大小、建筑地基损坏后造成建筑整体后果的程度等,可将建筑分为三个等级。一级建筑物,主要指的是关键性或有纪念意义的建筑物,破坏后果很严重。二级建筑物,主要指的是地基负荷较大的建筑物,破坏后果严重。三级建筑物,主要指的是建筑地基负荷不大,破坏后果不严重。

勘察工作的准备:①接受工程地质勘察任务书,结合工程场地地质条件制订相应的勘察工作计划;②建筑规模较大或地质条件复杂的场地,应当进行工程地质测绘,并实地观察场地地质情况;③设置勘察点和勘察线,采用各种地质勘察手段或方法探明场地地质情况,并取得地质试样;④对取得地质试样进行物理力性测试和水质分析测试。

4 地质勘察各阶段的内容

4.1 选址勘察

4.1.1 目的

选址勘察是指对工程场地地质的稳定性和适宜性作出评价。

4.1.2 选址阶段的勘察工作

(1)对工程场地所在区域的地形地貌、地震、矿产资源和工程地质信息以及气候、自然条件等信息进行收集。

(2)工程现场实地踏勘,初步了解场地的土层结构情况,形成原因和大致成型年代,主要土层、地下水位等情况。

(3)对附近区域的建筑物规模、结构、地质资料等情况有所了解。

(4)工程场地地质情况复杂,现有资料不能准确反映地质信息,应当进行必要的地质测绘及勘探工作。

4.2 初步勘察

4.2.1 目的

(1)对在建建筑的地基稳定作出评价;

(2)为建筑的总体平面提供必要信息;

(3)为工程的主要建筑地基施工提供参考资料;

(4)如遇不良地质现象提交防治方案。

4.2.2 主要任务

(1)对场地地质初步了解。

(2)对地下水位和冻结深度有初步了解。

(3)查明场地中不明地质现象、范围,以及对工程项目的影响和不明地质现象的发展趋势。

4.3 详细勘探

4.3.1 目的

(1)从工程地质角度评价建筑地基,提出相应建议。

(2)为建筑地基设计提供详细的地质工程资料。

(3)为建筑地基的加固和处理提供工程资料支持。

(4)为不良地质情况的防治提供地质资料。

4.3.2 主要任务

(1)详细勘察主要采用的手段以原位测试、勘探和室内试样检测为主。

(2)复杂场地或一、二类建筑物,详细勘探点宜按主要柱列线布置;对其他场地和建筑物可沿建筑物周边或建筑群布置;对重要设备基础应单独布置。

(3)要以地基主要受力层为原则钻探勘探孔深度。如果地基需要进行变形验算,部分勘探孔可以底基层压缩深度。

（4）对场地进行详细勘探时，原位测试井、探孔数量级所取地质试样，应依据地质的复杂程度、建筑规模或类别进行确定。取试样和进行原位测试部位，应依据设计要求、地基情况进行确定。

4.4 施工勘察

（1）对较重要建筑物的复杂地基需进行验槽。验槽时应对基槽地质素描，实测地层界限，查明人工填土的分布和均匀性等，必要时应进行补充勘探测试工作。

（2）基坑开挖后，地质条件与原勘察资料不符，并可能影响工程质量。

（3）深基坑设计及施工中，需进行有关的地基监测工作。

（4）地基处理、加固时，需进行设计和检验工作。

（5）地基中溶洞或土洞较发育，需进一步查明及处理。

（6）施工中出现边坡失稳，需进行观测及处理。

5 工程地质勘察报告

5.1 文字部分

（1）勘察工作的任务和概况。

（2）是否存在影响建筑物地基不稳情况存在及其影响程度。

（3）工程场地的地质土层结构、强度及各土层物理力学性质。

（4）地下水位的深度、水质情况、变化情况及对建筑材料的腐蚀程度。

（5）在地震设防区划分场地类型和场地类别，并判别饱和沙土及粉土。

（6）对建筑地基基础方案进行分析，提出经济可行的设计方案意见，尤其对地基设计和施工中需注意的地方提出建议。

（7）当工程需要时，尚应提供：深基坑开挖的边坡稳定计算和支护设计所需的技术参数，论证其对周围已有建筑物和地下设施的影响；基坑施工降水的有关技术参数及施工降水方法的建议；提供用于计算地下水浮力的设计水位。

5.2 图表部分

（1）勘探点平面布置图。

（2）工程地质剖面图、综合工程地质图或工程地质分区图。

（3）土的物理力学性试验总表。

重大工程根据需要，绘制综合工程地质图或地质分区图、地质柱状图或综合地质柱状图和有关试验曲线。

参考文献

[1] 韦俊行.欧家村水电站工程地质勘测工作中的教训与启示[J].水力发电,1990(2).

[2] 邱贤荣.浅论地质勘测各阶段技术要点分析[J].中国水运,2008(8).

[3] 刘涛,甄星灿.某高层建筑工程质量事故实例分析与加固处理[J].建筑结构学报,2002(2).

浅谈工程机械设备的现场优化管理

安志远[1]   刘东辉[2]

(1. 河南省科信电力土建工程检测有限公司;2. 河南省四建股份有限公司)

【摘　要】 设备从投产到报废的全过程属于现场管理的范畴。从设备的全寿命周期来看,这个过程是最长的。它的管理工作的好坏直接反映了一个企业设备管理工作的好坏。针对目前工程机械维修中存在的主要问题,从维修制度、维修模式、维修方式、维修工艺组织、维修管理、维修技术等方面分别提出一些建议性的对策,以供商榷。

【关键词】 工程机械;现场管理;优化

1   工程机械维修管理的现状

维修管理是一项涉及范围广、人员多又相互联系的系统性工作,如运行情况的记录、维修间隔的控制、项目的实施。这其中包含了人、作业程序、检查落实、经济性分析控制等问题,有一个环节出现问题必将影响到最终实施结果。事实上,目前的管理现状很难适应客观的要求,具体表现在以下几个方面:

(1)维修管理模式不合时宜。传统的计划预期检修制不太顾及维修的经济性要求和经济管理,因而这种管理模式是生产型的,而生产经营型的维修管理不仅要考虑设备生产的需要,更要追求维修的经济型和维修的经济管理。

(2)维修管理系统不健全。各项规章制度执行不严,有些单位(尤其是基层单位)的管理机构没有全面的管理规章制度,或有制度而不能按制度执行,造成维修管理水平低下。

(3)重使用、轻管理。例如,在日常管理考核、评比中,对设备管理的考核得不到应有的重视,对维修管理的投入不足等。

(4)维修计划兑现率低。施工企业对下属机械使用单位的制约不够,使得修理计划兑现率低、施修工期难保证、修理不彻底、忽视施修质量等现象时有发生。

(5)管理技术相对落后。先进的计算机技术和检测技术得不到广泛应用,对于制造精度越来越高、结构越来越复杂和控制技术越来越先进的现代设备,很难凭经验及时发现故障隐患。

(6)安全管理不足。一些施工单位,忽视对机械设备的技术管理和安全管理,技术档案不健全,安全装置管理不当,造成一些人为的安全事故,增大了企业的负担。

(7)维修管理基础设施跟不上。有些较先进的设备,对配件的质量以及燃料、润滑油、液压油的质量要求较高,一些采购人员业务知识欠缺,责任心不强,购置了一些劣质配件和劣质油料,使一些较先进的机械设备,由于使用了劣质配件和劣质油料,造成机械设备的早期损坏,降低了机械设备的使用效率。

2　针对维修制度和模式的现场管理对策

由于工程机械的种类繁多、机型复杂、产地不一,制造工艺和材质的差异,不同机械运行状态、作业对象、作业环境及各施工单位的维修条件、操作人员技术水平等的差异,使得工程机械的维修成为一个复杂的系统工程。各种类型的工程机械在施工中的重要性及对可靠性的要求均不相同,而各种维修制度又各有所长,有一定的适用范围,故不宜千篇一律、硬性地推行某一种维修制度。国家和行业在维修制度的改革方面要坚持多样化、复合化、弹性化的原则,让企业自主选取适合自己的维修制度,这才是维修制度改革的最终目的。

为了避免维修过剩和维修不足的局面产生,可以根据实际情况让"不同的设备采用不同的维修模式",让"不同的部件(系)采用不同的维修模式",让"相同的设备在不同的应用场合采用不同的维修模式"。

(1)不同的设备采用不同的维修模式。目前,在施工现场应用较多的土石方机械和路面机械,多为液压、电子技术较先进的进口设备。这些设备结构复杂、技术先进,发生故障后修理较为困难,应以状态监测(检测)的维修模式为主;而一些小型简单机械,如钢筋加工机械、钻探设备、木工机械、破碎设备等,因其结构简单,发生故障后损失不大,可采用事后维修模式;对有关水泥混凝土加工、运输、浇筑和沥青土加工的设备,如水泥混凝土拌和站、水泥混凝土搅拌运输车、水泥混凝土输送泵(车)、沥青混凝土搅拌站等,发生故障后将对生产和产品质量产生严重的影响,就应采用计划预防修理为主、状态修理为辅相结合的维修模式,根据生产情况适时安排有计划的维修,并按一定的标准和周期对其进行点检。

(2)不同的部件采用不同的维修模式。工程机械各个零部件的工况、运动方式、可靠度要求等都不尽相同,对于那些结构复杂、技术先进的液压动力、控制、执行元件,应采用状态监测(检测)维修模式;对于那些高速运转部件或事关安全的部件如行驶设备的转向系、制动系、发动机等,应采用计划与预防相结合的维修模式;如铲斗、挖斗、履带行走系及车架之类的部件,可采用事后维修模式。

(3)相同的设备在不同的应用场合采用不同的维修模式。通常认为,一旦确定出某设备故障的维修模式后,便可以在所有的同类设备上应用,事实上不能这么做。这是因为:首先,同类设备(甚至是同一设备)在不同应用场合,有着不同的期望性能,如满负荷工作和降负荷工作时的要求便不一样。其次,同类设备(同一设备)在不同的现场环境下发生相同的故障可能会有着不同的故障后果。例如:单独使用的设备与配套使用的设备其发生故障后的后果是不一样的,现场有备份的设备和无备份的设备其发生故障的后果也是不一样的。这是因为在不同的现场环境下,工程对同类设备(同一设备)的可靠度要求是不一样的。

基于上述原因,从经济角度来考虑,施工企业也应该根据实际情况对相同的设备在不同的应用场合采用不同的维修模式,以得到相应的设备工作可靠度。

3 针对维修方式和工艺组织的现场管理对策

（1）针对维修方式的对策。无论各个单位的维修方式如何变化,有一点可以肯定,从长远来看,今后维修方式的发展方向是:以状态监测（检测）和诊断为基础的多种维修方式的"有机"结合体。它的目标是:在条件允许的条件下尽量减少修理次数,使用恢复手段将故障排除或抑制。它的方向是:逐步过渡到设备的"异体监护"之路。

随着机械机电液一体化的出现,传统的"浴盆曲线"已经不能代替所有的故障情况了。多种故障率（失效率）的出现,使机械和零部件按照其不同的故障结构安排修理更具针对性和准确性。例如,20世纪90年代以来,工程机械的发动机、底盘传动装置、液压系统、电子操作及监控系统等,都按照其各自的故障结构模式,在运转期间采用定期、不定期的检测和诊断,初步掌握了磨损和劣化程度,因而使得将状态修理作为维修方式的主流完全成为可能。状态修理的采用,有效地防止了修理过剩或修理不足的情况发生。随着检测技术的不断提高,状态修理在修理中占的比重会越来越大,但是不会完全取代基于时间周期结构的计划修理。对于那些大型固定设备,与安全生产紧密相关的部位,以及有些不便于采用状态监测（检测）的总成部件,仍然要适当安排周期计划性的修理与状态修理相结合。

（2）针对维修工艺组织的对策。施工现场修理的重点是对机械突发故障的现场抢修。现场抢修是指在施工现场上运用应急诊断和修复技术,以恢复施工所需的基本功能为目的,迅速地对工程机械的损坏部分进行修复,使工程机械能够完成预定的任务或撤离现场。它的特点是:时间紧迫、环境恶劣、恢复状态的多样性。现场抢修的特点决定了修理的作业方法必然是多种多样的,它既可以是现有规程上规定的修理方法,比如总成互换修理、原件修复,也可以是临时性的修理方法,如配用、黏结、焊接、捆绑、拆拼修理、旁路等。在修理的劳动组织形式上,现场抢修一般可采用传统的综合作业法（包车修理法）。

4 针对维修管理的现场管理对策

无论维修制度是多么的完善,维修模式是多么的先进,维修体制是多么的健全,维修方式是多么的适用,离开了维修管理都不能得以实现。要充分利用现代管理技术,将管理人员从繁重的劳动中解脱出来,提高工作效率,及时准确地完成管理工作;制定严格的维修管理制度,确保维修质量;做好各项组织协调工作,减少矛盾,提高效率;如当地有RCM服务企业,可将设备的部分维修任务移交,企业自身只承担基本维护和简单修理任务,其余由RCM服务企业完成。这样可以简化企业的维修管理体系。另外,维修的实践证明,设备越是先进复杂,维修工作就越依附于状态监测及故障诊断技术。因而维修技术的发展重点之一,就是设备状态监测及故障诊断技术,其另外一个研究重点是不解体保养技术以及现场快速修复技术。

（1）设备状态监测及故障诊断技术。我国从20世纪80年代到现在的30多年里,在开发、研制检测设备仪器方面取得了较大的进展。200多家科研机构针对现代机械设备中的电气系统、电子自动监控系统的性能参数的测定等方面取得了可喜的成果。这些成果为建立以后的机械自诊断系统奠定了基础,因而从长远来看,设备的自诊断系统将成为状态监测及故障诊断技术的研究重点。在现有互联网上建立基于 VRML(虚拟现实建模语言)的设备远程监控与诊断系统。它可以让工程机械生产厂家实时了解到设备现场的运行状况参数。根据这些参数,故障诊断中心和专家就可以准确、及时地对机械的状况作出判断,并给出相应的解决办法。

(2)不解体保养技术以及现场快速修复技术。不解体保养技术以及现场快速修复技术是施工现场保证机械利用率的有效手段,因而一直是行业研究的重点。由于它们都是建立在新材料、新工艺的基础上的,因而建议行业在这些方面多做工作,以扩大不解体保养和现场快速修复的适用范围。

除上述的对策外,工程施工企业还可以在现场管理中从机械的使用方面入手,来减少机械维修工作的发生。

首先,在使用方面必须坚持实行"二定三包"制度(定人、定机、包使用、包保管、包保养),机械操作人员要做到"三懂"(懂构造、懂原理、懂性能),"四会"(会使用、会保养、会检查、会排除故障),正确使用机械,严格执行安全技术操作规程,并对机械设备实行目标成本管理,将操作者经济效益与机械使用费(如燃料电力费,维修费,保养费,工具费等)挂钩,并加强对设备管理人员的职业道德教育与培训。其次,加强对机械使用环境的控制。工程机械大部分是露天作业,作业地点经常变动,所以其性能受到作业场地的温度、气压、污染、路况及天气等因素的影响很大。不少工程施工单位由于忽视了环境因素对使用机械的影响,未采取相应的保护性或适应性措施,致使机械使用性能降低,维修工作频繁,使用寿命缩短,甚至酿成事故。如果在施工现场采取有效措施,如经常使施工便道保持平整,及时养护;雨天将便道上的水坑及时填平,露天停放的机械盖上防雨布,晴天经常洒水,减少灰尘;修施工便道时因地制宜地减少坡度等,都对减少维修工作、延长机械使用寿命有利。

参考文献

[1] Raj Sivalingam. 综合维修是维修改革的最好办法[J]. 设备管理与维修,2003(7).

[2] 易新乾. 工程机械状态监测与故障诊断技术[J]. 工程机械与维修,2005(3).

[3] 刘淑霞. 工程机械故障诊断技术的发展[J]. 工程机械与维修, 2001(4).

[4] 黄宗益,等. 工程机械技术发展展望[J]. 建筑机械化,2003(1).

[5] 田少民. 工程机械的状态监测与故障诊断技术[J]. 工程机械,2001(1).

浅谈建筑工程施工过程中混凝土
施工的质量控制

徐茹彬　陈艳彦　贺当民

（河南豫美建设工程检测有限公司）

【摘　要】　本文分别从混凝土原材料质量控制、混凝土的科学配制、工地实验室监督控制、提高混凝土和易性、混凝土的浇筑振捣、预防混凝土缺陷的发生、施工人员质量意识等方面来进行论述。

【关键词】　混凝土施工；质量控制；控制措施和办法

混凝土是现代工业与民用建筑实施工程中的主要建筑材料，混凝土质量好坏将直接影响到建筑结构的安全性。工业与民用建筑中的民用住宅、办公楼（梁、板、柱、基础）、水工建筑中的厂房（基础、梁、板、柱）、大坝、隧洞衬砌、渡槽、桥梁等工程建筑物的结构安全和防渗等绝大多数由混凝土和钢筋混凝土承担，混凝土施工的工艺水平、施工队伍的素质、原材料的质量等因素是决定工业与民用建筑混凝土质量的关键。工业与民用建筑混凝土施工的质量控制便成为业内人士关注的重点，笔者结合自己多年来的实际工作经验，对影响混凝土施工的因素进行分析，并提出提高混凝土质量措施和控制办法，谈谈自己的看法，供业内人事参考。

1　工业与民用建筑混凝土施工质量控制第一步——混凝土原材料质量控制

对于现代工业与民用建筑来说，原材料的质量及其波动，对混凝土质量及施工工艺有非常大的影响。为了保证混凝土的质量，在生产过程中，一定要对混凝土的原材料进行质量检验，全部符合技术性能指标方可应用。如果黏土、淤泥在砂中超过 3% ，碎石、卵石中超过 2% ，则这些极细粒材料在骨料表面形成包裹层，妨碍骨料与水泥石的黏结。它们或者以松散的颗粒出现，大大地增加了需水量。骨料中含有害物质，超过规范规定的范围，则会妨碍水泥水化，降低混凝土的强度，削弱骨料与水泥石的黏结，能与水泥的水化产物进行化学反应，并产生有害的膨胀物质。在混凝土生产过程中，对原材料的质量控制，除经常性的检测外，还要求质量控制人员随时掌握其含量的变化规律，并拟定相应的对策措施。如砂石的含泥量超出标准要求，及时反馈给生产部门，及时筛选并采取能保证混凝土的其他有效措施。

2　工业与民用建筑混凝土施工质量控制第二步——混凝土的科学配制

2.1　工业与民用建筑混凝土施工配合比的换算

工业与民用建筑混凝土配合比，需满足工程技术性能及施工工艺的要求，才能保证混凝土顺利施工及达到工程要求的强度等性能。改善混凝土性能,提高混凝土强度,达到工程各部位对混凝土各种性能的要求,在混凝土中掺入不同类型的外加剂,改善混凝土性能的科学配制,优化混凝土的配合比,在施工中效果明显。科学配制混凝土,早期强度明显提高,加快模板周转,加快施工速度,其技术、经济综合效益十分显著。

2.2　工业与民用建筑混凝土施工配合比的调整

实验室所确定的混凝土配合比,其和易性不一定能与实际施工条件完全适合,或当施工设备、运输方法或运输距离,施工气候等条件发生变化时,所要求的混凝土坍落度也随之改变。为保证混凝土和易性符合施工要求,需将混凝土含水量及用水量做适当调整(保持水灰比不变)。

2.3　混凝土配合比

需满足工程技术性能及施工工艺的要求,才能保证混凝土顺利施工及达到工程要求的强度等性能。按通常的配制方法使混凝土达到上述工程技术性能是困难的,为改善混凝土性能,提高混凝土强度,达到工程各部位对混凝土各种性能的要求,在混凝土中掺入不同类型的外加剂,改善混凝土性能的科学配制,优化混凝土的配合比,在施工中效果明显。

3　混凝土施工质量控制第三步——工地实验室监督控制

混凝土质量控制与实验室的工作是分不开的。首先使用的原材料要符合要求,特别是砂、石材料变异性较大,实验室人员必须按照技术规范的要求,经常取样进行检验,不符合要求的材料杜绝使用。实验室必须根据工程结构各部位对混凝土性能的要求进行各项试验,提出性能好、成本低的混凝土配合比。水灰比是影响混凝土强度的一个主要因素,所以每天工地进行混凝土搅拌前,实验室必须检验砂、石料的含水量,调整混凝土的用水量,以控制混凝土的水灰比,施工中当混凝土坍落度大于规定的范围时,不准入仓浇筑。若配制混凝土的原材料质量得到控制,称量准确,则坍落度变化大的原因必然是混凝土中水量的增多,这样水灰比变化大导致混凝土强度的降低。所以,在混凝土浇筑过程中工地实验室人员一定要经常进行混凝土坍落度的检验,坍落度符合要求才能入仓。

4　工业与民用建筑混凝土施工质量控制第四步——提高混凝土和易性

和易性是混凝土拌和物的流动性、黏聚性、保水性等多种性能的综合表述。当混凝土拌和和易性不良时,则混凝土可能振捣不实或发生离析现象,产生质量缺陷。混凝土的和易性良好,混凝土易振实,且不发生离析,能够获得均质密实良好的混凝土浇筑质量。通常一些人配制混凝土选用低水量、低坍落度,强调以振实工艺来保障混凝土质量,其实这样易产生蜂窝、孔洞等质量缺陷。实践表明,和易性良好的混凝土才便于振实,且应具有大的流动性或可塑性,以利于浇筑振实,还应具有较好的黏聚性和保水性,以免产生离析、泌水现象。现在通过掺高效减水剂来提高混凝土的和易性。

5　工业与民用建筑混凝土施工质量控制第五步——混凝土的浇筑振捣

工业与民用建筑混凝土配合比设计、原材料的质量、配料准确、搅拌均匀运输、浇筑振实成型、养护等整个施工环节中,浇筑振实成型是主要的环节。在混凝土浇筑成型时,由于没有振实所产生的外观上的气孔、麻面、蜂窝、孔洞、裂隙等质量问题,易引起重视,但由于振捣不良,所产生的内部蜂窝、孔洞导致的内在质量问题,人们容易忽视。而混凝土内在质量缺陷,同样引起混凝土结构物的破坏。所以,混凝土振捣应引起施工人员(特别是混凝土振捣工)足够重视,质检员应采取相应的有效措施,使混凝土振捣良好。

6 工业与民用建筑混凝土施工质量控制第六步——预防混凝土缺陷的发生

混凝土质量的好坏,除外观上的蜂窝、麻面缺陷外,主要是混凝土强度能否达到要求,当混凝土强度达不到工程要求时,监理人员只能要求拆毁重做。而确定混凝土强度常是在混凝土浇筑后28 d进行,并得出结论。所以,每一位负责质量的人员必须注意预防质量缺陷的发生或尽早地发现施工中可能出现的缺陷,以不误时机地采取补救措施,所有的施工人员、监理人员都应当随时监控混凝土的配制、搅拌、浇筑和养护等过程。监理人员、承包商质检人员按时检查配制的混凝土材料是否符合规范规定的要求,检查施工中混凝土的成分是否符合设计要求的配合比,运输、浇筑和养护是否符合施工工艺规定。同时,要检查是否按时做混凝土坍落度试验等,坍落度是最简易、最快速判别混凝土质量的指标,坍落度过大、过小将会产生振捣不实,出现蜂窝、孔洞、发生离析、分层或强度是否按技术规范的要求做混凝土强度试验,并检查试验结果。特别是7 d龄期的强度表明28 d强度有可能低于该工程部位所要求的强度时,应及时查明原因并在强度不合格工程部位停止混凝土施工,等到28d试件测验后再定。工业与民用建筑混凝土工程质量的好坏,是设计人员、监理人员和施工人员共同努力的结果。

7 工业与民用建筑混凝土施工质量控制第七步——施工人员质量意识

人是指直接参与施工的组织者、指挥者和操作者。人作为控制的对象,是要避免产生失误;作为控制的动力,是要充分调动人的积极性,发挥人的主导作用。"百年大计,质量第一"这一指导思想要求人们重视工程质量。设计单位、监理单位、施工单位都要重视。施工单位对施工的各个环节进行严格的控制,建立健全质量管理体系和规章制度,质量监督机构对施工中的主要原材料,诸如钢材、水泥粉煤等都要经过严格的检测,凡不合格品,一律不得用于工程,混凝土拌和物不合格,一律不得入仓,以确保工程的质量。试验、质控各部门要基本覆盖所有质控点,不但对原材料的生产、进货、存放等各个环节进行质量检测,且把现场混凝土质量控制作为重点。为了切实解决问题,还从技术措施和管理制度约束有关部门和人员。总之,要用人的品德保证混凝土的质量。

8 结 语

以上是笔者多年来的实际工地施工实践,对工业与民用建筑混凝土施工的质量控制方法谈了自己的看法。总之,要保证混凝土的施工质量,必须采用先进的施工设备、先进的施工方法和科学的管理手段,严格控制每道施工工序,认真把好每道关,要精心施工,才能打造更高标准高质量的工程。我们专业技术人员更要加强质量观念的认识,不断在实践中锻炼自己,提高自身专业水平和自身素质,用知识和技术武装自己,为城市发展做出自己的贡献。

浅谈建筑业项目安全管理

陈艳彦　　贺当民　　徐茹彬

（河南豫美建设工程检测有限公司）

【摘　要】 本文从分析安全事故的原因入手,提出安全管理措施、管理模式和保证措施。

【关键词】 安全管理;安全事故;原因;分析;措施

建筑业的生产活动危险性大,不安全因素多,是事故多发行业。近几年,我国建筑业的死亡率是所有工业部门中仅次于采矿业的最高的行业,损失巨大,令人痛心。虽然强制实行了建筑企业安全生产许可证制度,加强了建筑市场的准入控制,并进一步加强对建筑企业施工现场的生产安全检查力度,但伤亡事故仍然时有发生。本人认为,伤亡事故多主要是由建筑行业的特点决定的。而安全管理是一门科学,是一项专业性、政策性、群众性、综合性非常强的工作。随着经济的持续发展,人民生活水平的不断提高,建筑业从业人员以及全社会都对工程建设过程中的安全管理水平提出了越来越高的要求,传统管理模式已经不适应时代要求。现在需要应用科学的现代企业安全管理模式,不断提高安全管理水平,真正把安全管理工作做好。因此,作为建筑企业,应认真研究建筑业安全管理的现状,树立新的安全管理理念,建立新的符合建筑业管理规律和项目管理特点的安全管理模式,为最大限度地减少或杜绝安全事故而努力。

1　建筑业项目安全事故的原因

（1）建筑业的安全事故绝大部分发生在施工现场,可以说,施工项目是事故发生的发源地。因此,我们必须对我们的项目安全管理模式是否满足安全管理的需要,是否符合项目管理的特点,是否满足国家和行业法律、法规的要求进行认真分析,从而达到改进或更新项目安全管理模式的目的。

（2）安全管理事故的原因分析如下:

①人的不安全行为,是事故的直接原因。所谓人的原因,是指由于人的不安全行为导致在生产过程中发生的各类事故。人在生产活动中,具体不安全行为有:操作错误（启动操作不给信号、忘记关设备）,奔跑作业,送料过快,以不安全的速度作业,使用不安全设备,用手代替工具操作,物体的摆放不安全,冒险进入危险场所,在起吊物下停留作业,机器运转时加油、清洁、修理,有分散注意力的行为,未使用防护用品,不安全着装,工作时说笑打闹、带电作业等。

②物（设备）的不安全状态,也是事故的直接原因。对建筑行业来说,"物"包括施工过程中所涉及的设备、材料、半成品、燃料、施工机械、机具、设施等。不安全的情况有:施工电梯的限位失灵,造成冒顶;塔吊的钢丝绳脱丝;未及时更换,造成钢丝绳断裂、掉物坠

落;电锯等用电设备电线老化,造成电线失火等。

③不良的生产环境对人的行为和物的状态产生负面影响。事故的发生都是由于人的不安全行为和物的不安全状态直接引起的。但不考虑客观的情况而一概指责施工人员的"粗心大意"、"疏忽"也是片面的,有时甚至是错误的。还应当进一步研究造成人的过失的背景条件,即不安全环境,如照明光线过暗或过强导致作业现场视物不清;作业场所狭窄、杂乱;地面有油或其他影响环境的东西等。与建筑行业紧密相关的环境,就是施工现场。整洁、有序、精心布置的施工现场,事故发生率较之杂乱的现场肯定低。到处是施工材料、机具乱摆放,生产及生活用电私拉乱扯,不但给正常生产、生活带来不便,而且会引起人的烦躁情绪,从而增加事故隐患。当然,人文环境也是不能忽略的。如果某企业从领导到职工,人人讲安全,重视安全,逐渐形成安全氛围,更深层次地讲,就是形成了企业安全文化,那么这个企业的安全状况肯定良好。

④管理的欠缺是事故发生的重要因素,有时甚至是直接的因素。人的不安全行为和物的不安全状态是事故发生的直接原因,都与管理有直接的关系,因此管理不善是造成安全事故的间接原因。人的不安全行为可以通过安全教育、安全生产责任制以及安全奖惩机制等措施来减少甚至杜绝。物的不安全状态可以通过提高安全生产的科技含量、建立完善的设备保养制度、推行文明施工和安全达标等活动予以控制。对作业现场加强安全检查,就可以发现并制止人的不安全行为和物的不安全状态,从而避免事故的发生。常见的管理缺陷有制度不健全、责任不分明、有法不依、违章指挥、安全教育不够、处罚不严、安全技术措施不全面、安全检查不够等。

由此看来,安全管理的目的就是保证良好的施工环境,保证人和物的安全状态,这些都需要通过建立科学、合理的安全管理模式,并通过安全管理模式的正常运行来达到目的。

2 建筑安全的管理措施

2.1 改变安全教育的现状,实行分级负责、分级教育

各类人员必须具备相应执业资格才能上岗。所有新员工或从事新的工作必须经过三级安全教育,即公司、项目部、班组的安全教育,并要定期培训,不断学习新工艺、新技术,强化工程特点所带来的安全风险和具体作业安全要求。

2.2 加大科技投入,做好科研合作

鼓励施工企业加大安全生产的科技投入,加强与科研单位和高等院校合作,研究、开发、推广一批安全适用及先进可靠的生产工艺、技术措施和装备,淘汰落后工艺,通过科技进步提高企业的安全生产保证能力和安全生产水平,要充分利用中介机构和社会力量做好工程质量安全监督工作,充分发挥中介机构和社会监督的制约作用,从而把质量安全的监管工作全面引向深入。

2.3 加强风险评估,做好重点管理

建筑施工企业应针对不同的项目特点和不同的施工阶段分析安全风险,作出评估,并对每个项目具体化,做好安全防护和重点管理。

2.4 编制安全措施,执行科学程序

按照建筑施工安全法规、标准的要求,结合工程的特点,编制安全技术措施,遇有特殊作业(深基坑、起重吊装、模板支撑、人工挖孔桩、临时用电等)还要编制单项安全施工组织设计方案,并按程序经审核批准后才能进行。

2.5 搞好"五定",认真落实

对查出的安全隐患要做到"五定",即定整改责任人,定整改措施,定整改完成时间,定整改完成人,定整改验收人。

3 项目安全管理模式

3.1 全员安全管理模式

3.1.1 注重培育全员安全文化

这种全员安全管理模式是"全员、全方位、全过程、全天候"的管理,因此其安全文化应该是全员安全文化。形成新的安全文化就是要培育全员安全文化。全员管理不仅包括总承包管理人员、分包管理人员和全体工人,还应包括业主、设计、监理及社会相关方。

作为总承包方,要积极调动和发挥相关各方安全管理的监督作用,使安全管理成为压倒一切的工作。当然,首先要充分调动本单位全员安全管理的积极性,形成全员安全文化。只有形成全员安全文化,才能营造安全生产的氛围,保障人员安全。全员安全文化是新的项目安全模式的核心。

3.1.2 全员安全管理模式的四个转变

全员安全管理模式与传统的项目安全模式相比,有四个转变,分别是:变单纯的安全专业人员的岗位安全管理为全员参加的体系安全管理,变单纯的安全管理为安全管理与进度、工序穿插和施工方法紧密结合的综合管理,变以点为主的间断的、静止的管理为线面结合的、连续的、动态的管理,变并行的安全与生产两条线为安全与生产紧密结合的安全生产一条线。

3.1.3 全员参与是全员安全管理模式的核心

全员安全管理模式下,项目安全管理组织已经不再是单独的岗位安全管理组织,而是以项目经理为首的,以专职的岗位安全管理为核心,以各专业工程师为骨干,班组长及工人全员参与的,安全监督管理层和安全管理实施层既独立设置又互相依托和紧密联系的体系安全管理,是将生产与安全的紧密结合的组织,是对项目安全管理资源的充分挖掘和充分利用。

3.2 安全目标管理模式

随着安全管理工作的不断进步,安全管理由定性逐渐走向定量,先进管理经验和方法得以迅速推广。目标管理应用于安全管理方面,称之为安全目标管理。

它是生产企业确定在一定时期内应该达到的安全总目标,分解展开、落实措施、严格考核,通过组织内部自我控制达到安全目的的一种安全管理方法。它以总的安全管理目标为基础,逐级向下分解,使各级安全目标明确、具体,各方面关系协调、一致,把全体成员都科学地组织在目标体系之内,使每个人都明确自己在目标体系中所占的地位和作用,通过每个人的积极努力来实现特定组织的安全目标。

　　制定安全目标要具体,根据实际情况可以设置若干个,例如事故发生率指标、伤害严重指标、事故损失指标或安全技术措施项目完成率等。但是,目标不宜太多,以免力量过于分散,应将重点工作首先列入目标,并将各项目标按其重要性分成等级或序列。各项目标应能数量化,以便考核和衡量。

4　安全制度及安全生产保证措施

4.1　安全方针及目标

4.1.1　安全方针

　　全体施工人员树立"安全第一,预防为主"的方针,组织全体员工学习各工种安全生产的规章制度,提高全员"安全施工"的质量意识。做好施工项目的安全建设工作,完善施工现场的安全设施,搞好现场安全管理工作,努力实现本工程安全生产无死亡的目标。

4.1.2　安全目标

　　(1)杜绝工伤死亡事故发生。

　　(2)降低轻重伤事故频率,年度负伤频率小于1‰,重伤率为零。

　　(3)杜绝重大火灾、交通、机械事故。

4.2　安全管理体系及安全目标

　　分公司建立"以经理为首的安全保证体系",实行安全生产责任制并确定安全生产目标,施工项目建立"安全责任制",项目经理为本项目安全生产第一责任人。在施工生产中要全面贯彻落实有关法规、标准及公司安全监督检查、安全检查和安全资料的整理。成立安全管理小组,将安全目标进行分解,并制定"责任目标考核规定",由项目经理主持安全活动,定期检查。由安全检查员具体负责安全检查并做好记录,发现隐患及时处理,确保整个施工过程中安全无重大事故,杜绝一般事故。

　　各专业班组要制定和严格执行各工种安全技术操作规程,必须满足《建筑施工安全检查标准》(JGJ 59—99)中的有关规定,否则,坚决不得施工。

4.3　安全生产管理制度

　　项目管理人员均应负一定的安全责任,本着"谁施工,谁负责",安全生产同步的原则,由公司安全技术部门指定以下统一的安全生产管理制度:①各级管理人员安全生产责任制;②各部门安全生产责任制;③各工种安全生产责任制;④各公众安全技术操作规程;⑤各级各部门及管理人员安全生产责任制;⑥安全责任目标考核规定;⑦安全检查制度;⑧安全教育与培训制度;⑨班前安全活动制度;⑩特种作业人员管理制度;⑪工伤事故报告、调查处理和统计制度。以上制度须经总工程师批准,以企业文件形式颁布执行。

　　项目部按照以上制度和安全责任目标进行分解,将责任落实到人,细找到班组。

4.4　安全生产保证措施

　　(1)现场设专职安全员。要结合现场实际情况,绘制本工地"现场安全标志布置总平面图",现场按此图设置安全标志,不得遗漏。例如,在人行通道口、楼梯口、预留洞口、雨篷等危险处要有安全防护栏及明显的警示标志。防护栏杆采用$\phi 48 \times 3.5$的钢管进行搭设,密目网围护,围护高度不小于1.2 m,横杆间距≤0.4 m。

　　(2)脚手架搭设及安全网挂设严格按"脚手架搭设方案"和《建筑施工安全技术操作

规程》执行。

（3）现场各种用电机械,电气线路要实行"三级配电两级保护",应严格执行"一机、一闸、一漏、一箱"的规定。漏电保护装置应符合规定,配电箱应上锁,并有防雨措施及安全标识。专职安全员应组织电工、机械工经常定期检查其完好程度。

（4）现场应有消防、保卫安全标志,制定防火制度,设有消防栓或配备一定数量的消防器材,严格执行现场使用明火审批制度。

（5）现场临时用电严格按本方案"现场临时用电设计和安全用电措施"执行。建筑施工现场临时用电干线应采用电缆埋地敷设,绝缘导线穿钢管或塑料管埋地敷设,并采用三相五线制。

（6）做好"四口"防护,即通道口、电梯井口、楼梯口防护,预留洞口及坑井进行层层封盖,通道口应用钢管和竹架板搭设防护棚;阳台、楼板、屋面等临边要用钢管设防护栏杆,高度不小于 1.2 m,水平横杆间距≤0.6 m,并挂安全密目网进行围护。

（7）各种机械要有专人管理与操作,定期检修,保持完好,非机械工严禁开动机械。

（8）任何人不得在 2 m 以上向下或向上乱扔器材、垃圾、工具等,砌体工不得向外砍砖。

（9）脚手架上严禁超载,如架板上摆砖只能侧码三层,材料不要集中堆放等,按安全技术规范,施工允许荷载为:结构架 3 000 N/m²,装修架 2 000 N/m²,工具式脚手架 1 000 N/m²。

（10）斜道的坡度应为 1:3,每 30 ~ 40 cm 设一防滑条,临边要设防护栏杆及挡脚板。

（11）所有进入现场人员必须遵守安全纪律,如"九不准":不准在井架上行走,不准在井架下停留,不准吊栏久停空中等,安全宣传教育,做到人人皆知,人人遵守。

（12）冬期施工安全技术措施如下:

①现场建立安全值班制度,制定切实可行的安全技术措施。对进场的施工人员应进行安全教育,组织有关人员经常检查安全工作,发现安全隐患及时处理。

②在冬期施工对重要分项工程部位必须编制专项安全技术措施。

③冬期施工必须做好防火工作,取暖及生产用火必须做到有专门设施,有值班制度,有消防器材,并有专人负责。禁止用易燃、可燃液体生炉子和使用电炉子。

④冬期施工必须做好防寒工作,入冬前要对现场使用的机械等全面检查、维护,凡固定位置的机具要有防寒设施。

⑤冬期施工必须做好防毒工作,宿舍、暖棚必须设置通风口,设专人看管,保持空气畅通,防止一氧化碳等有害气体中毒事故发生。

⑥冬期施工必须做好防滑工作,脚手架和行人道的搭设要有可靠的防滑措施,并应及时清扫雪霜。

⑦冬期施工必须做好防爆工作,乙炔发生器的保险装置必须良好有效,遇有冻结要及时用热水溶化,严禁用火烘烤。

⑧冬期施工临时用电应注意安全,电线应架空设置,不能拖地,所有的用电设备都要设置漏电保护器,并设专业电工随时检查。

5 结 语

安全生产水平是一个国家政治、经济、文化多方面的综合反映,涉及国家、社会和人民生活的各个领域,关系到国家声誉、社会稳定、经济发展、人民安居乐业各个层面,是党和政府执政能力的重要体现。当前,频繁发生的安全事故已经成为我国经济、社会健康发展的重要制约因素。建筑企业是安全生产工作的重要领域,必须贯彻落实安全生产的法律、法规,加强安全生产管理,实现安全生产目标。施工项目作为建筑业安全生产工作的载体,必须履行安全生产职责,确保安全生产。安全生产直接关乎生命与健康,安全生产不仅仅是保障生产、生活顺利进行的必然要求,更是促进生产、发展经济的必备条件。建筑安全管理是一项非常复杂的系统工程,我们必须运用科学的管理手段、管理方法,建立新的安全管理模式,提高职工的安全执行力,只有这样,才能真正使安全管理水平上一个新台阶。

浅谈聚苯板外墙外保温系统的构造与施工

安志远[1]   刘东辉[2]

(1. 河南省科信电力土建工程检测有限公司;2. 河南省四建股份有限公司)

【摘　要】　随着人们对建筑物节能要求的不断提高,外墙外保温技术作为一种新的节能技术,其推广和应用已经成为一种必然趋势。本文在分析外墙用聚苯板保温施工的基础上,总结了苯板保温的实用性和防止墙面出现裂缝的施工方法。

【关键词】　聚苯板;保温;施工

1　引　言

相比外墙内保温,外墙外保温能有效地防止与减少墙体及屋面的温度变形,有效消除顶层横墙常见的斜裂缝或八字裂缝。既可以减小围护结构的温度应力,又能对主体结构起保护作用,并有效地提高主体结构的耐久性,所以比外墙内保温更具科学合理性。

2　聚苯板外墙外保温系统的应用

贯彻国家有关资源节约的方针政策,推进建筑节能工作,改善和提高建筑物的使用功能和整体质量。应用聚苯板外墙外保温系统无疑将对外墙外保温事业的发展做出重大贡献。该技术是适合我国建筑节能国情和气候特点的新型外墙保温技术,能为我国建筑节能事业的发展提供强有力的新的技术支撑。该系统针对从外墙外保温系统是否采用空腔构造(点粘或满粘)、有机保温层是否有防火分仓或防火隔离带、有机保温材料表面是否有防火保护面层及厚度三个关键要素,对外墙外保温系统进行防火性能对比试验研究。根据新标准及外墙外保温系统防火等级划分及适用高度,对无空腔防火型外墙外保温系统的防火性能进行等级评价和应用范围限定,来提高外墙外保温系统的防火性及系统的各项性能和经济效应。创建与创新外墙外保温系统,采用满粘代替点粘、条粘,使聚苯板面应力分布较均匀,避免了应力的集中,同时黏结率大大高于40%以上,有效地提高了黏结性能、拉剪切性能和抗风压性能,门窗口的防火隔断及防火隔断带(防火分仓)全部用防火胶粉聚苯颗粒严密包覆,提高防火的安全性,大量利用对环境有害的固体废弃物,使其变废为宝,高效综合利用,符合国家提出的发展利废建材,发展循环经济的要求,从而能提高砂浆产品的性能。该技术研究填补了国内在此方面研究的空白,虽然研究还需进一步深入,但对促进外墙外保温整体技术水平的提高具有重要的推动作用,对提高人民的生命和财产安全及废物利用等具有重要的现实意义。要建立适合于中国国情的外墙外保温防火方法,进一步研究粉煤灰、尾矿砂等固体废弃物在保温系统中的应用。

3 聚苯板外墙外保温系统的施工工艺

3.1 保温材料的选择

现代施工建筑中,保温材料的使用多以挤密苯板、聚苯板、聚苯颗粒保温材料为主。聚苯板的导热系数为 0.042 W/(m·K),同抗裂砂浆相差 22 倍,因此挤密苯板与聚苯板相比,抗裂能力弱于聚苯板,聚苯板导热系数小,能够缓解热量在抗裂层的积聚,使体系受温度骤然变化产生的热负荷和应力得到较快释放,提高抗裂层的耐久性,是外墙外保温系统的首选。多年来,我国北方建筑物外墙均为 490 mm 厚的黏土实心砖墙,这可满足强度、安全、保温、隔热等耐久性能的需求,除了要达到节能的效果,还要达到以上功能的要求,采用了 240 mm 厚砖墙加上导热系数为 0.034~0.040 W/(m·K)的 80 mm 厚的苯板保温能够满足严寒地区外墙保温的要求,并达到节能 50% 的要求。

3.2 保护层的选择

传统水泥砂浆如直接作用在保温层外面易引起开裂,而且还有可能脱落,存在巨大的安全隐患。因此,必须采用专用的抗裂砂浆并辅以合理的增强网,并在砂浆中加入适量的纤维。抗裂砂浆的压折比小于 3。如外饰面为面砖,在抗裂砂浆中也可以加入钢丝网片。钢丝网应采用防腐好的热镀锌钢丝网。

3.3 施工流程

预埋镀锌 8#铁线—墙面的清理—挂苯板—绑钢丝网和钢筋网—抹 1:3 水泥砂浆—涂料。

①根据布板图安装保温板从外墙阴角或窗洞口侧边开始逐块进行,阳角位置保温板也采用企口拼接,保温板就位后用定位锚固钉固定。②安装时应注意板缝拼接严密,板面平整,下料锯切平直,剪裁得当,在门窗洞口的悬顶位置应整体铺贴保温板,除层间拼缝外,不得出现水平拼缝,竖向接缝上下一致,找补板的宽度不小于 600 mm。

3.4 操作方法

(1)固定苯板,砌筑外墙时先从每层的首行挑出虎头砖,以托住苯板,减轻苯板自重。减小苯板向外的倾斜。在门窗洞口的四周也挑出一行虎头砖,除此以外,在墙内双向间隔 300 mm 宽预埋两掇镀锌 8#线。铁线埋入墙内 120 mm,外露 100 mm,且保证离门窗洞口的四周和墙体转角 100 mm 处都有预埋铁线。这样可防裂缝的出现。

(2)在挂苯板前,先将墙面清干净,完毕后将预埋墙内的镀锌铁线顺直,再将苯板紧贴于墙面,其要求是:保证苯板的质量达到不小于 15 kg/m²,使用厚度为 4 mm;每块苯板都要裁口和错缝搭接,紧贴于墙面有凸出的地方用 2 mm 厚的苯板处理。

(3)苯板满铺完后,用帖 5 双向间距 3 mm 的钢筋网将其固定在墙上,并将 16 目的钢丝网夹在钢筋的中间,用 22#铁线将钢丝网固定在钢筋网上,保证双向间距 150 mm 绑扎一道,要求钢丝网和钢筋月搭接倍数各为 200 mm,如遇门窗洞口,要求钢丝网埋在门窗的内侧 200 mm 处,并用水泥砂浆将其固定。遇到墙体的转角处,也要求钢丝网绑扎到另一面的 200 mm 的位置,并用水泥钉固定。

4　外墙模板及工程施工的要求

（1）采用全钢大模板,模板设计及定位支设要考虑保温板的厚度。

（2）保持外墙大模板的整洁,吊装就位和拆模时应防止模板挤靠或刮碰,特别应注意对保温板层间接槎的保护。

（3）必须保证外墙大模板每次就位准确、垂直,连接牢固,位置正确。

（4）尽量减小由于混凝土挤压使保温板产生应力,进行混凝土浇筑时应分层浇筑,分层振捣,分层厚度严格控制在 500 mm 以内,且保证混凝土输送时不得正对保温板,振捣棒不能接触保温板,以免板受损。

5　外墙外保温罩面处理

5.1　基层处理

（1）裂缝两侧墙面基层要求有一定的强度,表面浮灰必须清除干净。

（2）墙面裂缝宽度大于 1 mm,应先用干硬性聚合物水泥拌和料处理。

5.2　材料配制

5.2.1　配合比

ABW 外墙外保温墙面裂缝修复材料为双组分,使用时应按液料: 粉料 = 10 : 12(质量比)准确计量。

5.2.2　搅拌要求

搅拌时把粉料慢慢倒入液料中,充分搅拌至无粉料结团为止。用料量较少时可手工搅拌,用料量较大时建议使用带有搅拌叶片(可借用)的手电钻搅拌。搅拌时不得加水或混入上次搅拌的残液及其他杂质,配好的浆料半小时内必须用完。

注:每次配料完毕,及时用清水清洗配料桶及搅拌叶片等器具和设备。

5.3　涂膜施工

（1）采用长板刷将浆料涂刷在裂缝处,涂刷宽度不小于 100 mm。涂层应平整均匀、厚度一致。

（2）第一层涂层表干后(即不粘手,常温 1 ~ 2 h),可进行第二层涂刷,以此涂刷 3 ~ 5 遍,厚度可达到 1.0 ~ 2.0 mm,每千克浆料可修复裂缝 4 ~ 6 延米。

注:一般情况下,墙面裂缝修复可不加无纺布附加层。对于变形应力大的裂缝修复时,可加一层无纺布附加层,以提高抗拉性能。涂刷第三遍要同时铺无纺布。

（3）施工温度为 5 ~ 30 ℃。

6　保温墙体面层裂纹的防治

外保温墙体产生裂缝的主要原因有:①保温层、饰面层变形导致的裂缝;②玻纤网格布抗拉强度不够或玻纤网格布耐碱度保持率低导致的裂缝;③玻纤网格布所处的构造位置有误造成的裂缝;④保温面层腻子强度过高;⑤聚合物水泥砂浆柔性强度不相适应;⑥腻子、涂料选用不当。

参考文献

[1] 齐晓东.外墙外保温聚苯板的选择[J].新型建筑材料,2006(5).

[2] 杨汤群,陈嘉琳.聚苯板外墙外保温系统的薄弱环节及改进措施[J].新型建筑材料,2006(3).

[3] 周宏玲.聚苯板外墙保温施工技术的探讨[J].低温建筑技术,2009(1).

浅谈投标技巧

孙　鹏　陈晓可

（河南省机电设备招标股份有限公司）

【摘　要】 本文就投标总体经历的前期准备阶段、实施阶段、评审阶段以及后期服务阶段的总过程讨论投标技巧。

【关键词】 投标；技巧

面对竞争日益激烈的市场,企业如何提高中标率? 如何在投标工程中获得较大利润? 投标的编制技巧与报价策略就成了投标单位关注的热门话题,投标策略和技巧在中标率高的施工企业中所起的作用是不容忽视的。投标技巧就是投标人在投标过程中应该注意的一系列重要问题。

作为一名多年从事招标工作的业务人员来说,下面就多年来对投标的一些技巧心得写出来与大家共享。

投标总体来说要经历前期准备阶段、实施阶段、评审阶段以及后期服务阶段,而实施阶段是编制投标文件阶段的重中之重,尤为重要。

1　前期准备阶段

投标的前期准备工作包含的要素很多,主要有项目性质、规模、所在地条件、管理、设计、监理方及参与投标方、资金来源等,对已获得的招标信息,企业首先要了解国家有关法规及政策文件,项目所在省份的招投标政策文件,投标时一定要选择信息掌握准确全面的、自己所擅长的,主要条件有利的项目来综合考虑,必要时要结合企业自身和项目业主或所在地的发展战略统筹决策、合理筛选,特别是工程招标项目,要对其进行投标可行性研究后,慎重作出投标决定。在可行性研究中,主要考虑两个方面:一是研究本企业进行项目实施的可能性;二是考虑一次性投标要支出可能的费用,以及是否有足够的技术力量可以投入。有效的方法是对项目进行可行性研究。可行性研究应从投标承包条件、投标主观条件、投标竞争形势、投标风险等方面来进行。避免因为选项失误给企业带来不必要的风险和损失。

2　实施阶段

实施阶段是编制投标文件的阶段,而投标文件是评标委员会评标的直接依据,也可以说是唯一依据,所以投标文件编制的好坏和优劣直接影响其中标结果。自2000年《中华人民共和国招标投标法》颁布实施以来,企业都是通过参与市场竞争取得项目承包权。投标的成败参与市场竞争对企业的生存和发展有着直接的影响。因此,如何做好投标文件的编制工作,提高投标文件编制的水平、质量,已成为企业取得较高中标率研究的重要课题。

2.1 对招标文件要字斟句酌

拿到招标文件后,要组织人员对招标文件进行研究,吃透里面的内容,特别是实质性条款的要求,因为《中华人民共和国招标投标法》第三章第 27 条规定:投标文件应当对招标文件提出的实质性要求和条件作出响应。这意味着投标人只要对招标文件中若干实质性要求和条件中的某一条未作出响应,都将导致废标。这条规定直接影响企业的中标率,企业应该对此慎之又慎。这就要求企业认真研究招标文件,对招标文件的要求和条件,逐条进行分析和判断,找出所有实质性的要求和条件,在投标文件中一一作出响应。

2.2 精心编制投标文件

一般情况下,投标人都会认真研究招标文件中的商务和技术要求,根据自己的情况,在商务和技术方面较好地响应招标文件的实质性要求。招标文件中商务方面的实质性条款主要表现在工期、质量、交货期、设备厂家的供货授权、质量保证期、付款方式、农民工工资保障金承诺、安全文明施工措施费、工程预算书盖章等方面;招标文件中技术方面的实质性条款主要表现在进口设备是否进口、材质是否满足招标要求、各种技术参数是否满足招标要求,以及招标文件中其他详细的技术要求等方面。

但是,许多投标人往往会在一些看似并不重要的内容上出现疏漏,导致投标失败。这样的结果非常令人惋惜。下面列举几个例子,以警惕投标人:

(1)招标文件中一般都会要求质量保证期的年限,而这个年限又高于投标人自己企业规定的质保年限或行业年限,有些投标人就不以为然地报了自己企业规定的年限或行业年限,结果不言而喻地被废标了。因为招标文件的规定和投标文件的响应是评委会评标的直接依据。

(2)招标文件工期要求是 50 日历天,投标文件工期是 50 个工作日,很显然日历天和工作日非同一个概念。按常规理解一个星期有七个日历天或五个工作日加两个休息日,这样的话,50 个工作日换算成日历天,明显超过 50 日历天。

(3)招标文件明确要求招标设备中某些设备或关键部件要求采用进口设备,而某些投标人为了降低报价就采用国产设备,想蒙混过关,等中标后再和招标人进行谈判,结果很多投标人适得其反,被评委会以不响应招标文件实质性要求而废标。

投标文件一般分为商务和技术两大部分,商务文件的编制最佳方案是按招标文件的要求编排内容,编上目录和页码,以供评委查询。设备招标的技术方面文件要按照招标文件评审办法的要求逐项提供,即使有偏差也要提供,如果不提供就有可能缺项而不得分。施工招标技术方面的施工组织设计一定要按招标文件评审办法的内容顺序来针对性的编制,要对评审的内容详细编排,不要遗漏,遗漏一项,就可能比别人少了几分,中标率就低了,甚至中不了标。

2.3 认真研究招标项目,慎重报价

对承包商来说,经济效益永远是第一位的,企业的主旋律就是形成利润,合理的投标策略和报价技巧,可以从一开始就为以后在工程实施中赚钱埋下伏笔。但近几年来,随着社会主义市场经济的不断完善,建筑市场的日趋规范,尤其是随着我国《中华人民共和国

招标投标法》、《建设工程工程量清单计价规范》(GB 50500—2008)的颁布实施,工程造价计价工作正在逐步实现"政府宏观调控、企业自主报价、市场形成价格"。当对某一具体工作作出投标的决策之后,为了争取中标,应有一个明确的方针来指导报价工作,即报价策略,投标人为了使自己的报价有竞争力,就要使自己的预算成本尽可能低,同时为了合同实施过程中获取一定的效益,还必须确定适当的利润和充分考虑风险,最后进行报价平衡。报价策略大致包括以下3个方面的内容:降低预算成本策略、保本微利报价策略、报价平衡策略。

投标最终报价是投标的关键性工作,也是整个投标工作的核心,企业应给予高度重视。在目前的招标中,只要商务和技术两方面没有大的偏差和实质性不响应,投标报价是投标人能否中标的关键。各种投标报价得分的制定都是偏向合理低价得高分的原则,特别是政府采购项目明确规定只要技术满足使用要求,低报价是招标人的首要选择。我们只有不断总结投标价的经验和教训,才能不断提高我们的报价水平,在竞标中立于不败之地。

投标报价出来之后,一定要注意保密。

2.4 按时提交投标保证金和投标文件

《工程建设项目施工招标投标办法》第三章第37条规定:招标人可以在招标文件中要求投标人提交投标保证金……投标人应当按照招标文件要求的方式和金额,将投标保证金随投标文件提交给招标人。投标人不按招标文件要求提交投标保证金的,该投标文件将被拒绝,作废标处理。和《工程建设项目货物招标投标办法》第二章第27条规定:招标人可以在招标文件中要求投标人以自己的名义提交投标保证金……投标人应当按照招标文件要求的方式和金额,在提交投标文件截止之日前将投标保证金提交给招标人或其招标代理机构。投标人不按招标文件要求提交投标保证金的,该投标文件作废标处理。这意味着如果投标人在投标截止日前不提交投标保证金或忘了提交投标保证金都将导致投标人的投标文件被废标。

投标人在投标文件封标之后一定要按时提交投标文件。《中华人民共和国招标投标法》第三章第28条规定:投标人应当在招标文件要求提交投标文件的截止时间前,将投标文件送达投标地点。招标人收到投标文件后,应当签收保存,不得开启。投标人少于三个的,招标人应当依照本法重新招标。在招标文件要求提交投标文件的截止时间后送达的投标文件,招标人应当拒收。这意味着投标人只要超过投标截止时间哪怕是1 s,招标人就应当拒收其投标文件。这条规定很严格,它不管你是客观原因还是主观原因造成的,不在投标截止时间之前提交投标文件,都将被拒收。拒收就意味投标人被排斥在评审之外,中标的概率是零,前期的工作都将白费,损失无疑是巨大的。不少投标人由于疏忽,忘记了在截标时间前送出文件,或有的投标人记错了开标地点,将文件投错了地方,都给投标人带来了不少损失,应引以为诫。

3 评审阶段

3.1 招标文件中要求的原件尽可能带全

一般情况下,招标文件中会要求投标人在开标时携带有关资质、业绩原件及设备厂家授权原件以供评委会审查,甚至有些原件在评审办法中会牵扯到打分,有原件得分,无原件不得分。这就需要投标人认真核查招标文件中需要带原件的地方,尤其是牵扯到得分的原件地方。在招投标过程中,经常碰到有些投标人忘了带原件而失分,结果排名第二,与第一名差1分,而原件的得分是2分,如果带了原件,评标结果就会改变了,这种情况实在令人痛惜,但又无可奈何。

3.2 认真对待评委会的澄清工作

在评标过程中,评委们可能对投标文件中不清楚的地方,向投标人提出问题。此时,投标人就不应错过机会,力争做好澄清工作,按时按质作出书面、肯定的答复,这样,可增加中标的机会。

4 后期服务阶段

4.1 若接中标通知及时与买方签约

若有幸接到中标通知,应及时与买方联系,及早签约,同时将履约保证金,中标服务费交齐,退回投标保证金。

4.2 中标人应履行好每一笔合同,树立起信誉

每一笔合同,不论金额大小,中标人都应认真执行合同,从制造、发运、验收、安装、运行等诸多环节均应认真负责对待,如接用户请求维修电话通知后,应及时安排员工给予解决。据了解,曾有一名牌国外电梯公司,产品质量很好,但售后服务跟不上,出了问题不能及时派人去维修,结果很多用户不敢用这一名牌产品,失去了部分市场;有些施工单位,在中标后为了增加利润空间,就在施工材料上做文章,偷工减料,以次充好,施工质量出现严重问题,结果被某省建设主管部门通报不允许以后在该省参加招投标,因小失大。只有合同执行得好,信誉好,才能扩大在市场中的份额。

4.3 认真做好后续服务工作

现在许多用户部门都十分重视后续服务,招标人在编制招标文件时,亦将这项内容列到重要的位置,所以在设备标评分时就有服务承诺这一项。土建标,设计标评分时就有提供优质服务的保证措施和质量安全体系及保证措施这一项。

总之,投标要提高命中率,因素是多方面的,但最根本的一方面,是认真做好投标文件,认真响应招标文件中的各项要求,能够最大限度地满足招标文件中规定的各项综合评价标准,或能够满足招标文件的实质性要求,并且经评审的投标价格最低。

浅谈现代企业普及质量管理活动的必要性

李丽萍[1]　史宛生[2]　龚建东[3]

(1,3.河南天工建设集团有限公司;2.南阳市直房产管理处)

【摘　要】　本文阐述了现代企业质量管理,全员参与的质量意识活动的重要性,以及开展QC小组活动的必要性。

【关键词】　企业质量管理;QC小组;全员参与;持续发展;巩固;措施

随着我国经济建设的飞速发展,科技进步的日新月异,建筑业新技术的不断普及,随之而来的产品也日益丰富,产品已处于买方市场,人们选购商品时也越来越重视产品的质量;同时,随着信息的快捷,产品的日益丰富,人们生活水平的迅速提高,购买商品的标准也由"低廉"向"物美"、"质量"与"品牌"的转变。在这种宏观的环境中,企业要想长期地生产与发展,就必须把好质量关。

质量是产品或服务的生命,它受企业生产经营活动中多种因素的影响,是企业各项工作的综合反映。要保证和提高产品质量,就必须把影响质量的因素全面系统地管理起来。全面质量管理(TQM)就是企业为了保证和提高产品质量,综合运用一套质量管理体系、手段和方法所进行的系统性管理活动。它的核心就是:以质量为中心,以全员参与为基础,通过让顾客满意和组织所有成员及社会收益而达到长期成功的管理途径。它始终强调巩固措施和持续改进。

实现质量管理,特别是全面质量管理就必须要依托一个质量体系,贯彻ISO9001:2008标准是开展TQM的有效手段,而全面质量管理则强调依据标准,不断寻求改进机会,研究和采用新的方法,以实现更新的目标。

实现全面质量管理的最基本、最重要的途径就是质量管理小组即QC小组活动了。QC小组活动是企业中群众性质量管理活动的一种组织形式,是员工参加企业民主管理的经验同现代科学相结合的产物,它具有全员参与、自主自愿、民主平等、科学管理、见解独到、过程控制、检查改进等特点,它的选题十分广泛,有"短、小、活、实"的"现场型"和"服务型";有难度大、三结合的"攻关型";也有改进管理、服务的"管理型",更有信息时代和科技进步的产物——"创新型"。这些活动几乎能涵盖企业的各个环节,包括产品、服务、经营等各方面的质量。

对于现代企业来说,开展QC小组活动无疑是企业良好运行和发展的润滑剂和推动力,QC小组活动固有的特性对企业的发展具有深远的积极作用。首先是能提高员工素质,激发员工的积极性和创造性,由于QC小组活动是全员参与,是一线岗位或跨部门、跨工种的革新、创新活动,员工们因热情而参与,由参与而学习,由学习而提高,从而激发出巨大的潜能。这样,企业才能充满活力,充满创造力。其次是改进了产品服务质量,降低了消耗,提高了经济效益,这是企业在市场竞争中的核心所在。再次才是达到了顾客满意,提高了社会的信誉度。有了优质的产品质量,完善的服务体系,最终就是使顾客及相关方满意,从而开拓市场,稳步发展。最后是在企业内部建立一个文明的、心情舒畅的生产与服务的工作场所,即人性主体得到完善。

从国际上来说,日本从1950年开始认识QC,到1962年创建QC小组以来,一直坚持活动,从不间断。用日本经济学家新将命的话说:"日本之所以能在战后迅速成为今天的经济大国,很大程度上在于企业认真致力于质量管理(QC)"。可见QC活动对于企业的影响力。其他国家如美国、韩国、法国等许多国家也相继开展了质量管理活动,并且都取得了非常好的效果。

我国自1987年从日本引进了全面质量管理,北京内燃机总厂诞生了第一个QC小组至今,QC小组活动在我国已经走过了32年的历程。这30多年来,QC小组活动由点到面,蓬勃发展,经久不衰,成为新中国成立以来持续活动时间最长、范围最广、参加人数最多的一项有关质量的群众性活动。据有关资料统计,自20世纪80年代初期开始,QC小组的数量每年平均以20%左右的速度递增。到90年代中期以后,一直维持在150万~170万个。目前,全国累计注册的QC小组数量近2 000万个,创造的直接经济效益超过1 000亿元。

拿我们集团公司来讲,这是一家国家一级建筑施工企业,成立已有60多年的历史,集团公司从1983年就开始接触QC,尝试创建了QC小组,在20多年时间内成立了上百个QC小组,有近50多个QC成果获得国家、省级、市级"优秀QC小组"称号。由于这些QC活动的广泛开展,集团公司质量水平及管理水平稳步提高,先后获得"全国工程质量管理先进企业"、"全国最佳施工企业"、"全国首批重合同、守信用企业"、"全国用户满意施工企业"、河南省质量管理奖"、"河南省优秀QC小组先进企业"等诸多殊荣。南阳市烟草醇化车间项目、南阳市金凯悦东方酒店项目两获质量最高荣誉奖——"鲁班奖"。可以证明集团公司开展QC小组活动是有效的、可行的,也是非常必要的。

我们集团公司推广普及QC小组活动始终遵循全员参加、实事求是、质量优先、顾客至上、以人为本的原则。在实施过程中首先进行广泛的宣传教育,通过各种形式进行宣传,使广大员工理解QC的内涵及如何运用,鼓励企业员工参加QC小组,以发挥企业员工的积极性、创造性,增强企业员工的凝聚力及质量意识,提高企业的管理水平。在QC的选题上,有推行目标管理、提高工作质量、降低安全事故频率等的管理型,有提高混凝土观感质量、外墙涂料质量、面砖镶贴质量、改进定型模板体系、消除梁柱接头,消除吊顶观感质量等的现场型和攻关型,更有钢管硬架支模、拱板屋架制作安装等创新性,这些QC小组的蓬勃发展,使集团公司所有员工的主观能动性、创造性得到了充分发挥,并且把日常工作行为自觉地规范化,还能不断地用PDCA循环科学程序来工作和管理、形成了持续改进、不断进取的良好氛围,同时降低了企业消耗,为企业创造出了可观的经济效益,也得到了顾客方的广泛好评,为集团公司的整体质量水平的逐步提高奠定了广泛的群众基础。与此同时,集团公司的社会信誉度也日渐提高,以致形成了河南天工品牌。

近年来,特别是1997年集团公司贯彻GB/T 19001—2008 idt ISO9001:2008,GB/T 24001—2004 idt ISO14001:及GB/T 28001—2001,三合一整体管理体系,势必对质量管理

活动有更大的冲击和开拓空间。

　　QC小组活动之所以具有如此大的生命力,是因为它不仅具有鲜明的自主性、明确的目的性、高度的民主性,更主要的是,它具有广泛的群众性和严密的科学性。借鉴国际、国内的经验,结合河南天工建设集团有限公司开展质量管理活动的实践证明,广泛、深入、持久地开展QC小组活动,是依靠广大员工办好企业的一项重要措施;是发挥员工积极性、创造性和聪明才智、实现自身价值的一个良好的组织形式;是提高质量和效益,促进生产发展的一个有效途径;如果没有质量管理活动这个载体,企业的质量管理体系就无法真正得到保证,就无法深层次地创新和突破,就无从谈起现代企业的持续发展。因此,普及质量管理活动,开展TQM是企业必须坚持推行的一项重要工作和日常工作。

浅谈砖砌体组砌形式与施工工艺

刘东辉[1]　安志远[2]

（1. 河南省四建股份有限公司；2. 河南省科信电力土建工程检测有限公司）

【摘　要】　砖砌体的组砌要上下错缝、内外搭接，以保证砌体的整体性；同时，组砌要有规律、少砍砖，以提高砌筑效率，节约材料。

【关键词】　砖砌体；施工工艺；组砌形式

砖砌体的组砌要上下错缝、内外搭接，以保证砌体的整体性；同时，组砌要有规律、少砍砖，以提高砌筑效率，节约材料。

1　砖墙的组砌形式

1.1　组砌形式

1.1.1　一顺一丁

一顺一丁砌法是一皮中全部顺砖与一皮中全部丁砖相互间隔砌筑、上下皮间的竖缝相互错开 1/4 砖长。这种砌法效率较高，但当砖的规格不一致时，竖缝就难以整齐。

1.1.2　三顺一丁

三顺一丁砌法是三皮中全部顺砖与一皮中全部丁砖间隔砌筑，上下皮顺砖间竖缝错开 1/2 砖长；上下皮顺砖与丁砖间竖缝错开 1/4 砖长。这种砌筑方法，由于顺砖较多，砌筑效率较高，适用于砌一砖和一砖以上的墙厚。

1.1.3　梅花丁

梅花丁又称沙包式、十字式。梅花丁砌法是每皮中丁砖与顺砖相隔，上皮丁砖坐中于下皮顺砖，上下皮间竖缝相互错开 1/4 砖长。这种砌法内外竖缝每皮都能错开，故整体性较好，灰缝整齐，比较美观，但砌筑效率较低。砌筑清水墙或当砖规格不一致时，采用这种砌法较好。

为了使砖墙的转角处各皮间竖缝相互错开，必须在外角处砌七分头砖（即 3/4 砖长）。当采用一顺一丁组砌时，七分头的顺面方向依次砌顺砖，丁面方向依次砌丁砖。

砖墙的丁字接头处，应分皮相互砌通，内角相交处竖缝应错开 1/4 砖长，并在横墙端头处加砌七分头砖。

砖墙的十字接头处，应分皮相互砌通，交角处的竖缝相互错开 1/4 砖长。

1.1.4　其他砌法

砖墙的砌筑还有全顺式、全丁式、两平一侧式等砌法。

1.2　砖柱组砌

砖柱组砌，应使柱面上下皮的竖缝相互错开 1/2 砖长或 1/4 砖长，在柱心无通天缝，少砍砖,并尽量利用二分头砖(即1/4砖)。严禁用包心组砌法。

1.3 空心砖墙组砌

规格为 190 mm×190 mm×90 mm 的承重空心砖一般是整砖顺砌,上下皮竖缝相互错开 1/2(100 mm)。如有半砖规格,也可采用每皮中整砖与半砖相隔的梅花丁砌筑形式。

规格为 240 mm×115 mm×90 mm 的承重空心砖一般采用一顺一丁或梅花丁砌筑形式。

规格为 240 mm×180 mm×115 mm 的承重空心砖一般采用全顺或全丁砌筑形式。

非承重空心砖一般是侧砌的,上下皮竖缝错开 1/2 砖长。

2　砖砌体的施工工艺

2.1 找平、弹线

砌筑前,在基础防潮层或楼面上光用水泥砂浆找平,然后在龙门板上以定位钉为标志,弹出墙的轴线、边线,定出门窗洞口位置。二楼以上墙的轴线可以用经纬仪或垂球将轴线引上,并弹出各墙的宽度线,画出门洞口位置线。

2.2 摆砖

摆砖也称摆底,是指在放线的基面上按选定的组砌方式用干砖试摆。一般在房屋外纵墙方向摆顺砖,在山墙方向摆厂砖。摆砖的目的是校对所放出的墨线在门洞口、附墙垛等处是否符合砖的模数,以尽可能减少砍砖,并使砌体灰缝均匀,组砌得当。

摆砖结束后,用砂浆把干摆的砖砌好,砌筑时注意其平面位置不得移动。

2.3 立皮数杆、砌筑

皮数杆是指在其上画有每皮砖和砖缝厚度,以及门窗洞口、过梁、楼板、梁底、预埋件等标高位置的一种木制标志杆,它是砌筑时控制砌体竖向尺寸的标志,同时可以保证砌体的垂直度。

皮数杆一般立于房屋的四大角、内外墙交接处、楼梯间以及洞口多的地方,每隔 10～15 m 立一根。皮数杆的设立应由两个方向斜撑或锚钉加以固定,以保证其牢固和垂直。一般每次开始砌砖前应检查一遍皮数杆的垂直度和牢固程度。

砌砖的操作方法很多,各地的习惯、使用工具也不尽相同。一般宜用"三一"砌砖法,即一铲灰、一块砖、一挤揉。砌砖时,先挂上通线,按所排的干砖位置把第一皮砖砌好,然后盘角,每次盘角不得超过六皮砖,在盘角过程中应随时用托线板检查墙角是否垂直平整,砖层灰缝是否符合皮数杆标志,然后在墙角安装皮数杆,即可挂线砌第二皮以上的砖。砌筑过程中应三皮一吊、五皮一靠,在操作过程中严格控制砌筑误差,以保证墙面垂直平整。砌一砖半厚以上的砖墙必须双面挂线。

每层承重墙的最上一皮砖、梁或梁垫下面的砖,应用丁砖砌筑;隔墙与填充墙的顶面与上层结构的接触处,宜用侧砖或立砖斜砌挤紧。

2.4 勾缝、清理

勾缝是清水砖墙的最后一道工序,具有保护墙面和增加墙面美观的作用。内墙面可采用砌筑砂浆随砌随勾缝,称为原浆勾缝;外墙面应采用加浆勾缝,即在砌筑几皮砖以后,先在灰缝处画出 10 mm 深的灰槽。待砌完整个墙体以后,再用细砂拌制 1∶1.5 水泥砂浆勾缝。

当一层砖砌体砌筑完毕后,应进行墙面、柱面和落地灰的清理。

2.5　各层标高的控制

各层标高除立皮数杆控制外,还可弹出室内水平线进行控制。底层砌到一定高度后,在各层的里墙角,用水准仪根据龙门板上的 ±0.000 标高,引出统一标高的测量点(一般比室内地坪高出 200 ~500 mm),然后在墙角两点弹出水平线,依次控制底层过梁、圈梁和楼板板底标高。当第二层墙身砌到一定高度后,先从底层水平线用钢尺往上量第二层水平线的第一个标志,然后以此标志为准,用水准仪定出各墙面的水干线,以此控制第二层标高。

2.6　临时洞口及构造柱

施工时需在砖墙中留置临时洞口,其侧边离交接处的墙面不应小于 500 mm,洞口顶部宜设置过梁。抗震烈度为 9 度的建筑物,临时洞口的留置应会同设计单位研究决定。

设有钢筋混凝土构造柱的抗震多层砖混房屋,应先绑扎钢筋,而后砌砖墙,最后浇构造柱混凝土。墙与柱应沿高度方向每 500 mm 设 2 φ6 钢筋,每边伸入墙内不应少于1 m;构造柱应与圈梁连接;砖墙应砌成马牙槎,每一马牙槎沿高度方向的尺度不超过 300 mm,马牙槎从每层柱脚开始,应先退后进;该层构造柱混凝土浇完之后,才能进行上一层施工。

2.7　空心砖墙

承重空心砖的空洞应呈垂直方向砌筑,非承重空心砖的空洞应呈水平方向砌筑。非承重空心砖墙,其底部应至少砌三皮实心砖,在门洞两侧一砖长范围内,也应用实心砖砌筑。

操作者应了解砖墙组砌形式,不单纯是为了清水墙美观,同时为了满足传递荷载的需要。因此,不论清水墙或浑水墙,墙体中砖缝搭接不得少于 1/4 砖长;为了节约,允许使用半砖头,但也应满足 1/4 砖长的搭接要求,半砖头应分散砌于浑水墙中。砖柱的组砌方法,应根据砖柱断面和实际使用情况统一考虑,但不得采用包心砌法。墙体组砌形式的选用,应根据所砌部位的受力性质和砖的规格尺寸误差而定。

参考文献

[1] 姜晨光.土木工程概论[M].北京:化学工业出版社,2009.

[2] 孙瑞丰.建筑学基础[M].北京:清华大学出版社,2006.

浅析"代建制"项目管理模式

陈晓可　孙　鹏

（河南省机电设备招标股份有限公司）

【摘　要】　本文从工程项目代建制的内涵入手,着重讨论推行项目代建制的意义以及存在的弊端和推行方式。

【关键词】　工程项目;代建制;管理模式

投资活动是社会再生产最主要、最基本的实现形式,由于投资总量、结构及运行质量会对促进国家经济增长、增加劳动就业、稳定币值和保持国际收支平衡产生直接影响,因此我国的投资体制改革从一开始即备受各方利益主体的关注与重视。2004 年 7 月 16 日,国务院正式批准了《关于投资体制改革的决定》,该方案的亮点之一就是将在全国范围内推行代建制。

《关于投资体制改革的决定》明确规定,对非经营性政府投资项目,要加快推行代建制。代建制是我国投资体制改革中提出的对非经营性政府投资项目实行建设、监管、使用相分离,控制建设项目"三超"的有效管理模式,也是发达国家的成功经验,对政府投资项目实行代建制是国际上的通行做法。近几年代建制已在全国许多省市推广,并取得了良好的效果。实行代建制时机已经成熟。

1　代建制的内涵

所谓代建制,是指政府通过招标等方式,选择专业化的项目管理单位(代建单位),负责项目的投资管理和建设实施的组织工作,严格控制项目投资、质量和工期,项目建成后交付使用单位的制度。代建期间,代建单位按照合同约定代行项目建设的投资主体职责。

2　我国现行政府投资项目管理存在的弊端

长期以来,我国各级政府对直接投资的项目管理方式多实行"财政投资,政府管理"的单一模式,即"建设、监管、使用"多位一体的模式,该模式发挥了一定作用,但也存在着诸多弊端:政府部门既负责投资审批监管建筑市场,又直接组织工程项目的建设实施,存在着政企不分、责任不明、监管不力、效益不高等问题,有的甚至还滋生腐败;工程由临时组建的基建班子负责组织实施,部分单位缺乏建设所需的工程管理、技术人员,不具备与项目管理相关的专业技术、经验和水平,项目结束机构即行解散,造成了人、财、物和信息等社会资源的浪费;政府投资工程由建设单位自建自用,致使所有者(政府)和使用者的责任与利益分离,使用单位受自身利益的驱动,极易造成争项目、争资金,导致"钓鱼"工程和超规模、超标准建设等现象的产生;政府投资工程各自组织建设,难以实施有效监督,难以及时纠正建设过程中的违法违规问题。

3 推行政府投资项目代建制的重要意义

在我国目前的政府体制环境下,对非经营性(公益性)政府投资建设项目实行代建制管理,与现行政府投资项目管理体制相比具有明显的优势。政府投资项目实行代建制,是国家投资体制改革的一项重要举措,是一项带有探索性的工作。从目前我市代建制的试点情况来看,实行代建制可以降低工程造价和管理费用,提高项目管理水平和工程质量,缩短工期,增加项目实施情况的透明度,确保资金的有效利用。

(1)通过公开招标、邀请招标或直接指定等方式选择项目管理公司,作为项目建设期间的法人,全权负责项目建设全过程的组织管理。

(2)工程项目管理的实质,是把过去由建设单位(使用单位)的职责在建设期间划分出来,以专业化的项目管理公司代替建设单位行使建设期项目法人的职责。将传统管理体制中的"建、用合一"改为"建、用分开",并割断建设单位与使用单位之间的利益关系,使用单位不直接参与建设,实现了项目管理队伍的专业化,从而有效提高项目管理水平,有效控制质量、工期和造价,保证财政资金的使用效率。

(3)代建制管理解决了过去建设项目责任主体不明、责任不清的问题。以合同的形式,界定了出资者、建设管理者、使用者等各当事人的责任、权利、义务,从而建立约束和激励机制,从质量、工期、造价及安全等方面入手,对项目的预期目标实行严格控制和有效约束。

(4)建立了三者之间的相互约束的监督机制,在施工单位、监理单位、主要设备、材料的选择上均能严格执行国家有关招标投标、合同管理、监理等制度,这就在一定程度上避免了一方说了算的现象。它是党风廉政建设从源头治理建设领域腐败的有力措施和手段。

(5)克服了对投资造成的人为影响,基本杜绝超规模、超标准、超投资的现象,进一步提高了投资效益。

因此,必须对政府投资工程建设组织实施方式进行体制创新和流程再造,这是整顿和规范市场经济秩序的一项治本之策,是保证工程质量、提高投资效益的重要措施,也是转变政府职能的客观要求,更是从源头上遏制腐败、减少行政成本和提高效率的重要保障。

4 实行代建制的方式

实行代建制有两种方式:

(1)组建常设的事业单位性质的建设管理机构,优点是事业性质的代建机构不以营利为目的,独立性强,在项目建设实施中并没有自身特殊的利益,为政府把关和节约项目投资资金的责任心相对更强,更适合充当项目建设实施阶段的责任主体和项目法人,能长期稳定对项目负责,能够有效解决政府投资项目建设单位特别是工程发包方分散的问题,有利于纪检监督部门进行廉政监督。如美国设有负责公共建筑和管理的联邦总务署,加拿大设有公共工程和政府服务部,香港设有工务局,深圳设有建筑工务署,珠海设有政府投资建设工程管理中心,安徽设有公益性项目建设管理中心。

(2)通过公开招标或招募方式,选择社会中介性质的项目管理公司作为代建单位。优点是项目管理公司性质的单位代建单位竞争机制健全。缺点是就目前来看,项目管理公司的发展水平、综合能力还达不到市场竞争要求的标准,而且作为以赢利为主要目的的经济实体,必然追求利益最大化,项目投资规模和建设标准在一定程度上与其有利益关系,政府管理成本可能较高,经营理念短期化较重,因而为政府把关和节约项目投资的动力先天不足。

目前我国各地代建人的选择方式如下:

以北京市为代表的方式:通过社会上公开招标,选择综合评分最高的中标者为代建人。

以上海市为代表的方式:由政府指定若干家具备较强实力的公司,对指定项目实行市场化代建。

以河南省鹤壁市为代表的方式:以建委和代建办一班人马两块牌子,从事全市代建工作。

以重庆市为代表的方式:由政府成立国有的"城建发展公司",企业编制,负责代建工作。

以安徽省为代表的方式:由政府成立公益项目建设中心,事业编制,对政府项目实行代建。

在上述方式中,组建政府新的机构,与精简机构、改变政府职能总的指导思想不符。而广泛在社会上公开招标在目前法规尚不健全、市场发育不优良的情况下会产生很多纠纷与后遗症。我们认为代建人选择上应由委托人按照准入条件、资金实力、企业信誉等确定,全国建立打破地域限制的专业化的"短名单",然后根据项目的具体情况,选择专业化的项目管理公司,邀请招标或上报代建计划申请书由委托人从中确定代建人。

5　关于代建制的推行

目前,在我国的许多省市,代建制试点工程已经拉开了帷幕,有些已经取得了初步的效果。如北京市政府从 2002 年起开始实施代建制试点,有效地解决了市政府投资建设的公益性项目中政府对项目单位超投资、超规模、超标准缺乏约束等问题,取得了明显效果。进入 2004 年,市政府将加大政府投资管理改革力度,代建制将在更大范围内实行。北京市发展和改革委员会在日前发出的关于《北京市政府投资建设项目代建制管理办法(试行)》的通知中指出:2004 年,北京市对新批准的政府投资项目要依法实现百分之百招标,对公益性项目要试行代建制。今后,包括奥运项目在内,凡是本市新批的非经营性政府投资建设项目,将百分之百地试行代建制。据不完全统计,还有重庆市、黑龙江省、山东省、江苏省、四川省、湖南省、安徽省、贵州省、福建省、云南省、深圳市等都相继进行了代建制试点,并出台了一些关于代建制的管理规定,取得了一定的效果。

当然,代建制工作的推行毕竟还处于试点阶段,由于多方面的原因,还存在许多不足。代建制的顺利推行,代建制市场的健康培育,还需要切实解决实施过程中的一系列问题:①进一步明确项目业主的职责,避免出现越权干预项目管理单位的行为。②确定一个合理的代建费用标准。代建单位不仅要对工程设计、征地、方案报审、工程投资控制、招标投标、设计、施工、监理、工程验收、档案管理等工程建设全过程管理,更重要的,是必须熟悉项目管理的每一个环节,为所有项目各方利益主体创造有利的条件,从不同的侧面来推进工程的顺利实施。所以,代建单位应该收取合理的代建费用,如果代建费用偏低,不利于吸引高素质的代建队伍和人才参与项目管理,不利于提高代建单位的工程管理水平,更不利于体现代建制度的优越性。③加强代建单位的行业自律。在激烈的市场竞争中,代建单位更需要加强服务意识和责任感,更好地求生存、求发展。归根结底,是要规范以代建制形式进行管理的投资项目各方利益主体的行为,以实现"政府监管、业主投资、代建管理、各负其责"的目标。

随着我国投资主体多元化的发展,委托代建的市场范围还会逐步扩大到基础设施建设领域以及社会投资合伙人的工程建设项目中,这些需求为工程项目管理企业提供了难得的商机和发展空间。作为政府投资项目组织实施方式改革的一种有益的探索,我们对代建制还需作进一步的研究。把工程项目管好,最终达到投资省、质量合格、工期不拖的目的,真正体现出代建制优于传统的建设工程管理模式。

三段工具式对拉螺栓的应用

马贵申　　王贵举

(河南天工建设集团有限公司)

【摘　要】　本文介绍了清水混凝土构件墙板支模中,使用三段工具式对拉螺栓代替普通丝杆进行加固的施工工艺。

【关键词】　混凝土构件;墙板支模;施工工艺

南阳市污水处理厂二期生物池工程,其墙板混凝土外观质量要求为清水混凝土构件,抗渗等级为P8,为确保混凝土的浇筑质量,在墙板支模过程中,使用三段工具式对拉螺栓代替普通丝杆进行加固,效果良好。

1　施工工艺

(1)此螺栓分为三段,由塑料锥形头连接,塑料锥形头内置高强螺母。螺母中间位置设挡撑,以控制每段丝杆拧入螺母的长度,避免拧入长度不均匀,一端过长,一端过短,在混凝土浇筑过程中造成胀模。

(2)中段螺杆加设止水片,两端拧上塑料锥形头后长度等于墙厚。两端螺杆长270 mm,两端过丝,拧入塑料锥形头20 mm。

(3)支模前,将三段螺杆与塑料锥形头连接拧紧。连接时塑料锥形头大头贴近模板,小头向内,以方便将锥形头取出。

(4)模板支设时,先立一面墙模板,将连接好的三段式螺栓穿入立好的墙模板上的钻眼内。安放方木、钢管、"3"形扣,加固一面墙模。将另一面模板按已钻成的孔,套入已固定好的三段式螺栓上,并进行加固,具体见图1。

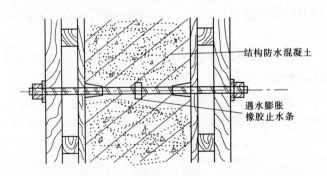

图1　对拉螺栓

(5)模板拆除后,将三段式螺栓两端的螺杆拧下周转使用。塑料锥形头用专用套筒拧下,进行周转使用。塑料锥形头留下的用防水砂浆封堵,并用专用模具进行压实,见图2。

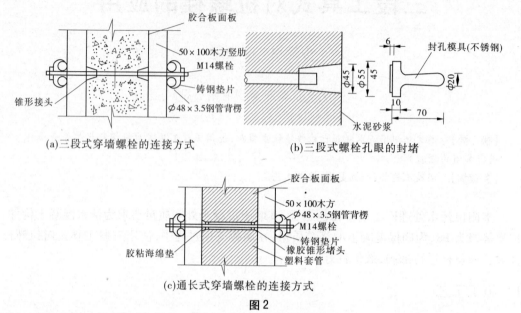

(a)三段式穿墙螺栓的连接方式　　(b)三段式螺栓孔眼的封堵

(c)通长式穿墙螺栓的连接方式

图2

使用三段式螺栓的过程中,应注意严格控制中段螺杆的长度精度及中段螺杆两丝头端部的平整度。如误差过大,将影响模板的平整度,进而影响浇筑后墙体的表面平整度。中段螺杆应用砂轮切割机切割,严禁用钢筋截断机进行截断。

2 应用效果

(1)三段式对拉螺栓,中段螺杆与两锥形头拧紧后,等于墙体载面,有利于控制构件截面,省去了支模时为保证模板截面的中间支撑。

(2)三段式对拉螺杆的两端部螺杆,可以拧下。过去用氧气乙炔进行对拉螺杆切割,费工、费料、不安全。两端部螺杆及塑料锥形头由劳务公司拧退,周转使用,减少了切割工序,进而减少了项目投入,节约了开支,降低了成本。

(3)三段式对拉螺杆两部螺杆拧下后,可以周转使用,而过去切割后,一次性报废,节约钢材,降低成本。

(4)塑料锥形头拧下后,中段螺杆低于混凝土表面 20 mm,填入防水砂浆后,对钢筋形成了保护,避免钢筋锈蚀。

(5)增加了混凝土表面的观感,特别适用于有抗渗要求的清水混凝土构件。

商品混凝土非破损检测方法的探讨

李融斌[1]　　崔先停[2]

(1.驻马店市建设工程质量监督站;2.驻马店市置地商品混凝土有限公司)

【摘　要】　本文对12批商品混凝土试件及构件分别进行钻芯法、后装拔出法、回弹法、超声－回弹综合法的强度检测试验。通过对356组试件试验数据的统计、分析和处理,建立了检测商品混凝土结构强度的推定曲线,扩大其适用范围为强度等级C20～C80的混凝土,并对改进检测评定方法提出了建议。

【关键词】　混凝土强度;非破损检测;钻芯法;后拔出法;回弹法;超声－回弹综合法

1　概　论

结构混凝土的非破损检测由于能反映实际结构物中混凝土的强度,对保证工程质量和已建工程的安全性评价具有重要作用。

混凝土强度非破损检测的原理是测定与混凝土抗压强度相关的物理量,根据其与混凝土强度的相关关系,间接推定混凝土强度;而半破损方法则是在结构混凝土中通过钻取芯样进行抗压试验或其他方法测定混凝土强度。近年来,随着混凝土的商品化发展及掺合料、外加剂的普遍使用,混凝土组分、施工工艺有了很大变化,各种对应关系也发生了很大变化,尤其对高强混凝土,非破损检测技术基本还是空白。另外,随着结构配筋率加大,构件中配筋密集,钻芯法取芯困难,而且影响结构安全。传统的检测方法均暴露出适用性不强、推定混凝土强度可信度不足的弱点。

新修订的建筑工程质量检验标准突出了建筑工程的评定验收,强调对混凝土结构实体强度的检验。因此,对结构混凝土强度的检测方法进行研究,改进现有的混凝土(包括高强混凝土)强度非破损(半破损)检测方法具有十分重要的意义。

2　试验综述

取强度等级为C20～C80的商品混凝土12批。实测立方体抗压强度为24.8～88.2 MPa,模拟试验混凝土结构的墙体1 500 mm×600 mm×1 200 mm,共12块;人工支模,振动棒振捣,自然养护。相应的试块100 mm×100 mm×100 mm,共168组;振动台成型,分别标准养护和自然养护,试验龄期为14 d、28 d、60 d、90 d。

为便于对比分析,混凝土测强顺序如下,共得到实测数据356组,并以钻芯强度作为基准进行分析。

(1)结构强度:回弹法测强—超声法测强—后装拔出测强—钻芯法测强。

(2)试块强度:回弹法测强—超声法测强—抗压试验。

3　试验分析

3.1　回弹法

3.1.1　试验方法

根据《回弹法评定混凝土抗压强度技术规程》（JGJ/T 23—2001），采用中型回弹仪，对自然养护试块进行不同龄期的回弹法试验。同时，对相应的试验墙体进行回弹和钻芯试验，对回归测强曲线进行验证。

3.1.2　试验结果分析

自然养护试块 138 组，构件墙体 12 个，分别测出各龄期试块、构件回弹值、碳化深度，并计算出相应的抗压强度值。回归分析相应的对应关系。

3.1.2.1　测强曲线回归

自然养护条件下，回弹值 R 与混凝土抗压强度 f_{cu} 的对应关系为：

$$f_{cu} = 0.02(R)^{2.07} \quad (\gamma = 0.884) \tag{1}$$

3.1.2.2　回归结果分析

构件墙体的回弹试验数据，利用新规程 JGJ/T 23—2001 及原规程 JGJ/T 23—92，分别进行结构混凝土强度推定（见表 1）。其目的是：①对比商品混凝土泵送修正后，强度推定值精度的提高；②泵送修正反映混凝土组分对混凝土推定强度影响的验证。

表 1　回弹法测强效果的对比分析

编号	按原回弹曲线强度推定值（MPa）	按回归曲线强度推定值（MPa）
μ	1.084(1.146)	0.976
σ	0.223(0.241)	0.137
δ	0.206(0.210)	0.141

注：括号内的值是未经泵送修订的强度推定值。

从试验结果的分析看出：①设计规范已应用 C80 混凝土，而两种方法对混凝土强度推定都只能到 60 MPa，不能满足工程需要。②通过泵送修正后，推定强度更接近构件实际强度，但误差和离散度仍然较大。因此，对于商品混凝土强度检测，单一的泵送修正由于未能考虑多种因素（尤其是组分变化）的影响，仍有相当的误差，因此难以满足现代混凝土发展，有待进一步完善。③将构件墙体的回弹值代入回归曲线，计算构件的推定强度，并与实测强度对比。相对值的平均值 $\mu = 0.976$，离散系数 $\delta = 13.7$，满足误差要求。因此，公式（1）可以作为该地区回弹法检测商品混凝土强度的推定曲线。

3.2　超声 – 回弹综合法

3.2.1　试验方法

根据《超声 – 回弹综合法检测混凝土强度技术规程》（CECS 02:88），采用 HF – D 型超声仪，对自然养护试块进行不同龄期的回弹和超声试验。同时，在相应的龄期对相应的试验试件墙体进行回弹法、超声法和钻芯试验，验证回归测强曲线的精度和偏差。

3.2.2　试验结果分析

试验自然养护试块 138 块，构件 12 个。分别测定各龄期试块和构件回弹值、声速值和碳化深度,并计算出相应的抗压强度值,回归分析确定相应的对应关系。

3.2.2.1 测强曲线回归

将试验测得声速值 V,回弹值只对试块抗压强度 f_{cu} 进行二元回归分析,对应关系为:

$$f_{cu}^c = 2.22R + 3.91V - 61.14 \quad (\gamma = 0.847) \tag{2}$$

3.2.2.2 回归结果分析

根据构件墙体的回弹和超声声速试验数据,利用规程进行强度推定,结果及误差分析见表 2。可以看到:原规程测强曲线推定强度偏低,误差较大;而式(2)可以作为超声 - 回弹综合法检测商品混凝土(包括高强混凝土)的测强曲线。

表 2　超声 - 回弹综合法测强效果的对比分析

编号	原综合法推定值(MPa)	回归曲线强度推定值(MPa)
μ	1.237	0.975
σ	0.280	0.119
δ	0.226	0.122

3.3　钻芯法

3.3.1　试验方法

根据《钻芯法检测混凝土承台技术规程》(CECS 03:88),用直径 100 mm,高径比(H/D)为 1 的圆柱体作为基准,直径 73 mm,高径比在 1.0 ~ 2.0 的小芯样作为非标准试件,探讨小芯样试件的强度规律。不同龄期在每个结构上钻取不同高径比的大、小芯样各 1 组(3 个),进行试验对比,试件尺寸如表 3 所示。

表 3　大、小芯样的直径和高度

直径(mm)	100	73									
高度(mm)	100	75	85	90	100	105	110	120	125	135	150
高径比 H/D	1.00	1.03	1.16	1.23	1.37	1.44	1.51	1.64	1.71	1.85	2.05

3.3.2　试验结果分析

根据 44 组 $H/D = 1$,直径分别为 100 mm 和 73 mm 的大、小芯样试件的抗压强度试验数据,推定大、小芯样强度的关系;根据直径为 73 mm 的小芯样试件试验数据,推定不同高径比小芯样试件压强变换算关系;进一步根据 172 组高径比不同的小芯样强度,推定非标准芯样抗压强度换算成标准抗压强度的修正系数 α。

根据试验数据,依照统计原理,作出回归曲线,并进行优选,得出换算关系如下。

(1)大、小芯样抗压强度换算。

高径比均为 1 时,小芯样强度 f_{cu} 与大芯样强度 f_{cn} 具有很好的相关性,强度换算关系式如下:

$$f_{cu}^c = 1.95(f_{cor}^c)^{0.84} \quad (\gamma = 0.929) \tag{3}$$

(2)非标准小芯样强度修正系数。

非标准小芯样试件强度与高径比 H/D 有关,修正系数的计算公式如下:

$$\alpha = \frac{H/D}{0.52(H/D) + 0.46} \quad (\gamma = 0.929) \tag{4}$$

（3）非标准小芯样强度推定。

综合式（3）、式（4），直径 73 mm 小芯样试件的实测强度 f_{cor} 推定强度可按下式计算：

$$f_{cu}^c = 1.95(\alpha f_{cor})^{0.84} \quad (\gamma = 0.863) \tag{5}$$

3.4 后装拔出法

3.4.1 试验方法

根据《后装拔出法检测混凝土强度技术规程》（CECS69:94），采用 YJ－PI 型三点支承式拔出仪和 ZZH1－160 型钻芯机，依照不同龄期，在试件上进行后装拔出试验测定混凝土抗拔力，并在拔出测点位置钻取芯样，由抗压强度试验获得试件混凝土强度，回归后装拔出法的测强曲线。

3.4.2 试验结果分析

3.4.2.1 测强曲线回归

共取得 42 组拔出法和钻芯法试验数据。经回归分析，得到回归曲线为：

$$f_{cu}^c = 2.54F + 14.74 \quad (\gamma = 0.881) \tag{6}$$

式中：F 为试件抗拔力，名为混凝土推定强度。

3.4.2.2 回归结果分析

（1）实测强度与规范推定的混凝土强度偏差较大，尤其强度 50 MPa 以上的高强混凝土更大，难以反映混凝土的实际强度。

（2）从对应关系看，混凝土抗拔力与混凝土抗压强度之间存在很好的相关性，建议采用式（6）作为商品混凝土后装拔出法的测强曲线。

4 4 种非破损检测方法的比较

分别利用回弹法、超声－回弹综合法、小芯样钻芯法、后装拔出法等 4 种非破损、半破损检测方法，对同一结构实体进行试验。利用试验回归建立的强度推定关系式（1）~式（6），推定结构实体的混凝土强度，并与结构实际强度比较，误差情况如表 4 所示。

表 4　建议的非破损检测方法推定强度与实测强度的比较

编号	回弹法	超声－回弹综合法	小芯样钻芯法	后装拔出法
μ	0.976	0.975	1.004	0.997
σ	0.137	0.119	0.095	0.118
δ	0.141	0.122	0.095	0.118

从表 4 可以看出：在这 4 种方法中，小芯样钻芯法和后装拔出法推定强度最接近构件实测强度，离散程度也较小；超声－回弹综合法检测精度较回弹法高，且离散程度较回弹法小。4 种检测方法中回弹法精度最差，离散度也大，推定强度可信度相对较低。

5　结论及建议

5.1　结论

（1）分析表明：由于商品混凝土组成成分与传统混凝土的变化，用后装拔出法、回弹法和超声－回弹综合法规程测强曲线对商品混凝土和高强混凝土构件的强度推定误差较大。

（2）通过统计回归和分析，建立了利用小芯样钻芯法、后装拔出法、回弹法和超声－回弹综合法检测商品混凝土构件强度的推定计算公式和测强专用曲线。

（3）利用试验回归建立的混凝土强度推定关系式，适用于 20~80 MPa 范围内的结构商品混凝土强度非破损和半破损检测方法，具有较高的可靠度和较小的离差。

（4）本试验研究是在一定区域条件下取得的结果，各地可用类似的方法建立相应的测强曲线。

5.2　建议

（1）考虑混凝土的地域性差异，应对商品混凝土非破损和半破损检测方法规程中的的推定关系进行修正。

（2）对于整体结构或构筑物进行大面积混凝土强度检测，可采用回弹法和超声－回弹综合法并用钻芯试验，对测试结果进行校准。

（3）对于龄期在 1 000 d 以上的构件检测，构件碳化较大，推荐采用超声－回弹综合法和后装拔出法，二者推定精度较好。

（4）后装拔出法由于对结构的损伤不超过混凝土保护层厚度，可以不考虑钢筋的影响，适用于在配筋密集部位，而且测试精度较高，仅次于钻芯法。

（5）钻芯法可信度高，但工艺条件复杂，且对结构造成一定损伤，在配筋密集区域钻取标准试件困难，故只宜作为校准手段；当对其他方法的测试结果有争议时，也可采用钻取小直径芯样法测定。

（6）由于混凝土是一种多相复合材料，均质性差，大多数非破损检测方法均是间接推定强度，影响因素较多，应采用多种检测方法相结合，互相弥补不足。

施工现场直观方法鉴定防水材料的优劣

马贵申　王贵举

（河南天工建设集团有限公司）

【摘　要】　本文介绍了施工现场鉴定防水材料的方法。
【关键词】　施工现场；防水材料；鉴定；方法

　　国家对建筑防水工程及防水材料的质量问题已越来越重视，但在近几年的实践中，总感觉到业主或供应商真正重视得少，特别是在材料价格方面，往往不论材料质量如何，先把防水的价位定下来。目前，市场上的防水材料多种多样，有国产的、进口的、合资的，有高档的、中档的、低档的。以沥青为主要原料的改性沥青类卷材、高分子类防水材料等数不胜数，令人眼花缭乱。在激烈的市场竞争中和尚不规范的市场环境下，一些厂商采取不正当手段，以次充好，假冒伪劣产品充斥市场，不按合同约定供应产品，企图蒙混过关的也不鲜见，在这种不规范的市场条件下，我们所能做的是：在材料进场时，把好第一关。而现场人员在这方面的经验不是太全面。我们通过近年来的实践总结了防水材料的一些简易鉴别方法，在这里供大家参考。

　　（1）看。无论是 SBS、APP 改性沥青类防水卷材，还是高分子类防水卷材，外观检查是很重要的一项检验内容。一看表面是否美观、平整，有无气泡、麻坑等；二看卷材厚度是否均匀一致；三看胎体位置是否居中，有无未被浸透的现象（常说的露白茬）；四看断面油质光亮度；五看覆面材料是否黏接牢固。这几方面大体可反映出卷材生产的过程控制是否可靠。

　　（2）试。涂料可看颜色是否纯正，有无沉淀物等。特别是复合涂料类，所选用的乳液和各自的粉料也是五花八门，质量各异。怎样去辨别其优劣呢？最简单的方法就是，将其样片放入杯中加入清水泡之，观察几天，看看水是否变浑浊，有无溶胀现象，有无乳液析出，再取出样片，拉伸时是否变糟变软，这样的材料长期处于泡水的环境是非常不利的，不能保证防水质量。

　　刚性堵漏防渗类，经过一段时间后有无微裂，如有微裂现象，其材料是靠微膨胀原理起作用，再看是否有反潮现象，如有反潮现象，则其材料缺少憎水剂，这样的材料不是好的防渗材料，只能用于堵漏。

　　（3）闻。我们知道，有的 SBS 改性沥青卷材基本上没有什么气味，在施工烘烤过程中，不太容易出油，一旦出油后能黏接牢固；而有的卷材在百米外就能闻到其刺鼻的味道，令人头晕脑胀。所以，在现场我们要闻一闻有无废机油、三线油的味道，有无废胶粉的味道，有无苯的味道和其他异味。这样的材料极易出油，因为其中加入了大量的废机油等溶剂，使得卷材看似柔软，然而当废机油挥发掉后，三个月或更短的时间，卷材指标急剧下降,卷材干缩发硬。这样的卷材当属伪劣产品,使用寿命大大缩短。有各种异味的涂料大多属于非环保涂料,应慎重选择。

(4)问。要掌握厂家原材料的产地、规格、型号,生产线及设备状况,生产工艺及管理水平。

首先,弄清所选用的产品原材料是什么档次的材料;其次,弄清生产线的先进水平;再次,要弄清生产工艺及管理方式,生产工艺是否规范,过程控制是否严格,管理是否到位等。

(5)摸。用手工方法摸、折、烤、撕、拉等,以手感来判断材料的档次,如 SBS 改性沥青卷材:①手感柔软,有橡胶的弹性;②断面的沥青涂盖层可拉出较长的细丝;③反复弯折其折痕处没有裂纹;④施工中无收缩变形,无气泡出现;⑤热熔烘烤时,出油均匀。符合上述条件的为优质产品。三元乙丙卷材:①用白纸摩擦表面,无析出物;②用手来撕不能撕裂或撕裂时呈圆弧状,而不是直线状即为好产品。刚性堵漏防渗材料固化后表面滴上水滴,如水滴不吸收,呈球状,就是好材料;如水滴被吸收,则不是好的防渗材料。

通过以上程序控制,再通过对材料复试报告的把关,在施工现场基本上能够对进场材料有一个比较确切的定位,对防水质量的控制起到一个关键的作用。

实施质量兴市战略
提升工程质量管理水平

王淑云

（河南省纵横建设有限公司）

【摘　要】　本文对郑州市建设工程质量现状、面临形势及存在的主要问题进行了比较全面的分析，对工程建设领域贯彻实施质量兴市战略的重要意义及需要采取的管理措施进行了有益的探索。

【关键词】　工程建设；质量兴市；加强监管

郑州市 2003 年开始实施质量兴市战略。8 年来，由于各级领导重视，郑州市建设行业质量兴市工作得到了长足的发展，在大规模的城市建设过程中，在"四新技术"大量使用、建设项目日益复杂的情况下，工程质量得到了有效控制，数百项工程被评为国家、省、市优质工程，使郑州市的投资环境得到了明显改善，城市形象和在全省的首位度得到了明显提升。

1　工程建设质量兴市战略的重要意义

质量，是企业的生命，是一个国家或地区综合实力的象征，是一个民族整体素质的体现。质量问题不仅是经济发展中的一个战略问题，而且是关系人民群众切身利益的重大民生问题，也是关系社会和谐稳定的政治问题。实施工程建设质量兴市战略，是进一步改善民生，实现好、维护好、发展好人民群众根本利益，维护社会和谐稳定的必然要求；是培育和增强参建各方创优意识，深入开展精品工程设计、精品工程创建，减少质量通病和质量问题投诉的重要基础工程；是建设企业做大做强的生命线工程。充分认识质量兴市战略的重要性、紧迫性，紧紧抓住当前经济结构调整和产业升级的有利时机，切实把工程建设质量兴市工作作为经济社会发展的重要基础工程和战略任务来抓，对加快郑州市都市区建设，促进科学发展、和谐发展及全面建设小康社会都将具有重要意义。

2　郑州市建设工程质量现状、形势及存在的主要问题

2.1　郑州市建设工程质量现状

目前，郑州市在郑注册建设、施工企业 1 500 余家，现有从业人员近 55 万人，每年在建项目 2 000 项左右。近年来，在各级建设行政主管部门的正确领导下，郑州市深入贯彻落实国家工程建设法律法规和标准规范，以全面开展质量兴市战略为抓手，以落实参建各方责任、加强质量监管为重点，相继采取了一系列重大举措，将建设工程质量管理工作作为整顿和规范建筑市场秩序的重要内容，加大质量兴市战略宣传力度，加强建设工程质量

监督检查,使建设工程质量工作迈上法制化、标准化、规范化的轨道。经过各级、各部门和各参建企业的共同努力,全市出现了重大质量事故基本杜绝,质量通病得到有效治理,质保体系逐步完善,质量监管、质量投诉机制基本健全,工程质量水平稳步提升,精品工程不断涌现,行业人员质量意识、责任意识明显提高,行业管理向着精细化、信息化、现代化管理迈进的大好局面。

2.2 面临的形势及存在的主要问题

2.2.1 面临的形势

(1)中原经济区建设上升为国家战略,为郑州市都市区建设提供了难得的历史发展机遇,同时对全市工程质量管理也是一次严峻的挑战。

(2)国家、省、市工程建设政策法规不断完善,迅速扩大的建设规模,日新月异的科技发展,日益增多的"高"、"精"、"尖"、"大"的建设项目也给建设工程质量管理提出了更高的要求。

2.2.2 存在的主要问题

面临新的形势和任务,建设领域还有很多不适应、不和谐的因素,一些基础性、结构性、体制性的矛盾和问题还比较突出,制约着我市建设行业的发展,甚至留下很多质量隐患,主要表现在以下几个方面:

(1)违反基本建设程序未批先建现象比较突出。尤其是部分城中村改造、市政重点工程、保障性住房、招商引资等项目,未办合法手续,提前开工建设,参建各方责任主体行为制约机制难以有效运转。

(2)虚假招标、低价投标,片面追求利益最大化,必然导致工程建设过程中偷工减料,降低工程质量。

(3)违法转包、违法分包、超资质承揽工程、压缩合理工期,也给工程质量留下隐患。

(4)部分施工企业质量意识不强,整体素质不高,培训管理欠缺,难以适应工程建设需要。

(5)部分监理机构人员不足,素质偏低,管理不严,加上某些利益关系,存在着不敢管、不会管、没人管的问题,在有些建设工地监理形同虚设。

(6)检测市场恶性竞争,部分检测机构低于成本价承揽业务,对来样把关不严,随意出具检测报告,反映不出真实质量状况。

(7)进场材料把关不严,不合格排烟道、不合格砖制品、不阻燃的保温材料、瘦身钢筋、混凝土强度低的现象时有发生。

(8)部分工程实体质量还存在不少问题。钢筋、水泥和砖等建筑原材料进场不按规定的检验批送检;混凝土同条件试块不按规定留置;钢筋绑扎控制不严,构造柱钢筋位移,现浇梁板钢筋踩踏,拉结钢筋设置不规范;砂浆搅拌计量不按规范等,都直接影响工程质量。

(9)信用体系、准入清出机制不健全,制度、宣传、执行不到位,没有发挥其应有的作用。

(10)监管部门人手不足,执法不严。违法成本过低,使部分企业存在侥幸心理或者有恃无恐,久而久之,违法违规成为一种普遍现象。

（11）尚未建立有效的工程质量风险规避机制。工程质量受设计、施工、材料等各种复杂因素影响,具有较多的不确定性,问题暴露的时间长短不一,参建企业也都处于动态变化之中。近几年来,随着郑州市大规模的城市建设,与工程质量相关的投诉和经济纠纷明显增多,甚至群诉群访、多次上访,解决起来十分棘手,已经开始对参建各方和建设行政主管部门的正常建设管理活动产生较大影响。

3　推进郑州市工程建设质量兴市工作的几点建议

3.1　加大宣传力度,增强质量意识

利用各种宣传工具,加大质量兴市战略的宣传力度,使重视质量、确保质量、争创精品深入人心,成为参建各方的自觉行动。

3.2　健全管理制度,落实质量责任

建立健全各级工程质量保证体系,加快信用体系建设,严格执行工程质量终身责任制和责任追究制,尤其是各参建方要分工明确,责任落实,齐抓共管,严格自律,抓好各个环节的质量控制。

3.3　严格依法行政,规范市场秩序

严格贯彻执行国家工程建设法律法规和强制性标准,严格执法、廉洁执法、公正执法、高效执法、和谐执法是对各级建设行政主管部门和行政执法人员的基本要求;加强执法队伍建设,提高自身素质,是规范建设市场秩序,提高质量监管水平的重要保证。

3.4　推广四新技术,提高科技水平

科技兴则事业兴,科技创新是企业的生命。参建企业要加大科技投入,增加科技含量,提升科技水平;质量监督和检测部门应加强培训,更新设备,建立信息监管平台,实现科学监督（检测）,以提高监管能力,保证工程质量。

3.5　培育精品工程,提升建设品位

精品工程对带动和提升全市建设工程质量整体水平具有重要作用。一是鼓励参建企业增强质量意识,加强质量管理,实施"精品战略"。二是搞好精品工程培育,详细制订培优计划,目标明确,思想重视,措施得力,精益求精。三是主管部门要通过树立创优典型,宣传典型经验,组织现场观摩,以"样板"引路带动全局。

3.6　引入保险机制,化解质量风险

建筑工程质量风险是客观存在的,关键是尽快找到科学的、符合市场经济规律的解决办法。建筑工程质量保险,也称工程质量内在缺陷保险,是国际通行的建筑工程风险管理方式,在很多发达国家都有成功应用的经验。建筑质量问题导致业主受损,由保险人直接受理赔付,既保障了业主的合法权益、大大提高了赔付效率,又减轻了参建单位和政府负担,可有效降低由于工程质量缺陷给人民群众和社会经济造成的不利影响,应尽早引进推行。

市政排水管道工程施工质量管理与控制

李继芳　　顾良涛

（周口市扶沟县住房和城乡建设局测绘队）

【摘　要】　本文就市政排水管道工程施工质量管理与控制进行了分析。

【关键词】　市政排水管道;施工质量;管理;控制

　　城市建设离不开排水管道工程,而排水管道工程质量的优劣不仅影响城市功能的充分发挥,而且对道路完好、城市环保以及城市防洪排涝等都有直接的影响。因此,如何在快速又经济、文明地完成市政排水管道工程施工的同时,保证工程施工质量值得探讨。

1　施工准备工作

1.1　图纸会审

　　施工图纸是排水管道施工的主要依据,应保证图纸的正确性,坚持业主、设计、监理、施工单位图纸会审制度。具体结合图纸,掌握管线长度、管线走向、管材直径、井位数以及与工作面开挖有关的地形、地貌、地物等情况。便于了解工程的基本情况,同时依照图纸确定的桩号走向对水准测量进行复测,以避免出错。

1.2　排水管材的检验

　　排水管材中常出现的普遍问题是管材质量差,存在裂缝或局部混凝土酥松,抗压、抗渗能力差,容易被压或产生渗水,管径尺寸偏差大。为了解决这些问题,确保管材的质量,应采用一些具体的检查措施,比如首先要选择正规厂家生产的管材,并且检查管材的出厂合格证及送检力学试验报告等资料是否齐全;其次应重视管材的外观检查,管材不得有破损、脱皮、蜂窝、露骨、裂纹等现象,外观检查不合格者不能使用。

1.3　测量放线

　　施工前严格按图纸进行放样,根据甲方提供的控制点及现场加密闭合的控制点用全站仪测定出管道中心线,直线段 10 m 一点,曲线段 5 m 一点,并测定出检查井的平面位置及原地面高程。开挖时根据图纸设计高程,计算出开挖深度,按规定坡度放坡,并用石灰撒出开挖坡顶上口两边的边线,开挖时进行跟踪测量,沟底每隔 5 m 测定出一个平面位置及垫层面高程控制桩(垫层面高程等于图纸设计管内底高程减去承插口管壁厚度),严格控制好沟槽底的平面位置及高程,垫层浇筑完毕及时在垫层面上用全站仪测出管道中心的平面位置并弹出墨线及检查井的平面位置和大小。管道安装时进行跟踪检查测量,复测管内底高程是否与图纸对应,管道施工完毕,应进行竣工测量。各道工序的测量资料需认真做好记录,所有测量成果及时上报监理工程师审核批复。施工测量应满足国家现行标准 GB 50268—2008。

2 排水管道的施工

2.1 沟槽开挖

在确定开挖断面时,要考虑生产安全和工程质量,做到开槽断面合理。开槽断面由槽底宽、挖深、槽底、各层边坡坡度以及层间留台宽度等因素确定,既要注意边坡放坡的科学合理性,又要安全和经济,保证施工安全和路基畅通。在开挖过程中,表层的破碎沥青面层及路基渣层由挖掘机开挖,每开挖一定的距离都要对槽底高进行严格测量控制,特别注意槽底上方不得超挖,对超挖部分要仔细回填夯实,严禁槽底低洼处进水积水,严禁夯填中使用腐殖土、垃圾土、淤泥等。

2.2 合理选用及检验管材

管材及主要配件由选定的合格制造商提供,管材进场后,由施工方材料工程师对产品的质量进行验证。当外观检查不能确保管材的质量时,进行内、外压试验。进场的管子必须是经过专业实验室批量检验合格并取得检验合格报告的产品。

2.3 平基管座的施工

在沟槽开挖验收合格之后,就可按照图纸设计要求进行管基的施工。在沟槽内有积水和淤泥的情况下,应先将沟槽彻底清除干净,清除淤泥,并铺设砂垫层,保证干槽施工,如果槽内有地下水应采取排水措施;同时,严格控制平基的厚度和高程,在浇筑混凝土平基前,支搭模板时,要复核槽底标高和模板弹线高程,在确认无误后,再浇筑混凝土,以保证管座厚度。

同时,在浇筑混凝土平基前,支搭模板时要复核槽底标高和模板弹线高程,在确认无误后,再浇筑混凝土,以保证管座厚度,并检查管座模板的强度、刚度和稳定性。支杆的支撑点不能直接支在松散土层上,要加垫板或桩木,使模板能承受混凝土灌注和振捣的重力与侧向推力,确保不跑模。

2.4 管道安装

首先,应正确计算管道铺设长度,施工前根据图纸和规范确定两检查井间管道铺设长度,管子伸进检查井长度及两管端头之间预留间距,在安装过程中要严格控制长度,防止管头露出井壁过长或缩进井壁。同时,严格控制管道的直顺度和坡度,施工时要采取以下措施:安管时要在管道半径处挂边线,线要拉紧,不能松弛;在调整每节管子的中心线和高程时,要用石块支垫牢固,相邻两管不得错口;在浇筑管座前,要先用与管座混凝土同强度等级的细石混凝土把管子两侧与平基相接处的三角部分填浇填实,再在两侧同时浇筑混凝土。最后,严格控制抹带的施工质量,水泥砂浆要按配合比下料,计量要准确,搅拌要均匀,要保证砂浆的强度及和易性,抹带前先将抹带部分的管外壁凿毛,洗刷干净,刷水泥浆一道,并控制内管缝与管内壁间的平整度,管径不大于 600 mm 的管道,在抹带的同时,配合用麻袋球或其他工具在管道内来回拖动,将流入管内的砂浆拖平;管径大于 600 mm 的管道,应勾抹内管缝。

3 做好闭水试验是保障工程质量的重要措施

闭水试验是检测水管施工质量的重要环节:首先应明确是否要做闭水试验,污水管道、雨污合流管道以及设计要求闭水的其他排水管道都必须做闭水试验,闭水试验合格后才能进行回填土。对于闭水试验的管段,应仔细检查每根管材是否有沙眼裂缝。管材出现沙眼裂缝现象,若出现裂缝,可用细砂浆修补;若有渗水部位,可调水泥浆刷补填实。此外,管口接口处必须严密。对闭水管段应不急回填,也不需要进行管材下部与条基的连接。待闭水试验合格后,再进行傍管混凝土的回填。对闭水不合格的管段,则应采取补救措施或尽快返工。

在具体的闭水试验中,应做好试验前的准备工作。试验前,需将灌水的检查井内支管管口和试验段两端的管口,用水泥砂浆砌砖堵死,并抹面密封,待养护 3 ~ 4 d 到达一定强度后,在上游井内灌水,当水头达到要求高度时,检查砖堵、管身、井身有无漏水,如有严重渗漏要进行封堵,待浸泡 24 h 后,再观察渗水量,测定时间不应小于 30 min;同时,应正确计算渗水量,在闭水试验中要真实记录各种数据,并根据数量正确计算渗水量。

4　施工场地恢复

管道安装完毕并经水压试验合格后,经项目经理批准后及时进行管沟回填。管道回填采用人工回填。检查井回填前先将盖板坐浆盖好,并通过测量保证标高准确后,井墙和井筒周围同时回填。管沟回填前清除槽内遗留的木板、草帘、砖头、钢材等杂物,且槽内不能积水。将所有回填土的含水量控制在其最佳含水量附近。还土时按基底排水方向由高至低分层进行,管腔两侧也同时进行。

工程完工后,迅速仔细地复原所有施工地面,使之恢复施工前的状态,达到监理认可的程度,并维护上述地面直至缺陷责任期结束。

随着城市建设的快速发展,市政排水管道的施工管线长,占地面积宽,城市道路交叉严重,影响了交通。因此,在保证工程工期和质量的前提下,如何既快速又经济、文明地完成市政排水管道工程的施工,减少对城市道路、交通及环境等的干扰,显得极为重要。

5　结　语

市政排水管道工程是隐蔽工程,贯穿于施工阶段的全过程,必须严格按照每个施工过程的要求,从施工准备、沟槽开挖、管道安装、试验及回填等几方面,加强每一环节的质量控制,才能防止各种质量通病的发生,确保整体工程施工质量的提升。

土建工程质量安全全面控制

王志刚　侯　华

（辉县市建设局）

【摘　要】　本文从施工管理的概念入手,就如何进行施工全程管理,搞好工程质量安全全面控制进行了讨论。

【关键词】　土建工程;质量安全管理;全面控制

土建工程的质量安全非常重要,"百年大计,质量第一"是我国工程建设的基本方针之一。建设工程质量是工程建设投资的三大目标之一,质量的优劣关系到人们的生命安全。在我国建筑工程的质量管理经历了事后的实物质量管理到全面安全质量管理,然后到国际标准化管理的过程,但是工程质量事故依旧时有发生,工程质量问题危及国家和人民生命财产安全,影响国民经济发展质量。

1　施工管理概述

土建施工企业要天天跟施工现场管理打交道,施工现场管理实际上是企业生产经营活动的基础。同时,它也是企业整体管理工作中最重要的组成部分。换言之,施工企业若想在日趋白热化的市场竞争中获得应得份额、创造出更高的利润,就必须加强现场管理,将现场管理作为施工企业的重中之重。从某种意义上说,现场管理水平代表了企业的管理水平,也是施工企业生产经营建设的综合体现。

施工管理指企业为了完成建筑产品的施工任务,从接受施工任务开始到工程交工验收为止的全过程中,围绕施工对象和施工现场进行的生产事务的组织管理工作。施工管理的任务是根据不同的工程对象、不同的工程特点、不同的施工条件,结合企业的具体情况,进行详细周密的分析研究,在施工过程中,合理地利用人力、物力,有效地使用时间和空间,采用较先进的施工方法,保证协调施工,以取得最大的经济效益。

2　施工管理创新的原则

2.1　利于适应市场的需要

市场是动态的、变化的,只有适应市场才能有所作为,才能获得效益,它包括为社会创造的效益和为企业创造的经济效益。

2.2　有利于企业文化及品牌效益的提升

高素质的企业在激烈竞争的市场中,才能及时明确自身的市场定位,能够适应千变万化的市场需求,才能在市场中生存、发展。所以,在进行项目施工管理创新过程中,以不断充实、更新企业各级管理层;通过项目的实施为企业开拓市场;使项目部成为企业开拓市场的前沿阵地;通过项目的实施不断熟悉了解市场,为企业的改革创新提供市场信息。

2.3 有利于适应生产力的发展

生产力发展的水平不同,对管理模式的要求也不同。两者是相互促进、相互制约的,只有生产力的三个要素,即劳动者、劳动对象、劳动工具有效地结合,才能发挥潜在的生产力。在市场经济时期,劳动对象要靠市场竞争才能获得,使生产力的三要素很好地有效地协调组合,充分发挥并使之发展。

3 基础施工与安全作业

3.1 基础施工

凡不能采取放收的深基础,要根据土质情况,采取有效的支护措施,所有措施要进行设计计算。对已挖完成部分基坑,在雨后、解冻或复工前,均要观察土方的情况,发现问题要排除险情后方可施工。人工下孔前,要排出孔内有害气体,各种灌注桩在成孔后浇筑混凝土前,必须保护好洞口,设置明显标志或加盖板及防护栏。

3.2 高空作业

高空作业必须要找出禁区,并设置围栏、挂牌示警。凡在高空作业外沿必须在行人过往处支搭防护棚。建筑物的预留洞、电梯井口、楼梯口、阳台口等均要设置防护围栏。脚手架必须先经设计计算,并经技术负责人批准后方可搭设。在施工层与首层之间每隔3~4个楼层还必须支搭挑出安全网,安全网要在确无高空作业时方可拆除。安全帽、安全带均应质量合格并有效佩戴。

4 实行目标组织,全面控制

实行有目标的组织协调控制是基层施工技术的一项十分关键的工作。在施工全程中按照施工组织设计和有关技术、经济文件的要求,围绕着质量、工期、成本等制定施工目标,在每个阶段、每个工序、每项施工任务中积极组织平衡,严格协调控制,使施工中人、财、物和各种关系能够保持最好的结合,确保工程的顺利进行。还要严格质量自检、互检、交接检的制度,及时进行工程隐检、预检,并督促有关人员做好分部分项工程质量评定。

5 现场质量安全施工管理

5.1 对施工进度计划的贯彻

施工进度计划是现场施工管理的主要依据,根据施工方案编制的进度计划进行施工,但施工进度计划是一个动态过程,受各种主客观因素的影响,实际进度与计划进度发生差异是常有的事,所以要定期及时地检查,掌握实际情况,分析进度超前或推后的原因,研究对策和措施,保证整个工程施工进度计划的实施。

5.2 对施工过程中的检查

施工过程中的检查包括施工是否按图施工,是否符合设计要求;是否贯彻施工组织设计的施工顺序和施工方法,施工是否遵守操作规程;对测量放线及各施工过程的技术检查和复核,要求符合图纸规定,符合质量标准,误差应控制在技术规范和标准允许的范围内;对材料、半成品、生产设备均须由供应单位提出质量合格证明文件;隐蔽工程要符合质量检查的规定,并做必要的记录。

5.3 施工总平面管理

施工总平面管理是全场性工作,应由总包单位负责管理,施工是动态的、进展的,不同阶段施工平面布置的内容也不同,所以施工现场都必须以施工组织设计所确定的施工总平面规划为依据,根据各施工单位不同时间对施工平面的要求,进行经常性的管理工作及时做好调整才能合理使用场地。

5.4 施工技术质量管理

从施工技术层面来看,施工质量控制与技术因素密不可分,技术因素不仅包括技术人员的技术素质,而且还包括施工装备、施工信息以及相关的检验检测技术等。科技的巨大作用体现在施工生产活动的整个过程之中,技术进步所产生的效果也相应会在施工质量上得到最终体现。这就反映出一个规律:为了保证建筑施工的工程质量,就要重视施工中所使用的新技术和新工艺的先进性以及适用性,施工企业要把符合技术要求的质量标准、工艺流程、具体操作规程以及严格的绩效考核制度贯穿于建筑施工的全过程之中,并通过出现的具体问题来对施工技术和工艺水平进行不断完善、改进和提高。

从施工管理层面来看,管理因素在质量控制中举足轻重,管理也是生产力的一种体现。这就要求建筑工程项目离不开系统的质量责任制和严密的质量保证体系。具体而言,可采用全过程质量管理方案,第一,要根据工程的特点和易出质量问题的环节以及施工队伍自身情况来确定工程质量目标以及具体施工内容;第二,要结合工程质量目标以及具体施工内容来编写施工组织设计计划书,并在明确了施工内容的前提下制订出具体的工程质量保证计划以及施工措施,同时进一步选择和确定施工方案;第三,在整个工程施工过程中,要加强质量检查,并对施工结果进行定量分析,由此不断总结成功和失败的经验,以此形成案例库,并将成熟经验逐渐转化成今后确保施工质量的"工作标准"和"管理制度",由此进入良性循环,保证优质高效建筑工程的开展。

此外,还要在保证工程质量的前提下考虑工程的经济性。施工项目质量的提高是一个无止境的过程,在提高项目质量的同时,必然会增加项目成本。因此,对于施工项目而言,其追求的质量不是最高,而是最佳,换言之,以能满足设计要求和业主的期望为标准,这样一来,施工质量和施工成本就能得到有效兼顾。

5.5 保证现场交通道路和排水系统畅通以及文明施工

检查施工总平面规划的贯彻执行情况,指定材料、成品、半成品和生产设备的堆放位置,确定大型建设工程建设场地的位置和使用分配。如增设、拆迁时,要经过有关部门批准方能执行;保证施工用水、用电、排水沟渠的畅通无阻;对于现场局部停水、停电,事先要有计划,并得到总指挥批准后才能实施;保证道路畅通。施工道路、轨道等交通线路上不准堆放材料,加强道路的维修,及时处理障碍物;签署和审批建筑物、构筑物、管线、道路等工程的开工申请;根据施工过程,不断修正施工总平面图。

6 施工进度控制

建筑工程进度控制对于整个工程项目的管理以及企业信誉具有重要影响。因此,做好工程进度控制管理,确保整个项目保质保量按期交工,是工程总承包单位经常遇到和需要不断解决的问题。为此,可以从组织、技术、管理、经济几个方面采取措施。建立一个有权威、有组织能力、效率高的项目领导机构,组织机构根据项目的特点、规模、专业性质等要求设置,做到因岗设人、办事高效、结构科学合理,并层层分解工期目标,落实责任,订立规章制度,保证目标的实现,都是实际中有力的组织措施。

7　结　语

现代建筑工程的施工管理是一项复杂的、开放的、动态的系统工程,要做好这项工作,需要建筑施工企业认真分析自身的特点,充分利用自已的长处,采取科学的方法提高施工管理素质。以上只是探讨了建筑施工管理中施工技术管理、质量管理和安全管理等方面的基本认识和做法,在实际工程项目中,还需要结合各项目的特点,进一步细化管理中的各项工作,才能按时保质地完成施工任务。

在细集料缺乏地区混凝土施工的新经验

杨瑜东

（驻马店市建设工程质量监督站）

【摘　要】　对特细砂改性，以减少水泥用量，改善混凝土的和易性，增强混凝土的耐久性；在没有细集料地区用机制砂代替砂子来配制混凝土、砂浆，以及在细集料缺乏地区施工时积累的一些经验。

【关键词】　细集料；特细砂；机制砂；细度模数；混凝土配合比；耐久性

在工程建设中通常把碎石和砂子统称为集料，把碎石称为粗集料，砂子称为细集料。细集料是一种质地坚硬、成分稳定、分布广、价格低的建筑材料，是构成混凝土结构体系必不可少的原料之一。细集料在混凝土中除降低成本外，还起着骨架作用，使混凝土具有较好的体积稳定性和耐久性。细集料按细度模数分为 4 种，3.1～3.7 为粗砂，2.3～3.0 为中砂，1.6～2.2 为细砂，1.6 以下或平均粒径在 0.25 mm 以下的砂称为特细砂。拌制混凝土应尽可能采用质地优良的粗、中砂，这样不但能节约水泥，提高混凝土强度，而且配制的混凝土工艺性好，建成的构造物耐久性好。细砂由于细小颗粒含量较多，在水灰比相同的情况下，用细砂拌制的混凝土要比粗砂多用水泥 10% 左右，而抗压强度却要下降 10% 以上，并且抗冻性与抗磨性也较差。用特细砂拌制的混凝土要比粗砂增加水泥用量 20%，抗压强度下降 15% 以上。特细砂配制的混凝土属于特种混凝土，《特细砂混凝土配制及应用规程》（BJG 19—65）中规定，特细砂配制混凝土的强度限制在 C40 以下，采用干硬性或半干硬性混凝土，一般宜采用低流动性混凝土。为了合理运用好特细砂资源，扩大特细砂的应用范围，就要对特细砂的特点有充分的了解，使特细砂混凝土获得较好的技术性能和经济效益。特细砂混凝土的特点是低砂率、高水泥用量、易开裂，下面就其特点详细阐述。

在特细砂地区施工，应对特细砂的特点准确把握，特细砂细度模数小于 1.6，因特细砂粒径小，混凝土中集料之间砂浆厚度相对减薄，用砂量较中、细砂混凝土少 1/3～1/4，因此低砂率是配制特细砂混凝土的最大特点。由于特细砂空隙率大，比表面积较中砂大 1 倍多，需用较多水泥来包裹砂子，《混凝土结构工程施工质量验收规范》（GB 50204—2002）中规定，与普通混凝土相比，水泥用量增加 20%，这就是特细砂混凝土的第二大特点——高水泥用量。如果配制泵送混凝土，砂率要增大，那么水泥用量将更高。特细砂混凝土的第三个特点是易开裂，拌和物浇筑捣实后易出现泌水。出现泌水现象的混凝土凝固后的表面有一薄层比较疏松的水泥浆层，呈网状裂纹，拆模后的混凝土表面常出现沿粗集料周边的沉降裂纹。

特种混凝土对细集料技术指标与普通混凝土相比有更高的要求，像泵送混凝土、水下混凝土、抗渗混凝土等，细集料要达到中、粗砂，才符合要求，然而在我国的西南部，中、粗砂相当缺乏,而特细砂富集,甚至有的地方连特细砂都没有。由于这些原因,给混凝土施工带来很多困难。如果这个问题解决不好,即使投入大量的财力,工程质量也不尽人意。下面是笔者在细集料缺乏地区施工时积累的经验,仅供大家参考。

1 在特细砂地区的施工

某大桥,主桥为双塔柱钢箱加劲梁悬索桥,主跨 600 m,桥墩横桥向为门式框架型结构,东锚碇是山体锚固,西锚碇是混凝土重力锚固。该桥的西主塔和西锚碇:西主塔高160 m,设计为 C50 混凝土,制定的施工方案是高强泵送混凝土;西锚碇是重力式锚,基础设计为 C30 混凝土,锚体设计为 C40 混凝土,西锚碇混凝土量 4 万 m^3,制定的方案是大体积混凝土施工,这两种施工方案都准备运用泵送施工。当时的实际情况是:第一次在某市施工,对当地的细集料缺乏足够的了解。经过调查,我们了解到,想要在该地区找到适合用于泵送混凝土的中砂是不可能的,本地区只有特细砂,细度模数都小于 1.6,通常只有0.7~1.2。当地的工业与民用房屋和一般构筑物运用的都是这种特细砂。历来该市重大工程都是用外地砂,而该工程是重点工程,混凝土设计强度高,工程量大,又需要泵送,规程规定,特细砂不能用于高强泵送混凝土。按惯例应该用外地砂,由于外地砂运距远,运费高,会给标价很低的工程增加很大负担。西主塔 160 m 高,西锚碇 4 万 m^3 混凝土,如果用特细砂配制 C30、C40、C50 泵送混凝土,由于砂率低,水泥用量高,不易泵送,又会加大成本,而且水泥用量很大,会造成大体积混凝土开裂。

特细砂混凝土是特种混凝土,泵送混凝土也是特种混凝土,要解决的问题就是如何在特细砂的基础上进行泵送。用特细砂进行施工,但必须对特细砂进行改性。如何改性呢?经过科学设想,大胆尝试,如果在特细砂中加入一种较粗的集料,经过拌和,调成细度模数为 2.3~3.0 的复合物,不就可以用于混凝土施工了吗?但较粗集料又如何解决呢?我们在地材调研过程中发现,碎石场破碎石头时,经过滚筒式的二次破碎,不但生产的碎石棱角少,适合用于泵送混凝土,而且产生的石屑也是浑圆的。对石屑的细粉分离,不含细粉的叫机制砂,经过取样试验,级配良好,细度模数为 3.1~3.7,压碎指标小于 30%。正是我们所需要的。在特细砂中掺入机制砂,对特细砂进行改性。经过科学配制,反复试验,配成了适合泵送的细集料(品质见表1),并成功地应用于该大桥。配制的混合砂与外地砂相比每立方米便宜 120 元,由特细砂变中砂,每立方米混凝土减少水泥用量 110 kg,每立方米混凝土成本降低 39.6 元,经济效益显著。特细砂选自渠河的河砂,机制砂是某石场生产的。由于机制砂的产量比较低,为了保证用量,我们同几个碎石场签订了供货合同。配制 C50 泵送混凝土,特细砂的砂率为 28%,混合砂的砂率为 36%~42%,如果砂率低于 36%,砂浆不足,和易性不好,泵送混凝土时易产生阻塞,如果砂率大于 42%,会影响到混凝土的强度。

表1

材料	密度(kg/m^3)	比重	含泥量(%)	空隙率(%)	细度模数
当地特细砂 A	1 310~1 362	2.70~2.752	0.2~2.8	50	0.9~1.5
机制砂 B	1 305~1 324	2.74~2.75	1.1~1.9	49	3.5~4.0
混合砂 A+40%B	1 320~1 341	2.72~2.73	0.9~1.7	50	2.4~2.7

取得的经济效益:用外地砂、当地特细砂、当地细砂和机制砂合成的混合砂配制 C50 混凝土,按市场价来进行混凝土的成本比较见表2。

表2

原材料	外地砂					当地砂					混合砂					
	水泥	砂	碎石	外加剂	粉煤灰	水泥	砂	碎石	外加剂	粉煤灰	水泥	砂	碎石	外加剂	粉煤灰	
价格	360	130	32	6 200	110	360	48	32	6 200	110	360	60	48	32	6 200	110
配合比	1	1.63	2.76	0.01	0.14	1	0.80	2.07	0.01	0.1	1	0.64	0.93	2.55	0.011	0.11
每立方米用料	420	683	1 160	4.2	57.6	565	455	1 170	5.65	56.5	435	274	409	1 100	4.5	45
材料成本	151.2	82.9	37.1	26.0	6.3	203.4	21.8	37.4	35	6.2	156.6	16.4	19.6	35.5	27.9	5.3
每立方米成本	306.2					303.8					261.3					

通过三种材料单方混凝土成本比较,可以清楚地看到,运用混合砂每立方米混凝土可降低成本40元,经济效益显著,由此取得的成功经验,在我国特细砂地区进行推广,必将获得巨大的经济效益。可喜的是,我们不但成功地配制出了 C50 混凝土,而且试配出了 C60、C70、C80 泵送混凝土,把特细砂运用范围进一步拓宽了。

在锚碇大体积混凝土施工时,采取了矿渣低热水泥,以降低水泥中的水化热;选 42.5 级水泥,以降低水泥用量;掺电厂Ⅱ级粉煤灰替代水泥,以降低水泥用量;掺 FDN 高效缓凝减水剂,以改善混凝土的工艺性能和延缓混凝土内温度的升高;对原材料遮阳、洒水降温,以降低混凝土的入模温度;混凝土浇筑后内部冷却水管循环水冷却,以降低混凝土内的温度和延缓绝热温度的到来;外部覆盖塑料布和保温布,以防止混凝土表面水分和热量的散失,减小内外温差等大体积混凝土的防裂措施。对特细砂改性也是防裂措施之一,通过对特细砂改性,提高了泵送混凝土的砂率,每立方米混凝土降低水泥用量 50 kg,可使混凝土内部绝热温度降低 5 ℃,通过采取这些大体积混凝土防裂措施,有力地保证了西锚碇大体积混凝土整体质量。

虽然对特细砂进行了改性,但是用混合砂配制的混凝土仍然保留有特细砂混凝土的特点,所以在施工中仍然要遵循《特细砂混凝土应用技术规程》的规定。混凝土拌和物的黏度较大,必须采用机拌和机捣,拌和时间应比中、细砂配制的混凝土延长 1 ~ 2 min。当发现出料不均匀、砂浆与石子有分离现象时,应翻拌均匀入模;为防止混凝土表面开裂,混凝土浇筑完毕后,可在混凝土接近初凝时进行二次抹压,以提高混凝土的表层密实度,改善混凝土的表面质量,做到内实外美。混凝土成型后,应在 12 h 以内进行潮湿养护,并保持湿润时间不少于 7 d,目的是保证混凝土的强度正常发展,减少因失水而产生的收缩。

在该大桥施工过程中,我们总结出了一套适合在特细砂地区施工的"双双掺技术"。"双双掺技术"一是在特细砂中掺入机制砂,对特细砂进行改性,使混合砂变成中砂,用混合砂配制混凝土。这样可以增大混凝土的砂率,从而降低水泥用量。碎石用 5 ~ 20 mm 和 20 ~ 31.5 mm,两种单级配碎石按一定比例配制成连续级配。二是在混凝土中掺入外加剂,改善混凝土的工艺性能,掺入粉煤灰,等量替代水泥。掺入粉煤灰有三大好处:一是变废为宝,节能降耗;二是替代水泥,降低成本;三是粉煤灰有四大效应(①火山灰效应:粉煤灰中的活性 SiO_2 与水泥中的 CaO 发生二次反应,生成钙矾石,增加混凝土的后期强度;②微集料效应:粉煤灰的颗粒粒径是介于水泥和水分子间的颗粒,改善微级配,填充混凝土中的空隙,起到增密排气作用,增加混凝土的抗冻性和抗渗性;③形态效应:粉煤灰颗粒很光滑,可以改善混凝土的流动性,增加拌和物的保水性和黏聚性;④稳定效应:粉煤灰消耗混凝土中的 Ca(OH)$_2$,降低碱度,减少放热、收缩、徐变,有利于体积稳定),可以大大改善混凝土的工艺性能和耐久性能。"双双掺技术"使混凝土砂率增大,水泥用量降低,很好地改善了混凝土的和易性。

某高速公路,有一隧道属于 J2 标段,有上、下行两座隧道,每条全长 2.1 km,该工程进口段的 1 km,管段内混凝土量 11 万 m³,对混凝土的要求一是二衬混凝土强度达到 C20,二是抗渗等级达到 P8。经调研,当地材料与上述大桥施工时一样,缺少中砂,设计配合比时运用了"双双掺技术",和特细砂配合比进行对比。为了准确地反映混凝土抗渗性能,采用国标渗水法,试验过程参照国标《普通混凝土长期性能和耐久性能试验方法》(GBJ 82—85)进行,试件养护至试验前一天,从标准养护室内取出,将表面晾干,然后侧面在盛有熔化石蜡的浅盘中滚上一层石蜡,然后将预热过的试模套入试件,稍后,将其放在抗渗仪上试验。试验水压从 0.1 MPa 开始,以后每隔 8 h 增加 0.1 MPa,并随时注意观察试件表面的渗水情况。当 6 个试件中有 3 个试件表面发现渗水时,记下当时的水压,停止试验。试验结果:1 号,当水压加到 0.3 MPa 时,有 2 个试件表面出现渗水现象;当增加到 0.4 MPa 时,有 4 个表面出现了渗水。2 号,当水压加到 0.6 MPa 时,有 1 个试件表面出现渗水现象,当增加到 0.8 MPa 时,有 3 个表面出现了渗水。3 号,当水压加到 0.7 MPa 时,有 1 个试件表面出现渗水现象,当增加到 0.8 MPa 时,有 2 个表面出现了渗水,当增加到 0.9 MPa 时,有 3 个表面出现了渗水。

从表 3 中可以看出,用特细砂配制的混凝土在强度达到时,抗渗等级很低,当水泥用量由 350 kg 增加到 420 kg 后,抗渗指标达到了,但强度富余太多,会给工程造成很大浪费。用"双双掺技术"配制的混凝土,水泥用量只有 250 kg,强度和抗渗强度等级都满足了设计要求,隧道施工中运用了该配合比。

表3

序号	材料	每方水泥用水量	配合比 水泥:砂:碎石:水:粉煤灰:外加剂	抗压强度	抗渗等级
1	特细砂	340	1:1.81:3.84:0.53:0:0.01	25.6	P2
2	特细砂	410	1:1.44:3.05:0.44:0:0.01	38.8	P6
3	混合砂	250	1:3.01:4.51:0.72:0.32:0.01	26.3	P8

在某高速公路的隧道施工中通过运用"双双掺技术",配制出了同等级混凝土全线水泥用量最低的佳绩,而且配制的 C20 混凝土抗渗强度等级满足了 P8 的设计要求,在同等水泥用量时,只用特细砂是无论如何都配制不出来的,仅此一项技术就为单位降低成本 400 多万元。

2 在没有砂子的地区施工

在某铁路施工时,有一段处于山区。砂子奇缺,解决施工所用的细集料成为头等大事,如果所使用的大量砂子要靠从外地运进,将会花费大量的人力、物力、财力。对当地地材资源认真分析后,加上以前积累的施工经验,决定用石灰岩岩石加工、破碎生产机制砂来满足施工的需要。铁路施工的混凝土是普通混凝土,细集料符合一般标准即可。机制砂标准见表4。

表4

项目	岩石强度(MPa)	压碎值(%)	大于 10 mm 的颗粒(%)	含粉量(%)
指标	>60	≤35	≤20	≤15

通过试验,我们了解到机制砂中细粉含量的多少对混凝土强度有很大的影响。下面是用同一配合比对不同含粉量的混凝土强度作了对比,比较结果见表5。

表5

混凝土配合比	C20 混凝土 P·O 32.5 水泥 $C=242$ kg/m³ 坍落度 50 mm $C:S:G=1:2.61:7.39$						
含细粉掺量(%)	0	2	4	6	8	10	12	15
抗压强度(MPa)	28.4	28.1	27.6	27.0	24.2	22.6	19.8	16.7

从表5中可以看出,随着细粉掺量的增加,混凝土抗压强度在不断下降,当细粉含量超过6%时,混凝土抗压强度下降剧烈。在保持坍落度不变的情况下,细粉掺量增加,用水量不断增高,水灰比不断增大,所以在运用机制砂时,对机制砂的细粉含量应严格控制。一般生产的机制砂在细粉分离前含量为 5%~15%,用于施工时,应对细粉专门过筛清除,细粉量控制在6%以内。在生产的机制砂中,大于 10 mm 的颗粒一般占总重量的 10%~20%,在设计混凝土配合比时,要在粗集料中扣除相应部分的重量,保持粗集料总量不变,这样配制的混凝土才能够满足设计要求。

在某铁路施工时,由于砂子缺乏,可是挡护工程的浆砌又离不开砂子,怎么办? 用小碎石混凝土代替浆砌用的砂浆是最好的办法。我们把含小碎石的机制砂、水与水泥的拌和物叫做小碎石混凝土。

经过对含小碎石的机制砂取样、试验发现,可把机制砂分成两部分,以 10 mm 粒径为界,大于 10 mm 的颗粒算小碎石,占总量的 20%~35%,小于 10 mm 的颗粒算细集料,占总量的 65%~80%,是主要成分,颗粒最大粒径不能超过 20 mm,测得细集料的细度模数为 2.5~3.5,细粉含量不超过15%。在利用含小碎石的机制砂生产混凝土时,采用常规的混凝土配合比设计方法是不适宜的。小碎石混凝土配合比设计步骤如下:

(1)计算含小碎石的机制砂细度模数。

(2)计算含粉机制砂在混合集料中的比例,将集料的细度模数控制在 4.8~5.0,当机制砂的细度模数较低时,要掺入适量的碎石,使组成的混合集料符合细度模数的要求。

(3)计算集料用量和用水量,将机制砂中的细石粉作为胶凝材料的组分,水胶比控制在 0.35~0.45。

集料总用量 G 和胶凝材料(C 的比值 $G/C=K'$)可从表6中查出。

表6

细度模数	水胶比(W/C)				
	0.35	0.37	0.40	0.42	0.45
	K'				
4.8	3.20	3.5	3.8	4.3	4.9
4.9	3.25	3.6	3.9	4.4	5.0
5.0	3.30	3.7	4.0	4.55	5.2

从表6中查出 K' 值后,按下式求出混合集料的总用量 G(不包括细石粉):

$$G = K' \times C_0(1 - P \times f') / [1 - P \times f'(1 + K')]$$

则集料带来的细石粉量: $\quad f = G \times P \times f' / (1 - P \times f')$

机制砂用量: $\qquad\qquad H = (G + F)P$

碎石用量: $\qquad\qquad\quad J = (G + F) - H$

水泥在胶凝材料中的比值: $\quad B = C_0 / (C_0 + F)$

用水量: $\qquad\qquad\qquad W_0 = W_0 / C(C_0 + F)$

(4)计算小碎石混凝土强度。

按 W/C 和 B 值从表7中找出强度系数 M 值。

表7

W/C	B									
	0.55	0.60	0.65	0.70	0.75	0.80	0.85	0.90	0.95	1.00
0.25	0.91	0.93	0.95	0.97	0.98	0.99	1.00	1.00	1.00	1.00
0.37	0.89	0.91	0.93	0.95	0.96	0.98	0.99	0.99	0.995	1.00
0.40	0.87	0.89	0.91	0.93	0.94	0.97	0.98	0.985	0.985	1.00
0.42	0.83	0.85	0.888	0.90	0.92	0.94	0.978	0.975	0.98	1.00
0.45	0.78	0.82	0.85	0.88	0.90	0.92	0.95	0.96	0.975	1.00

小碎石混凝土立方体试件抗压强度按下式计算:

$$f_{ch} = 0.51 \times f(C_0 / W_0 - 0.5B) \times M$$

式中: f_{ch} 为小碎石混凝土的配制强度,MPa; f 为水泥强度,MPa。

我们用细度模数为2.6的河砂配制的砂浆、细度模数为2.8的机制砂配制的砂浆与小碎石混凝土进行配合比试验,在水泥用量相同的情况下,比较各自的工艺性能和强度(见表8)。

表8

砂样	配合比				
	1:3	1:4	1:5	1:6	1:7
河砂	19.3	17.1	13.4	9.5	7.6
机制砂	18.7	17.3	12.6	8.0	7.6
含小碎石的机制砂	20.8	18.7	15.4	10.2	8.9

从表8中可以看到,在同一个配合比中,水泥用量相同,小碎石配制的混凝土比两种砂浆的强度都要高,在拌和时小碎石混凝土的和易性、黏聚性、保水性、稠度都能满足施工工艺。因此,用小碎石混凝土代替相同水泥用量的河砂或机制砂配制的砂浆,强度可以保证,工艺性能也能满足要求,而且机制砂材源广,加工方便,最主要的是成本低,是在无砂区施工的最佳选择。

3 结 语

(1)运用特细砂作细集料,通过改性,①成功地配制出了高强混凝土,打破了规范中不宜用特细砂配制高强泵送混凝土的规定;②配制的4万 m^3 大体积混凝土没有产生裂缝;③用较低的水泥用量配制了抗渗等级 P8 混凝土,这三项成果的取得为今后在特细砂地区施工提供了依据。通过特细砂改性,大大降低了混凝土成本,获得了良好的经济效益,极具推广价值。

(2)通过某大桥的施工,总结出了一套在特细砂地区施工的"双双掺技术"。对特细砂改性,掺用粉煤灰替代水泥,这两项技术很好地改善了混凝土的和易性,不但满足了泵送工艺,而且混凝土的各项性能均得到了改善。

(3)用机制砂代替河砂,作为混凝土用的细集料,为在细集料缺乏地区施工积累厂经验,为工程降低了成本。

(4)用小碎石混凝土代替砂浆,既保证了设计强度,又满足工艺性能,为今后在细集料缺乏地区浆砌施工开创了一种全新的局面。

郑州大学工科园一组团"中州杯"创优例谈

时朝业

（河南天工建设集团有限公司）

【摘　要】　本文介绍了河南省重点工程郑州大学工科园一组团被评为河南省建设工程"中州杯"奖的创优经验。

【关键词】　郑州大学;工科园一组团;中州杯;创优;例谈

2008 年 9 月,由河南天工建设集团有限公司承建的河南省重点工程郑州大学工科园一组团被评为河南省建设工程"中州杯"奖。

郑州大学工科园一组团项目坐落于郑州大学新校区院内,由机械工程学院、土木工程学院、建筑学院、化学工程学院、共用自行车库及连廊组成。建筑高度 24.40 m,共六层,建筑面积 51 745 m^2。7 度设防,钢筋混凝土独立柱基,全现浇框架结构。该工程实际开工日期为 2005 年 3 月 30 日,2006 年 12 月 22 日竣工验收。

河南天工建设集团有限公司中标此项工程后非常重视,把施工任务交给善打"硬仗"的二分公司,组织了精悍强干的项目班子,为了推行质量兴企和实施品牌战略,开工伊始,公司就确定了"誓夺中州杯,争创国优"的质量目标。严格按照 ISO 9002 国际标准的要求,建立质量保证体系,科学管理,精心施工,坚持"PDCA"循环,实行"三检制"、"质量百分制",把好"优质样板关"、"施工工序关"、"质量验收关",强化质量管理,确保各分项工程一次成优,实现了以过程精品创精品工程的目的。大力推广应用"四新"技术,积极开展 QC 活动,推动工程质量创新,提高工程施工的科技含量,全面推动工程质量的提高。

每月组织一次质量循环大检查、大评比,业主方、总监理工程师、项目经理都参加,对本月完成的质量情况进行打分,评出先进,颁发流动红旗,连续三次夺取流动红旗,则永久获得该项荣誉。我们还邀请了上级主管部门领导参与每月的质量大检查,从而大大激发了各参建单位的创优激情,采取了多种创优措施:①完善的质量保证体系;②优化施工方案;③选择优秀的施工队伍;④购买优质的材料、设备;⑤积极推广应用"四新"技术;⑥成立 QC 小组对施工中的难点、重点进行攻关;⑦每分项开始前先样板引路等,从人、机、料、法、环几个方面做文章。创优积极性空前高涨,该工程获得 2006 年度河南省"结构中州杯"奖。

1　施工难点

本工程的施工难点包括以下几项:

(1)本工程混凝土一次浇筑量大,为保证混凝土连续浇筑,避免形成任意施工缝,每次浇筑前都制订出详细的施工方案,确保了主体混凝土的施工质量。

(2)模板工程采用微机准确验算、绘制模板排列图,制作定型组合竹胶大模,合理设定对拉螺栓间距,并加强节点处的特殊处理,保证模板及支撑体系的刚度和稳定性。

(3)加气混凝土砌块施工前预先绘制砌块排列图,水平灰缝用坐浆法,垂直灰缝采用加浆法,构造柱用无架眼支模工艺,确保砌块的施工质量。

(4)卫生间、屋面防水采用优质防水材料,加强节点细部处理,强化施工过程控制,做好蓄水试验,保证工程防水质量,确保无渗漏现象。

2 采用的新技术

针对以上施工难点,集团公司十分重视,坚持以质量为基石,以科技为先导,创优质、保安全,增效益的指导思想。施工过程中加大建筑业 10 项新技术应用,推动科技进步,提高工程施工的科技含量,以下是该工程采用的新技术:

(1)该工程的梁柱粗直径受力钢筋均采用镦粗直螺纹连接。此项技术的接头强度大于母材强度,抗疲劳性能好,从而实现了钢筋等强连接的目的。缩短了工期,降低了工程成本。

(2)本工程中的现浇梁、板、柱主筋均为 HRB400 级钢筋,节约了钢材用量。

(3)本工程基础及主体混凝土采用预拌混凝土,添加使用高效减水剂及 I 级粉煤灰,改善了混凝土性能,提高了混凝土质量。

(4)混凝土模板采用组合式竹胶大模,现浇板使用薄壁方钢龙骨、竹胶大模板组成早拆支撑体系,为工程质量和施工进度提供了有力保障。

(5)建筑节能和新型墙体方面,该工程填充墙采用加气混凝土砌块;外窗选用了中空玻璃高效密封条、断热铝合金型材等新型建筑装饰材料;该工程还选用了节水型坐便器系统。

(6)卫生间及有防水要求的地面均采用 1.5 mm 厚聚氨酯防水涂料,该涂料收缩小,整体性强,延伸性好,操作便捷,防水效果好;屋面防水采用 SBS 高聚物改性沥青防水卷材;室内给水管采用硬聚氯乙稀衬塑复合管材,排水及废水管道采用 U–PVC 芯层发泡隔音管材及管件。

(7)本工程使用了计算机 CAD 绘图技术和网络传输技术。本工程设计单位为天津大学建筑设计研究院,距离较远,使用网络系统可以及时和设计单位进行沟通、联系,快速、准确地解决工程中出现的问题,提高了工作效率。

在新技术应用上,上网可以及时查找有用的新技术标准。施工单位、业主、监理也可以及时交换信息,实现了资源共享,共同对项目生产的进度、质量、投资进行协调管理,推进了计算机网络系统在建筑行业的应用。

在具体操作时,项目班子和质量管理人员围绕"落实"狠下工夫,严格执行"交工艺、交措施、交标准"的程序,认真履行"自检、互检、交接检"的三检制度,认真落实质量奖惩措施,采用质量与工资资金挂钩的方法,根据质量优劣情况重奖重罚,对项目实行挂牌施工制度,每个分部分项工程都明确负责人和施工人员,谁出了问题谁负责。在班组质量管理方面,实施质量台账制度,台账具体记录每个分项工程的施工人员、配合工程人员、检查验收人、技术交底人和接收交底人,做到发现问题有据可查。同时,项目部坚持推行"样板引路",力争产品一次成优。施工中除正常检查外,集团公司、分公司还坚持多层次施工现场、质量、进度、安全、文明施工等方面定期综合检查及时总结经验,表彰了先进,鞭策落后。

　　项目部在工程检查验收中,严格按照图纸设计、施工规范、验收标准进行检查验收和质量评定,不符合质量评定标准或验收不合格的,决不进入下一道工序。质量检查人员本着对工程质量负责的态度,严格执行《质量问题通知单》等规定,及时进行质量信息反馈,奖优罚劣,营造浓厚的创优氛围。按照质量规划,确保了郑州大学工科园一组团创省优目标的实现。郑州大学工科园一组团先后荣获郑州市优秀设计、2006 年度河南省"结构中州杯"工程、2007 年度河南省省级文明工地、河南省工程建设优秀 QC 小组二等奖及省科技示范工程、河南省建设工程"中州杯"等多项荣誉。

智能建筑电气施工及质量管理

侯　华　王志刚

（辉县市建设局）

【摘　要】 随着我国科学技术的发展,人们生活水平的提高,智能建筑的迅速发展,电气工程的地位越来越高,作用越来越大。如何才能提高智能建筑电气施工管理及质量控制,是电气工程师应注意的问题。

【关键词】 智能建筑;电气施工;质量管理

在现代化的建筑施工过程中,智能建筑电气施工显得尤为重要,电气工程师应对所负责的电气工程质量具有高度负责的责任心,充分应用自己的专业水平深入、细致地做好电气工程的技术、质量、进度、签证、安全等管理工作。

1　施工前的准备工作

在工程项目开工前,电气安装技术人员应首先熟悉电气施工图纸,并会同土建施工技术人员共同查对土建施工图与电气施工图,列出哪些部分有交叉施工,根据土建施工进度计划,对有关基础型钢预埋、支吊架预埋和线路保护管预埋等,排出配合交叉施工计划,确定准确配合时间,以防遗漏和产生差错。在配合施工之前,将各种预埋件制作好,做好必要的防腐处理,以及施工前技术与材料准备工作。

2　施工过程中的协调环节

2.1　适时办理交接手续

专业队伍一进场,总包单位就要求限时扫管,办理交接手续,否则不让穿线。而专业队伍从自身效益出发,匆忙办理交接手续怕漏项,总是一边穿线一边扫管,拖延时间。针对这个问题,管理人员要求专业队伍增加人力,集中扫管,抓紧办理交接手续。

2.2　现场督促补管

在穿线过程中,经常遇到管路不通和漏做管盒的问题。开始总包方对漏做的管盒处理比较容易接受,时间一长,就表现出不耐烦的情绪,拖着不补。为此,尽量要求弱电专业施工方将漏做的管盒一次查清、搞准确,并耐心与总包方说明。

2.3　分清专业施工界面

强电和弱电的施工设计图纸界面往往分不清,如气体灭火控制屏的220 V电源线、空调机的控制柜至电源箱间的管线等属于强电的范围,强电施工单位施工前应仔细审图,及早提出问题,并通知设计单位进行修改,让强电方施工有依据,避免扯皮现象。

2.4　耐心磨合,交错施工

跨专业之间的施工、调试需要仔细安排,早作分析,协调进行。如在电磁屏蔽工程的施工中,施工每前进一步,都伴随着各专业间的协调配合。电磁屏蔽在挂网时,要涉及土建和风、水、电等专业的协调配合,而各专业一般只为自己进度着想,只顾自己施工方便,技术交底不深,从而产生互相埋怨、吵闹情绪。甲方、监理人员要深入现场,掌握各专业施工进度,进行耐心细致的工作,土建施工时要督促风、水、电等专业的配合,电磁屏蔽施工前要组织各专业施工队的会签,制定局部的施工进度配合计划,检查落实每一步琐碎的施工工序等。做到各专业施工逐步适应计划,以期达到较好的磨合,得到较高的质量保证。

3　施工阶段的质量控制

施工中必须根据已会审的电气施工图纸和有关技术文件,按照国家现行的电气工程施工及验收规范,地方有关工程建设的法规、文件,经审批的施工组织设计(施工技术方案)进行。施工中若发现图纸问题应及时提出并处理,不允许未经同意擅自变更设计。

严格推行规范化操作程序,编制符合规范、工艺标准,具有可操作性的质量控制程序。每道工序未经有关人员在验收表上签字,不得进行下道工序,记录好工作日志,防止监督流于形式。在施工阶段要严把材料质量关,推行质量控制卡措施,每种材料要有完整的资料(出厂合格证、检测报告、复测报告等)并经过建设单位、监理单位签字才可进场,将不合格材料进入工程的门路堵死;要严格控制分部工程的质量关,重点是工序的质量控制。在施工阶段中质量控制要注意细节部分,重点检查和控制。

3.1　基础施工阶段的质量控制

在基础工程施工时,应及时配合土建做好强电、弱电专业的进户电缆穿墙管及止水挡板的预埋、预留工作。这一工作要求电气专业应赶在土建做墙体防水处理之前完成,避免电气施工破坏防水层造成墙体今后渗漏;对需要预埋的铁件、吊卡、木砖、吊杆基础螺栓及配电柜基础型钢等预埋件,电气施工人员应配合土建提前做好准备,土建施工到位及时埋入,不得遗漏。电气施工安装中,管理人员只有努力提高自身的素质和专业能力,才能把好质量关。

3.2　主体施工阶段的质量控制

首先,必须分清工程中的重点环节。在电气工程质量监控中,确定配电装置、电力电缆、配电箱三个重点设备交接协调环节,明确关系,制定措施,根据规范进行超前监控,达到对工程质量的预控。其次,必须在监控好重点环节的基础上以点带面,促进整个系统工程的质量控制。电气工程要与土建工程紧密配合,根据土建浇筑混凝土的进度要求及流水作业的顺序,逐层逐段做好电管敷设工作,这是整个电气安装工程的关键工作,做得不好不仅影响土建施工进度与质量,而且影响整个电气安装工程后续工序的质量与进度。浇筑混凝土时,电工应留人看守,以防振捣混凝土时损坏配管或使得开关盒移位。遇有管路损坏时,应及时修复。

3.3　装修阶段的质量控制

在砌筑隔墙之前应与土建工长和放线员将水平线及隔墙线核实一遍,因为将按此线确定管路预埋位置及各种灯具、开关插座的位置、标高。抹灰之前,电气施工人员应按内墙上弹出的水平线和墙面线,将所有电气工程中的预留孔洞按设计和规范要求核实一遍,符合要求后将箱盒稳定好,将全部暗配管路也检查一遍,然后扫通管路,穿好带线,堵好管盒。抹灰时配合土建做好配电箱的贴门脸及箱盒的收口,箱盒处抹灰收口应光滑平整。

4 设备安装环节的质量控制

由于电气工程专业性强,在工程投资少、时间紧、作业面宽、工程繁杂、质量要求高的情况下,若不分轻重环节,势必造成人、财、物的浪费。在监控过程中,应认真学习、因地制宜、总结经验、分析工程实际、抓住工程中的关键环节、解决关键性质量问题、避免施工中偷工减料和系统混乱状态的发生。

4.1 配电装置

配电装置是电气工程的核心,它如同人的心脏,一旦出了毛病,人员和设备就无法正常工作,造成供电可靠性下降,整个工程失去安全感。为此,对配电装置从设备进货到安装调试都要毫不放松,严格按图施工和规范验收。

4.2 电力电缆

电缆是输送电能的载体,若质量不高,就会造成火灾等事故的频繁发生。工程中电缆集中、数量多,如不分门别类、严格审查,就会出现施工混乱、以次充好的现象,造成运行中电缆过热,发生危险。

4.3 配电箱

配电箱是接受电能和分配电能的载体,也是电力负荷在现场的直接控制器。要使工程中的动力、照明及弱电负荷能正常工作,配电箱的工作性能至关重要。工程中配电箱型号复杂、数量多,大部分配电箱还受楼宇、消防等弱电专业的控制,箱内原理复杂、设制严格。

电气系统施工队多个专业又有自己的使用特点,在设计中受各方干扰的情况较多,会造成设计修改通知单增加,配电箱内的设备和回路修改多。若施工单位在订货时只考虑按蓝图订货而忽视修改,在安装时只顾对号入座而不仔细进行技术审核,就满足不了有关专业功能的要求。甲方、监理方应对现场的配电箱按设计修改通知单逐一核对,纠正开关容量偏大或偏小、回路数不够的错误。电气设备的上下级容量配合是相当严格的,若不符合技术要求,势必造成系统运行不合理、供电可靠性差,埋下事故的隐患。

5 电气工程施工的安全管理

要坚持"安全第一,预防为主"的方针,编制针对本工程的安全技术措施及安全组织措施,对施工人员进行安全技术交底,并设专职持证上岗的安全员。

(1)建立施工组织设计和安全用电技术措施的编制、审批制度,并建立相应的技术档案。

(2)建立技术交底制度,向专业电工、各类用电人员介绍施工组织设计和安全用电技术措施的总体意图、技术内容与注意事项,并在技术交底文字资料上履行签字手续,注明交底日期。

(3)建立安全教育和培训制度,定期对专业电工及用电人员进行用电安全教育和培训,凡上岗人员必须持有劳动部门核发的上岗证书,严禁无证上岗。

6　结　语

　　总之,在电气工程施工中应把"质量第一、安全第一"放在首位,应根据工程的自身特点,对施工中的每一个环节实施有效的动态控制,做好技术交底,认真管理好从材料采购、施工过程到工程验收的全过程,并且建立良好的质量监督体系,提高电气工程的工程质量。

中低强度混凝土低成本高性能化的研究

杨瑜东

（驻马店市建设工程质量监督站）

【摘　要】　中低强度混凝土 C20～C50 高性能化和生产成本控制是目前混凝土行业急需解决的关键问题。通过研究，提出粉煤灰、矿粉复掺代替普通硅酸盐水泥 40%～60%，能够有效改善混凝土工作性能和耐久性能，同时生产成本降低 6～7 元/m³。

【关键词】　高性能；成本；粉煤灰；矿粉；氯离子渗透

1　引　言

高强高性能混凝土的研究在我国已经取得很大进展，然而占每年建设总量 80% 左右的 C20～C50 混凝土高性能化依然缺乏深入研究。同时高性能混凝土的生产成本是制约其应用的一个关键因素。为此，结合深圳、武汉等地实际生产情况，对普中低强度混凝土高性能低成本化进行深入系统研究，通过调整矿物外加剂和水泥的最佳匹配，配制出低成本高性能化 C20～C50 混凝土，取得了良好的经济效益和社会效益。

2　原材料及试验方法

水泥：42.5 普通硅酸盐水泥；粉煤灰：某电厂 II 级灰，细度 19%；磨细矿粉：S95 磨细矿渣粉，比表面积 440 m²/kg；砂：中砂，细度模数 2.6～2.9；石：碎石，粒径 5～25 mm；减水剂：萘系高效减水剂。试验中用工作性、强度、氯离子渗透电量及生产成本来评价混凝土性能指标。

3　试验结果与分析

3.1　化学外加剂兼容性分析

在目前众多商品混凝土公司生产中，一般认为只要使用高效减水剂就能够达到减水作用，来满足工作性要求。然而，不同品种减水剂生产中合成工艺控制、Na₂SO₄ 含量不同，再加之不同水泥品种化学成分含量、细度也不同，导致减水剂不能很好地和水泥兼容匹配，造成坍落度较小，坍落度经时损失较大，只有靠加水来满足工作需要，这样容易导致混凝土即使强度能达到要求，但较高的水胶比也会造成混凝土结构中孔隙率较高、孔径较大，混凝土耐久性降低。因此，要提高混凝土工作性、耐久性，必须使减水剂与水泥达到很好的匹配，发挥减水剂的最大减水效果。

表 1 试验中选择了三种高效减水剂进行对比，通过对工作性和强度的影响比较，表明 FDN－1（固含量 40%）对试验中的原材料具有最佳的适应性，相同掺量其工作性即坍落

度较高及损失较小,并且早期强度明显较其他品种减水剂高,这样有利于工程施工加快施工进度,同时后期强度也优于其他品种减水剂,所以本研究中 FDN - 1 作为首选的减水剂品种。

表 1　不同减水剂对水泥适应性研究

编号	水泥 (kg/m³)	粉煤灰 (kg/m³)	矿粉 (kg/m³)	砂 (kg/m³)	石 (kg/m³)	水 (kg/m³)	减水剂	坍落度 (mm)	1 h 坍余 (mm)	f_{7d} (MPa)	f_{28d} (MPa)
S_1	340	90	—	740	1 100	175	FDN - 1:10.4	220	180	34.7	48.3
S_2	340	90	—	740	1 100	175	MNF - S:10.4	220	170	31.6	45.1
S_3	340	90	—	740	1 100	175	JG - M:10.4	220	130	33.2	47.2
S_4	260	90	80	740	1 100	175	FDN - 1:10.4	220	190	37.5	52.1

3.2　矿物外加剂影响分析

3.2.1　矿物外加剂单掺分析

试验结果表明,使用总胶凝材料 410 kg/m³,单掺粉煤灰可以降低氯离子渗透电量,例如掺量达到 30% ,氯离子渗透电量迅速下降为 776.0 C,而强度下降幅度不大;随粉煤灰掺量进一步提高,强度明显下降,渗透电量反而升高,耐久性下降。可能由于粉煤灰活性不高,二次水化不完全,混凝土结构依然疏松,因此粉煤灰掺量不宜超过 30% 。

试验结果表明,使用总胶凝材料 410 kg/m³,掺加适量矿粉不仅可以改善混凝土耐氯离子侵蚀能力,还可以适当提高混凝土后期强度。当掺量在 40% 时,强度由 61.9 MPa 提高到 65.3 MPa,同时渗透电量由 1 968 C 下降为 542 C;随掺量进一步提高,强度开始逐渐下降,耐侵蚀能力进一步提高;掺量超过 60% 后,强度明显下降,改善耐久性能能力不大,所以掺加矿粉量以 40% ~60% 为宜。在考虑生产成本后,可以采取粉煤灰、矿粉复掺的技术路线,不仅可以改善混凝土各项性能指标,还可以降低生产成本。

3.2.2　矿物外加剂复掺分析

表 2 为某公司实际常用配合比及经调整后的混凝土配合比。从表 2 中可以看出,不掺加任何矿物外加剂,虽然随水泥用量的提高,混凝土强度、抗氯离子渗透能力在提高,但其氯离子渗透电量值较高,强度达到 53.4 MPa,渗透电量为 1 968 C;当使用粉煤灰、矿粉复掺达到 48% 时,虽然强度仅为 33.6 MPa,但渗透电量下降为 865 C,可以得出掺加适宜矿物外加剂可以很好地改善混凝土的耐久性。此外,对照组与调整组表明混凝土不是强度越高耐久性就越优异。

从试验结果可以看出,相对实际生产的 C30 混凝土,当使用粉煤灰矿粉复掺后,在相同水灰比及减水剂掺量下,坍落度和 1 h 剩余坍落度略微有所改善,可能由于矿粉表面光滑吸附水量较低,增加了浆体流动性,因此改善了混凝土工作性;从前面分析可知,适量的矿物外加剂能够改善混凝土耐久性能,所以本配合比中掺加 55% 的矿物外加剂,不仅相对实际生产提高了混凝土后期强度,由 41.6 MPa 提高为 43.9 MPa,而且氯离子渗透电量有了较大幅度下降,由 1 147 C 下降为 694 C。调整配合比后,中低强度 C20 ~C50 混凝土使用粉煤灰、矿粉复掺掺量在 40% ~60%,后期强度比实际生产略有提高,并且氯离子渗透量有明显降低;此外本配合比中,固定了粉煤灰掺量,主要是由于粉煤灰品质不高,增加掺量后严重影响混凝土工作性,为降低生产成本,可以根据粉煤灰品质适当提高其掺量。

表 2　C20 ~ C50 混凝土配合比

混凝土强度等级		水泥 (kg/m³)	粉煤灰 (kg/m³)	矿粉 (kg/m³)	替代水泥量 (%)	砂 (kg/m³)	石 (kg/m³)	水 (kg/m³)	减水剂 (kg/m³)	坍落度 (mm)	1 h 坍余 (mm)	f_{28d} (MPa)	渗透电量 (C)	成本差 (元/m³)
C20	对照	290	—	—	—	820	1 110	175	5.10	140	100	34.0	3 024	13.8
	生产	220	90		30	810	1 100	175	5.83	160	110	27.4	1 750	—
	调整	160	90	60	48	810	1 100	175	5.83	170	140	33.6	865	−6.6
C30	对照	350	—	—	—	770	1 105	175	6.65	180	130	48.1	2 052	10.08
	生产	290	90		24	755	1 095	175	7.6	180	150	41.6	1 147	—
	调整	170	90	120	55	755	1 095	175	7.6	190	160	43.9	793	−7.2
C40	对照	410	—	—	—	750	1 110	175	9.63	200	150	53.4	1 968	13.7
	生产	340	90		21	740	1 100	175	10.4	220	180	48.3	1 093	—
	调整	210	90	120	50	740	1 100	175	10.4	210	190	52.1	661	−7.2
C50	生产	410	90	—	18	710	1 070	170	11.73	210	170	61.9	1 088	—
	调整	300	90	120	40	710	1 070	170	11.73	220	200	65.6	682	−6.6

3.3　成本分析

从市场可知,水泥 330 元/t、粉煤灰 90 元/t、矿粉 270 元/t、减水剂 2 500 元/t、砂子 26 元/t、石子 36 元/t。混凝土成本变化可用下式计算:

$$\Delta C = P_水 \Delta Q_水 + P_粉 \Delta Q_粉 + P_矿 \Delta Q_矿 + P_砂 \Delta Q_砂 + P_石 \Delta Q_石 + P_减 \Delta Q_减$$

式中:$P_水$、$\Delta Q_水$、$P_粉$、$\Delta Q_粉$、$P_矿$、$\Delta Q_矿$、$P_砂$、$\Delta Q_砂$、$P_石$、$\Delta Q_石$、$P_减$、$\Delta Q_减$ 分别为水泥、粉煤灰、矿粉、砂子、石子、减水剂的单价及用量差。

如表 2 所示,调整后 C30 生产成本变化为:$\Delta C = \dfrac{330}{1\,000} \times (170 - 290) + \dfrac{90}{1\,000} \times 0 + \dfrac{270}{1\,000} \times (0 - 120) + \cdots = -7.2(元/m^3)$。

由表 2 可知,调整后各种混凝土强度等级的混凝土成本降低了 6 ~ 7 元/m³ 不等,同时按照以上强度及耐久性分析,再根据矿物外加剂还可以改善其他耐久性因素,如冻融、耐硫酸盐侵蚀性等,该配合比调整达到了中低强度混凝土低成本高性能化的要求。

4　结　语

(1)粉煤灰与矿粉取代普硅水泥 40% ~ 60%,改善了混凝土工作性,同时氯离子渗透电量下降到 1 000 C 以下。

(2)经过配合比调整,混凝土成本降低 6 ~ 7 元/m³,实现了中低强混凝土低成本高性能化的目标。

常见混凝土裂缝的防治与处理

李 苗

(河南天工建设集团有限公司)

【摘 要】 本文主要阐述混凝土工程中裂缝是如何产生的,常见的干缩裂缝、温度裂缝、沉降裂缝、化学反应引起裂缝产生的原因,以及针对这几种裂缝在实际工作中应采取何种措施加以防治和裂缝的处理方法。主要介绍的修补措施有开槽法修补裂缝、低压注浆法修补裂缝和表面覆盖法修补裂缝。

【关键词】 裂缝;温度;沉陷;修补;措施

混凝土裂缝产生的原因很多,有变形引起的裂缝,如温度变化、收缩、膨胀、不均匀沉陷等;有外荷载作用引起的裂缝;有养护环境不当和化学作用引起的裂缝等。在实际工程中要分别对待,根据实际情况解决问题。

1 混凝土工程中常见裂缝及防治

1.1 干缩裂缝及防治

干缩裂缝多出现在混凝土养护结束后的一段时间或是混凝土浇筑完毕后的一周左右。外界湿度变化时,混凝土会产生干缩,且这种干缩是不可逆的。干缩裂缝的产生主要是混凝土内外水分蒸发程度不同而导致变形不同的结果:混凝土受外部环境的影响,表面水分蒸发快,变形较大,内部湿度变化较慢变形较小,表面混凝土受到混凝土内部约束,产生较大拉应力而产生裂缝。相对湿度越低,水泥浆体干缩越大,干缩裂缝越易产生。

主要防治措施:一是选用收缩量较小的水泥,一般采用中低热水泥和粉煤灰水泥,降低水泥的用量。二是混凝土的干缩受水灰比的影响较大,水灰比越大,干缩越大,因此在混凝土配合比设计中应尽量控制好水灰比的选用,同时掺加合适的减水剂。三是对于遭受剧烈气温或湿度变化作用的混凝土结构表面,常配置一定数量的钢筋网,能有效地使裂缝分散,从而限制裂缝的宽度,减轻危害。四是加强混凝土的早期养护,并适当延长混凝土的养护时间。冬季施工时要适当延长混凝土保温覆盖时间,并涂刷养护剂养护。五是在混凝土结构中间隔一定距离设置伸缩缝。

1.2 温度裂缝及防治

温度裂缝多发生在大体积混凝土表面或温差变化较大地区的混凝土结构中。混凝土浇筑后,在硬化过程中,水泥水化产生大量的水化热(当水泥用量在 $350 \sim 550 \ kg/m^3$ 时,每立方米混凝土将释放出 $17\ 500 \sim 27\ 500 \ kJ$ 的热量,从而使混凝土内部温度升达 $70 \ ℃$ 左右甚至更高)。混凝土的体积较大,大量的水化热聚集在混凝土内部而不易散发,导致内部温度急剧上升,而混凝土表面散热较快,这样就形成内外的较大温差。较大的温差造成内部与外部热胀冷缩的程度不同,使混凝土表面产生一定的拉应力(实践证明当混凝土本身温差达到25~26 ℃时,混凝土内便会产生10 MPa左右的拉应力)。当拉应力超过混凝土的抗拉强度极限时,混凝土表面就会产生裂缝,这种裂缝多发生在混凝土施工中后期。在混凝土的施工中当温差变化较大,或者混凝土受到寒潮的袭击等,都会使混凝土表面温度急剧下降,从而产生收缩。表面收缩的混凝土受内部混凝土的约束,将产生很大的拉应力,从而产生裂缝,这种裂缝通常只在混凝土表面较浅的范围内产生。

主要防治措施:一是尽量选用低热或中热水泥,如矿渣水泥、粉煤灰水泥等。二是减少水泥用量,将水泥用量尽量控制在450 kg/m³以下。三是降低水灰比,一般混凝土的水灰比控制在0.6以下。四是改善集料级配,掺加粉煤灰或高效减水剂等来减少水泥用量,降低水化热。五是改善混凝土的搅拌加工工艺,在传统的"三冷技术"的基础上采用"二次风冷"新工艺,降低混凝土的浇筑温度。六是在混凝土中掺加一定量的具有减水、增塑、缓凝等作用的外加剂,改善混凝土拌和物的流动性、保水性,降低水化热,推迟热峰的出现时间。七是高温季节浇筑时可以采用搭设遮阳板等辅助措施控制混凝土的温升,降低浇筑混凝土的温度。八是大体积混凝土的温度应力与结构尺寸相关,混凝土结构尺寸越大,温度应力越大,因此要合理安排施工工序,分层、分块浇筑,以利于散热,减小约束。九是预留温度收缩缝。十是减小约束,浇筑混凝土前宜在基岩和老混凝土上铺设5 mm左右的砂垫层或使用沥青等材料涂刷。

1.3 沉陷裂缝及防治

沉陷裂缝的产生是构件所处地基土质软硬不均,或回填土没有压实或浸水而造成不均匀沉降所致;或者因为模板强度不足,支撑间距过大导致底部松动等,特别是在冬季,模板支撑在冻土上,冻土融化产生不均匀沉降,致使混凝土结构产生裂缝。此类裂缝多为贯穿性裂缝,其走向与地基沉陷情况有关。较大的沉陷裂缝,往往有一定的错位,裂缝宽度往往与沉降量成正比关系。裂缝宽度受温度变化的影响较小。地基变形稳定后,沉陷裂缝也基本趋于稳定。

主要防治措施:一是在松软地基、填土地基上部施工前应进行必要的夯实和加固。二是保证模板有足够的强度和刚度,且支撑牢固,并使地基受力均匀。三是防止混凝土浇筑过程中地基被水浸泡。四是严格遵守模板的拆除时间,而且要注意拆模的先后次序。五是在冻土上支撑模板时要注意采取一定的预防措施。

1.4 化学反应引起的裂缝及防治

混凝土中的粗细骨料若含有活性骨料,它与水泥中的碱分起作用,产生碱—骨料膨胀反应,使混凝土产生裂缝。钢筋锈蚀也会引起裂缝。这两类是钢筋混凝土结构中最常见的化学反应引起的裂缝。这种裂缝一般出现在构件使用期间,一旦出现很难补救,因此在施工中应采取有效措施进行预防。

主要的防治措施:一是所选用砂石骨料不含有活性骨料,当含有活性骨料时,应进行专门试验。二是选用低碱水泥和低碱或无碱的外加剂。三是选用合适的掺和剂抑制碱—骨料反应。

2 裂缝处理

裂缝的出现不但会影响结构的整体性和强度,还会引起钢筋的锈蚀、加速混凝土的碳化、降低混凝土的耐久性和抗疲劳能力及抗渗能力。因此,应根据裂缝的形成原因和具体情况区别对待、及时处理,从而保证建筑物的安全使用。

混凝土裂缝的修补措施主要有以下一些方法。

2.1 开槽法修补裂缝

开槽法适合于修补较宽裂缝(大于0.5 mm),采用环氧树脂:10,聚硫橡胶:3,水泥:12.5,砂:28。首先用人工将晒干筛后的砂、水泥按比例配好搅拌均匀后,将环氧树脂、聚硫橡胶也按配比拌匀。然后掺入已拌好的砂、水泥当中,再用人工继续搅拌。最后用少量的丙酮(约0.2 kg丙酮就可以了)将已拌好的砂浆稀释到适中稠度。及时将已拌好的改性环氧树脂砂浆用橡胶桶装到已凿好洗净吹干后的混凝土凿槽内进行嵌入。

2.2 低压注浆法修补裂缝

低压注浆法适用于裂缝宽度为0.2~0.3 mm的混凝土裂缝修补。修补工序如下:裂缝清理—试漏—配制注浆液—压力注浆—二次注浆—清理表面。

当裂缝数量较多时,先要在裂缝位置上贴医用白胶布,再用窄毛刷沾浆沿裂缝来回涂刷封缝,使裂缝封闭,大约10 min后,揭去胶布条,露出小缝,粘贴注浆嘴用键包严。固化后周边可能有裂口,必须反复用浆补上,以避免注浆漏浆。注浆操作一般在粘嘴的第二天进行,气温高的话,半天就可注浆。操作时先用补缝器吸取注浆液,插入注浆嘴,用手推动补缝器活塞,使浆液通过注浆嘴压入裂缝,当相邻的嘴中流出浆液时,就可拔出补缝器,堵上铝铆钉。一般由上往下注浆,水平缝一般从一端到另一端逐个注浆。为了保证浆液充满,在注浆后约30 min可以对每个注浆嘴再次补浆。

2.3 表面覆盖法修补裂缝

表面覆盖法是在微细裂缝(一般宽度小于0.2 mm)的表面上涂膜,以达到修补混凝土微细裂缝的目的。表面覆盖法修补裂缝分涂覆裂缝部分及全部涂覆两种方法。这种方法的缺点是修补工作无法深入裂缝内部,对延伸裂缝难以追踪其变化。

表面覆盖法所用材料视修补目的及建筑物所处环境不同而异,通常采用弹性涂膜防水材料,聚合物水泥膏、聚合物薄膜(粘贴)等。施工时,首先用钢丝刷子将混凝土表面打毛,清除表面附着物,用水冲洗干净后充分干燥,然后用树脂充填混凝土表面的气孔,再用修补材料涂覆表面。

3 结 语

裂缝是混凝土结构中普遍存在的一种现象,它的出现不仅会降低建筑物的抗渗能力,影响建筑物的使用功能,而且会引起钢筋的锈蚀、混凝土的碳化,降低材料的耐久性,影响建筑物的承载能力,因此严格按规程、规范要求施工,严把质量关,防患于未然,尽可能地降低混凝土裂缝的出现;对混凝土裂缝进行认真研究、区别对待,采用合理的方法进行处理,并在施工中采取各种有效的预防措施来预防裂缝的出现和发展,保证建筑物和构件安全、稳定地工作。

参考文献

［1］ 国家基本建设委员会建筑科学研究院. TJ 50010—2002　混凝土结构设计规范［S］. 北京：中国建筑工业出版社,2002.

［2］ 鞠丽艳. 混凝土裂缝抑制措施的研究进展［J］. 混凝土,2002(5).

［3］ 郭仕万,肖欣,赵和平. 混凝土施工中的裂缝控制［J］. 山西水利科技,2000(11).

钢管桁架结构施工和焊缝探伤监督检测例谈

韩豫申　褚松岭　崔晓东

（南阳市建设工程质量监督检验站）

【摘　要】　本文结合工程实例介绍了钢管桁架结构施工和焊缝探伤监督检测的工作经验。

【关键词】　钢管桁架;结构;施工;焊缝探伤;监督;检测

1　工程概况

某体育场为重点建设项目,该工程总建筑面积 42 500 m²,体育场南北直径 246 m,东西直径 245 m,近似圆形,地上五层,建筑高度为 45.3 m。该工程采用现浇钢筋混凝土斜框架结构体系,顶棚采用钢管桁架结构,其中主桁架采用矩形拱形桁架,其余为网架结构,弧状线条,造型优美。钢结构工程总重 2 000 余 t。

2　钢管桁架结构的施工

一般大型大跨度悬挑钢结构工程采用钢管桁架结构,钢管桁架结构包括主桁架、次桁架、支撑支座几个方面。该体育场的钢结构顶棚屋面工程设计也采用了钢管桁架结构,它由主桁架、次桁架、斜支撑、半球支座及屋面几个部分组成。其中:主桁架和斜支撑是主要的承力件;半球支座起到了连接上部钢结构与下部现浇钢筋混凝土斜框架主体结构的作用,将上面的钢结构焊接固定在下面预埋的复合混凝土钢柱上;次桁架主要是为了防止整个屋面部位的侧向位移,并起到主桁架之间的连接和固定作用。该体育场钢结构顶棚屋面工程根据沉降缝划分为 A、B、C、D、E、F、G、H 八个区,其中 A、B、D、E、F、H 区中包含了主要的悬挑构件较长的主桁架,该部位构件是工程施工安装质量控制及监督的重点。

主桁架主要由上弦杆 1、上弦杆 2 和下弦杆,以及连接上、下弦的斜撑构件组成。每个下弦杆还包含了 3 个 brll800/900 的焊接球,焊接球通过斜支撑杆件与下面半球支座连接在一起。在安装施工过程中,主桁架构件采用地面拼装组合成整体,在地面完成焊缝探伤检测工作,然后吊装于相应的位置,用支架支撑起来并与其他构件在高空连接。主桁架焊缝包含了球节点焊缝、管对接焊缝、管相贯焊缝,工程设计球节点及管对接焊缝均为一级焊缝,管相贯焊缝为二级焊缝。在拼装的过程中,根据杆件的出厂编号,先对杆件进行拼装,然后对焊缝进行焊接,做到拼装零偏差。在拼装的过程中,球节点的杆件及变径结构杆件进行衬板处理后再进行焊接,因此球节点焊缝、管对接焊缝是主桁架拼装过程中焊缝探伤检测质量控制的重点,也是监督的重点。斜支撑是连接主桁架与半球支座的最主要的受力杆件,也是拼装过程中的重点。半球由 4 个 1/8 半球焊接而成,其中内含 35 mm

厚的十字加劲板,采用 CO_2 气体保护焊将半球与下面复合混凝土钢柱上的预埋钢板进行连接,十字加劲板的 T 形接头焊缝为隐蔽焊缝,因此必须在盖板焊接之前进行超声波探伤,探伤检测合格之后才可以进行盖板焊接。半球支座和主桁架之间连接的斜支撑是工程施工的重点。次桁架的拼装是根据图纸进行地面拼装,然后吊装与主桁架焊接,其中焊缝的种类主要是管相关节点焊缝。

3 钢管桁架结构焊缝焊接技术方法

在钢管桁架结构中焊缝的焊接接头形式主要包括 T(X)形节点、Y 形节点、K 形节点、K 形复合节点、偏离中心节点等。该体育场钢结构及屋面工程中的主要焊缝焊接接头包括了管对接焊缝、球节点焊缝、管相贯节点焊缝及 T 形接头焊缝。管材大多为单面 V 形坡口,T 形接头焊缝主要采用了 CO_2 气体保护焊,而其他种类的焊缝主要采用手工电弧焊,并且均为全焊透焊缝。焊缝的质量取决于焊工的水平,因此施工方挑选了数十名焊工,组织考试,在检测单位的配合下对焊接质量进行了检测评定,挑选出施焊焊接工人。

针对上面两种焊接形式,分别总结出了焊接过程中的技术措施。

3.1 CO_2 气体保护焊的焊接技术措施

气体保护焊对环境条件中的气流要求比较严。南阳体育场钢结构及屋面工程均为高空作业(40 多 m),在高空环境条件下,空气的相对流动较大,所以在焊接前,一定要采取一定的防风措施。同时,在焊接过程中,焊接作业区的相对湿度不得大于 90% ,当焊件的表面有雾水或露水时,应采取加热去湿除潮措施。在气体保护焊的焊接过程中,焊缝的质量取决于焊工的水平,因此施工方挑选了数十名焊工,组织了考试,在检测单位的配合下对焊接质量进行了检测评定,挑选出合格的焊接工人。在该工程的半球支座内部十字加劲板的焊接过程中,采取在坡口的底部设置衬板的措施,防止了由于母材过厚而缝隙太小的情况下未焊透或未熔合的现象出现,从而保证了焊接质量。

3.2 手工电弧焊的操作规程及技术措施

(1)先对母材进行坡口处理,一般为管焊缝中采用单面 V 形坡口,并对坡口表面打磨光滑,在坡口的下面加衬板,并点焊牢固,防止安装时脱落。

(2)将母材放在对接口的衬板上,并与对称母材保留一点宽度,电焊固定。

(3)在焊接过程中清理底面不干净的氧化层和其他可能影响焊接的外物,必要的情况下可以进行打磨清理。

(4)打底,在打底焊接的过程中,必须把先前点焊在衬板上的部位用打磨机及时清除,防止由于焊接焊材的不同而引起缺陷。在选择焊条打底时,可以选择适当直径的焊条,并且保证能够焊透,保证单面焊双面成型。

(5)在打底的基础上,对打底焊缝进行打磨处理,如果清理不干净,很容易出现夹渣情况,接着,进行下一道焊缝的焊接。

(6)采用多层多道焊,直至焊接成型,并保证焊缝保留标准要求的焊缝高度及焊缝的外观成型质量。及时清理表面焊溜、气孔及咬边的情况。在焊接的过程中,保证焊条的行走速度要均匀,并调节合适的电流。

手工电弧焊的技术措施:该工程采用了 Φ506 焊条,母材均为 Q345C。在手工电弧焊中,首先要对焊条进行烘干处理,一般控制在 350 ℃ 左右。施焊过程中,要对焊条进行 150 ℃ 的保温措施。施焊前,焊工应检查焊接部位的组装情况和表面清理的质量,在球节点与斜支撑管焊接过程中,对焊缝内加衬板,并且严禁在接头缝隙中填塞焊条、钢筋等杂物。

该体育场钢结构工程中,由于主桁架悬挑长度较长,因此对主桁架斜支撑与半球之间的焊缝是质量检查监督的重点。在后期施焊过程中,该体育场项目部针对焊缝宽度比较大的构件进行了半球节点整改措施。由于斜支撑与拉杆存在相贯节点,其受力情况会受到影响,在斜支撑与半球上面加有加劲板。瓦片的整改措施是对超过半圈钢管周长范围内的缝隙进行整改,整改后的构件进行了超声波探伤检测,对于不合格构件,采取返修措施,争取做到一级焊缝 100% 探伤。

4 钢管桁架焊缝超声波探伤中的技术方法

对于超声波探伤,也只是定性的判断焊缝的内部质量问题,在工作中我们发现,其实焊缝的质量控制真正的控制重点在焊接工艺上,以及焊工的工作条件和水平,超声波探伤属于焊缝质量控制的事后质量检查控制。超声波探伤的原理是利用超声波对材料中的宏观缺陷进行探测,超声波在钢材中会发生发射的现象,以及遇到缺陷时会引起超声波的波幅变化,从而判断缺陷的种类。

4.1 仪器使用的一些注意事项

(1)对仪器的校准和检验及绘制 DAC 曲线。在对管对接接头焊缝的检测中,DAC 曲线的准确程度直接影响评定缺陷的等级。

(2)探头的选择。探伤过程中,根据焊缝的种类选择适当的探头,钢管桁架结构中采用了 6×6 K2.5 5 MHz 的探头。在探伤工作前,一定要对探头进行校准,包括探头前沿距离、折射角。

(3)试块的选择。对于钢管桁架探伤中采用 CSK - ICj 的试块,应根据探测的管子的曲率半径进行选择,并结合 JG/T 203—2007 标准,针对钢管焊缝中出现的未焊透情况,做 RBJ - 1 的对比试块。根据该试块,制定一条判定线,以此与 DAC 曲线结合使用,对未焊透缺陷进行判定。

(4)检测方法。按照标准应进行 B 级检验,对于球节点、管相贯节点、变径接头焊缝进行单面单侧。在锯齿形扫差过程中,始终保证探头与焊缝垂直,并且保持匀速扫查。

4.2 超声波探伤过程中的缺陷分析

(1)裂纹。在焊缝的检测探伤过程中,裂纹属于危害较大的平面型缺陷,是在焊接应力及其他致裂因素作用下,焊接接头局部地区的金属原子结合力遭到破坏而形成新的界面,从而产生的缝隙,主要包括横向裂纹和纵向裂纹。其中,纵向裂纹为焊缝检查的重点,是影响焊缝抗拉强度最主要的因素。在动荷载及交变荷载作用下,利用超声波探伤检测时,一般反射波波幅比较高,多表现为单波,而且在平移探头时,波幅变化幅度较大,大多发生在焊缝的中间及表面。

(2)气孔、夹渣。该类缺陷属于体积型缺陷。气孔主要是凝固时,气体未能逸出而残留下来形成的空穴。常出现的情况有单个气孔和密集型气孔。用超声波探伤时,气孔的波幅变化不高,并且波幅比较平滑。对于密集型气孔,多会出现反射波比较多的情况。

夹渣是焊接过程中焊缝未及时清理而形成的片状缺陷,也是焊缝中最常见的缺陷之一。因此,在焊接过程中,对底层焊缝表面氧化皮的清理工作特别重要。在探伤中,波幅变化不高,而且波幅多数情况下会带有树叉状出现,波幅的反射也比较多。在焊接过程中,特别是在打底时,必须用磨光机将底面打磨光滑,再进行上面焊缝的焊接。只有这样,才能保证焊缝的整体性和均匀性。

(3)未熔合。这也是焊缝中较常见的危害性较大的缺陷。未熔合是在焊接过程中,焊接材料与母材之间或焊接过程中焊材金属之间未完全熔化结合的部分,可以分为侧壁未熔合、层间未熔合及焊缝根部未熔合。未熔合产生的主要原因是母材与焊材之间的材质不同,在焊接熔合作用下,由于焊接应力的存在,母材与焊缝炸开。在探伤检测过程中,未熔合缺陷的波幅反射变化幅度大,并且移动范围较大。在采用单面双测的过程中,大多从单面未能检测出来,而从另一面可以检测出来,且大多数在焊缝的边缘部分。探伤检测过程中,应先判断缺陷的大致位置,然后做好标记,进行下一步的准确分析。

(4)未焊透。该类缺陷也是在管对接过程中危害较大的缺陷,在管焊接接头中较为常见,也是探伤过程中最常见的缺陷种类。未焊透是在材料焊接过程中,根部未完全熔合到一起的缺陷。产生的主要原因是在焊接打底过程中,电流的大小不均匀或者焊条的行走速度不均。特别是在管对接接头的焊缝中,如果焊缝内为设置衬板或者母材之间的焊缝间隙太小,就很容易出现未焊透的现象。在采用单面 V 形坡口焊接的时候,多表现在根部,采用双面焊或无坡口的情况下,多会出现在焊缝的中间位置。标准中明确表示可以允许在一定范围之内未焊透。探伤过程中波幅反射比较高,而且多发生在根部,波幅变化较大,存在不连续性。

5 结 语

通过对《钢结构工程施工质量验收规范》(GB 50205—2001)、《建筑工程施工质量验收统一标准》(GB 50300—2001)、《钢桁架检验及验收标准》(JG 9—1999)、《建筑钢结构焊接技术规程》(JGJ 81—2002)等标准、规范的学习和熟悉,了解和掌握了钢管桁架结构施工和焊缝无损探伤检测的技术及需要监督的关键部位,确保该工程的施工质量,为同类工程施工、监督积累了经验。

高性能混凝土用水量

张浩亮　　赵亚飞

（许昌市建设工程质量检测站）

【摘　要】　本文阐述了高性能混凝土用水量的取值原则,对高性能混凝土用水量的计算及实现高性能混凝土低用水量的技术途径进行了探讨。

【关键词】　高性能混凝土;用水量;高效减水剂;矿物外掺料

1　高性能混凝土用水量的取值原则

1.1　保证高性能混凝土工作性需要

混凝土的工作性特性是流动性,它主要取决于单位用水量。我国现行混凝土设计规范中混凝土用水量的取值是依据混凝土坍落度和石子最大粒径确定的。设计高性能混凝土配合比时,用水量仍以满足其工作性为条件,按规范所列经验数据选用。

1.2　根据混凝土强度等级设定最大用水量

高性能混凝土的早期开裂问题已引起国际混凝土界的关注。由于高性能混凝土水胶比低,混凝土水化引起的早期自收缩有时达到混凝土总收缩的50%,因而对于早期(甚至在初凝后)养护不当的高性能混凝土,常出现早期开裂。解决这类问题的主要途径是:采取多种措施,加强早期湿养护;降低胶凝材料用量,减小混凝土总收缩值。对于后者,最有效的办法是降低单位用水量,常通过掺用高效减水剂来实现。在这方面,美国学者对不同强度等级的混凝土设定用水量,设定高性能混凝土中水泥浆与集料的体积比为35:65。日本学者则设定:C50~C60混凝土,单位用水量为165~175 kg/m³;C75混凝土,单位用水量为150 kg/m³,对于C75以上混凝土,强度每增加15 MPa,单位用水量减少10 kg。

2　高性能混凝土用水量的计算

2.1　计算公式

对于密实的混凝土,胶凝材料浆的体积应略多于集料的空隙率。根据吴中伟的研究结果,砂石配合适当时,集料最小空隙率为:

$$\alpha = \frac{视密度 - 体积密度}{视密度} \times 100\% \tag{1}$$

α 通常为20%~22%。在进行混凝土配合比计算时,根据原材料与工作性的要求,决定胶凝材料浆量的富余值 β。对于大流动性混凝土,富余值为9%~10%。

1 m³ 高性能混凝土中胶凝材料的质量 J(kg)由式(2)计算:

$$J = \frac{1\ 000(-\alpha + \beta)}{\displaystyle\sum_{i=1}^{n} P_i/r_i + 水胶比 /1} \tag{2}$$

式中:P_i 为胶凝材料各组分占胶凝材料总量的百分数;r_i 为胶凝材料各组分的密度,g/cm^3。

则高性能混凝土单位用水量 $W(g/cm^3)$ 的计算公式为:

$$W = J \times 水胶比 \tag{3}$$

2.2 计算外加剂减水率

对于不掺减水类外加剂的混凝土,其用水量可参考《普通混凝土配合比设计规程》(JGJ 55—2011)的规定取值。借助于数据分析方法可知:混凝土单位用水量对粗集料最大粒径的偏导数与粗集料最大粒径的乘积是该偏导数与粗集料最大粒径的线性组合;单位用水量与坍落度呈线性关系。经数学推导,可得到使用碎石和卵石的混凝土用水量 W_1 和 W_2 计算公式如下:

$$W_1 = 182.441 + 50Z/11 + 1.11D - 73.61\lg(D/4.086 - 2.671) \tag{4}$$

$$W_2 = 174.091 + 5[Z/7] + 50Z/11 + 1.005D - 100\lg(D/10) \tag{5}$$

式中:D 为粗集料最大粒径,mm;Z 为坍落度表征值,当坍落度为 10 ~ 30 m、30 ~ 50 m、50 ~ 70 m、70 ~ 90 mm 时,Z 分别为 1.3、3.5、5.7、7.9;$[Z/7]$ 为取整函数。

当混凝土坍落度小于等于 70 ~ 90 mm 时,外加剂减水率 $u(\%)$ 计算公式如下:

$$u_1 \geqslant 100(W_1 - W)/W_1 \tag{6}$$

$$u_2 \geqslant 100(W_2 - W)/W_2 \tag{7}$$

对于大流动性混凝土和泵送混凝土,先计算坍落度为 70 ~ 90 mm 时的用水量,再计算对应于用水量的减水率 u_0,将计算结果加 10 ~ 12 即为所需减水率。

3 实现低用水量的技术途径

3.1 掺用高效减水剂

高效减水剂是高性能混凝土必不可少的组成材料,其有效组分的适宜掺量为胶凝材料总量的 1% 以下,并应控制引气量。合适的高效减水剂有:①磺化三聚氰胺甲醛树脂高效减水剂。该品种减水剂减水分散能力强,引气量低,早强和增强效果明显,产品性能随合成工艺的不同而有所不同。②高浓型高聚合度萘系高效减水剂。低聚合度的萘系减水剂,引气量大,不宜用于高性能混凝土。③改性木质素磺酸盐高效减水剂。④复合高效减水剂,包括缓凝高效减水剂。为使混凝土用水量达到 140 ~ 170 kg/m^3,外加剂减水率不得小于 25% ~ 30%。减水剂用量可按表 1 建议掺量选用。

必须注意,市售某些品牌的萘系减水剂,引气、泌水偏大,减水率满足高性能混凝土要求,但水泥用量大,混凝土性能差,不宜选用。SM 系减水剂,因合成条件不同,对混凝土坍落度经时变化的影响也不同,选用时应予重视。

3.2 掺用活性磨细材料

活性磨细材料又称矿物外加剂,用于高性能混凝土具有显著的优越性,和高效减水剂共同使用,既可减少混凝土用水量(矿物外加剂具有一定的减水分散作用),又可节省水泥,降低混凝土成本,提高混凝土性能。

表1 高效减水剂建议掺量

外加剂	掺量 $C(\%)$	HPC 等级
三聚氰胺系 SM	0.5~1.0	C50~C80
萘系 N	0.5~1.0	C50~C80
SM + 缓凝剂	0.5~1.0	C60~C80
N + 缓凝剂	0.5~1.0	C60~C80
改性 M + N	0.7~1.0	C60~C80
M + N + 缓凝剂	0.8~1.0	C80
SM + N	0.8~1.0	C80 以上
SM + N + 缓凝剂	0.8~1.0	C80 以上

3.3 严格选材

与普通混凝土相比,高性能混凝土的石子最大粒径通常小于 25 mm(C50 混凝土石子最大粒径可放宽到 31.5 mm);砂的细度模数宜为 2.6~3.0;磨细矿渣细度应在 4 000 cm²/g 以上,或选用 Ⅰ、Ⅱ 级粉煤灰。在实际应用中应将重点放在砂石原材料的选用上,因为施工单位往往不能保证石子具有连续级配,砂的细度模数有时达不到 2.6。对于前者,可用两种或两种以上石子配合使用来加以解决;对于后者,应尽量满足要求,以使砂石最大混合空隙率为 20%~22%。

笔者曾做过这样一个试验:用 ISO 法测定的 P·O 42.5 级普通硅酸盐水泥,5~16 mm 及 16~31.5 mm 碎石,FM 等于 2.8 砂,Ⅰ 级粉煤灰,SM 高效减水剂(掺量为胶凝材料的 0.6%),配制 C50 混凝土。当单独使用 16~31.5 mm 石子时,混凝土配合比为:C+FA 480 kg/m³,砂 650 kg/m³,石子 1 150 kg/m³,水 167 kg/m³。当用两种石子混合使用时,混凝土配合比为:C+FA 400 kg/m³;砂 756 kg/m³;5~16 mm 石子 397 kg/m³,16~31.5 mm 石子 737 kg/m³;水 160 kg/m³。试验结果表明,砂、石及其配合,对混凝土配合比影响较大。

4 结 语

高性能混凝土的应用已较普及,但应用技术尚待完善。本文提出高性能混凝土用水量的问题,旨在与混凝土工程技术人员共同探讨高性能混凝土的配合比及材料性能,交流应用经验,以利推广。

参 考 文 献

[1] 吴中伟.高性能混凝土 - 绿色混凝土[J].混凝土与水泥制品,2000(1).

公路工程项目招标投标的
基本程序及方式研究

李 峰 宋仿存

（南阳市建设工程招标代理中心）

【摘 要】 本文从公路工程建设项目的招标投标工作着手,阐述了我国公路建设项目招标投标的基本原则,详细探讨了招标投标工作的基本程序和基本方式、方法,并总结了招标投标环节的工作重心,论文的相关思路和结论对指导同类工程项目招标投标有一定的借鉴意义。

【关键词】 公路工程;招标投标;程序;施工;招标方式

公路工程招标投标是公路建设市场的一种交易形式,它是由唯一的买主设立标底,招请若干个卖主通过报价竞争从中选出优胜者,并与之签订合同的过程。公路工程招标投标是公路建设中的一个非常重要的环节,准确把握和理解招标投标的程序与方式对于做好招标投标工作至关重要。

1 招标投标基本原则

1.1 公开原则

要求招标投标活动具有高透明度,实行招标信息、招标程序公开,即发布招标通告,公开开标、中标结果,使每个投标人获得同等的信息。

1.2 公平原则

要求给予所有参加投标的人平等的机会,使其享受同等的权利,履行同样的义务,不偏袒、不歧视任何一方。

1.3 公正原则

要求评标时,评议各方按规定标准铁面无私地对待所有投标人。对利益相关人应提前做到预警,并无条件回避招标投标工作。

1.4 诚信原则

要求招标投标人应以诚信的品格行使权利、履行义务,不得通过自己的活动损害他人和社会的利益。《中华人民共和国招标投标法》规定了不得规避招标、串通投标、泄露标底、骗取中标、非法律允许的转包合同等诸多义务,要求招标投标当事人严格遵守,并出台了相应的罚则。

此外,招标投标工作还要遵循价值规律和服务供求规律的原则,而且招标投标应建立在建设市场是买方市场的基础上,这是有效开展招标投标工作的前提。

2 招标投标基本程序

公路工程项目设计完成后,业主就可以着手选择施工承包单位,进行施工的招标工作。施工招标过程大体上可以划分为三个阶段:招标准备阶段,从办理申请招标,到发出招标公告或邀请目标时发出投标邀请函为止;招标阶段也是投标单位的投标阶段,从发布招标公告之日起,到投标截止日期为止;决标成交阶段,从开标之日起,到与中标单位签订施工承包合同为止。

2.1 招标准备阶段

2.1.1 申请招标

公路工程建设市场的行为必须受政府的监督管理,因此工程招标必须经过建设主管部门招标投标管理机构批准才可以进行,即业主方提出申请,由建设主管部门签章批准后方可进入下一阶段的工作。

2.1.2 招标方式的选择

公路工程建设项目的施工采用什么方式招标,是由业主依据自身的管理能力、设计的进度情况、建设项目本身的特点、外部环境条件等因素决定的。首先决定施工阶段的分标数量和合同类型,再确定招标方式。公路工程项目招标可以是整体性发包,也可以把工作内容分解成若干独立的阶段或独立的项目分别招标。常见的公路工程招标方式有公开招标、邀请招标等几种形式。

2.2 招标阶段

从发布招标公告或邀请招标发出招标邀请函之日起,到规定的投标截止日期这一阶段的工作内容主要包括发布招标公告、进行投标申请人的资格预审、发售招标文件、组织投标人到现场考察、召开标前会议、解答投标人质疑和接收标书等工作。

2.2.1 资格预审

采用公开招标时,一般要求招标单位设置资格预审程序,招标单位应事先确定邀请投标人的数量。各投标申请人递送资格预审文件后,经过综合评审编出汇总表,划分成完全符合要求、基本符合要求和不符合要求三类,然后从高分向低分按顺序和数目初步确定邀请投标人的名单。

2.2.2 组织现场考察

根据招标文件中规定的时间,招标单位负责组织各投标人到施工现场进行考察。现场考察的目的:一方面是让投标人了解招标现场的自然条件、施工环境、周围环境和调查当地的市场价格等,以便于投标报价;另一方面是投标人通过自己的实地考察,以决定投标的策略和确定投标基本方向,避免实施过程中承包商以不了解现场为由推卸应承担的合同责任。

2.2.3 交底会

标前会议是指在投标截止日期前,对投标人研究招标文件和现场考察中所提出的有关质疑进行解答的会议,又称交底会。标前会议上,招标单位对每个单位的解答都必须慎重、认真。因为招标单位的任何一句话,都可能影响投标人的报价决策,也就是说会影响投标人报价的高低。

2.3 投标及成交阶段

从开标到业主与中标人签订施工合同这一期间,属于决标成交阶段。该阶段的工作包括开标、评标、决标和签约,其中评标和决标工作都是在业主方主持下秘密进行的。

2.3.1 开标

开标的方式有投标人参加的公开开标和没有投标人参加的非公开开标两种,但开标方式必须在招标文件内说明。公开开标符合公平竞争原则,使每位投标人知道自己的报价处于哪一位置,自己的报价和别人的相比有何优势。在招标文件规定的日期、时间和地点,由招标单位主持举行开标仪式,要求所有投标人参加,并邀请公路工程项目主管部门、当地计划部门、经办银行代表和公证机关,以及项目监理工程师出席。

2.3.2 评标

评标是根据招标文件中确定的标准和方法,对每个投标人的标书进行评标比较,且选出最低评标价的中标人,评标委员会一般由招标单位负责组织。为了保证评标工作的公正性和公开性,评标委员会必须具有权威性。评标委员会一般由建设单位、设计单位、工程监理单位、资金提供单位、上级主管单位及有关方面(技术、经济、合同等)的专家组成。评标委员会的成员不代表各自的单位和组织,也不应受任何个人或单位的干扰,应独立地进行评标工作。招标文件是评标的依据,评标不应采用招标文件中要求投标人需考虑因素外的任何标准作为评审的条件。评标工作可分为初评和详评两个阶段。

2.3.3 决标和授标

在决标前谈判工作中,业主在评标报告的基础上往往还要与2~3家潜在的中标人就公路工程实施过程中的有关问题和价格进行谈判,然后决定将合同授予哪位投标人。

中标人接到授标通知书后,便成为该招标工程的施工承包商,应在规定时间与业主签订施工合同。在决标后的谈判中,如果中标人拒签,业主有权没收他的投标保证金,再与其他潜在中标人签订合同。业主与中标人签署施工合同后,对未中标的投标人也应当发出落榜通知书,并退还保证金。至此,招标工作宣告结束。

3 招标投标的基本方式及评议方法

3.1 公开招标

公开招标又称为无限竞争招标,是由招标单位通过广播、报刊、电视等方式发布招标广告,有意的承包商均可参加资格审查,合格的承包商可购买招标文件、参加投标的招标方式。其优点是投标的承包商多、范围广、竞争激烈,业主有较大的选择余地,有利于降低工程造价,提高工程质量和缩短工期。其缺点是由于投标的承包商多,招标工作量大,组织工作复杂,需投入较大的人力、物力,招标过程所需时间较长,有可能出现故意压低投标报价的投机承包商以低价挤掉对报价严肃认真而报价较高的承包商。因而此类招标方式主要适用于投资额度大,建造工艺和结构复杂的大型工程项目建设。

3.2 邀请招标

邀请招标又称为有限竞争性招标。这种方式不发布招标广告,建设单位根据自己的经验和所掌握的各种信息资料,向有承担该项工程能力的3个以上(含3个)承包商发出邀请书,收到邀请书的单位才有资格参加投标。这种方式的优点是目标集中,招标的组织工作较容易,工作量较小。其缺点是由于参加的投标单位较少,竞争性不强,业主选择余地较少,如果招标单位在选择邀请单位前所掌握信息不足,则会失去最适合承担该项目的承包商的机会。

公开招标和邀请招标都必须按规定的招标程序进行,要制定统一的招标文件,投标人都必须按文件的规定进行投标。

3.3 招标投标评议方法

3.3.1 综合评议法

根据反映信息程度不同,评仪分为定性综合评议法和定量综合评议法。它是对投标人从价格、施工组织方案、项目经理资质和业绩、质量、工期及企业信誉和业绩等因素进行综合评价,从而确定中标人的方法。其中,定性综合评议法因中性定性成分太多,不易控制,因此不常采用。定量综合评议法是目前通行的一种方法,但也存在对那些定性的、模糊的因素如何量化的难点,也就带来了许多不利的人为因素影响。

3.3.2 单项评议法

单项评议法可分为合理的低价中标法和最低投标报价中标法。它是一种只对投标人的投标报价进行评议从而确定中标人的评标方法。经评审的合理低价(投标人的报价不得低于其个别成本)中标法,是在对各投标方案可行、报价上无大的偏差和恶意压价的评审基础上,由最低报报价中标。而最低价中标法则指谁的报价最低谁就中标。最低报价中标法在国际上比较流行,我国在运用时,一般采用了经过评审的合理最低价中标。单项评议法从理论上讲是一种比较先进的方法,操作简便,易于掌握,且考虑的因素只有价格,减少了专家评审的主观因素和外部人为因素的影响,它只能用于无标底的招标中。但这种方法在我国运用的社会条件和市场环境还不够成熟,目前还不是一个主流的评标定标方法。

4 结　语

目前,我国的招标投标制度还不很成熟,评标方法也不够先进,致使招标投标工程中出现了不少问题,同时影响了投资方的最佳选择和最大效益。因此,不论从政府角度还是企业投资,加强招标投标工作思路和方式的创新已迫在眉睫。在公路工程招标、投标、评标、中标、定标等阶段中,评标是最终确定承包商的关键阶段,而评标方法是否科学合理,决定了评标的质量,也在一定程度上决定着公路工程招标投标的成败。同时,由于公路工程招标中的腐败现象总是围绕着"中标"进行的,因此加强对评标方法的改进和研究是招标投标工作的重心。

参考文献

[1] 文德云.公路工程建设招标与投标[M].北京:人民交通出版社,2002.

[2] 周正芳,等.公路工程招标投标与合同管理[M].北京:清华大学出版社,2004.

[3] 陈森,王清池.公路工程招标与投标管理[M].北京:人民交通出版社,1997.

关于混凝土同条件养护的若干问题

张浩亮　赵亚飞

（许昌市建设工程质量检测站）

【摘　要】　本文就混凝土同条件养护的理论基础、适用范围、试件强度的关系、相应部位结构混凝土的关系进行阐述。

【关键词】　混凝土；同条件养护；问题

1　引　言

为了客观地反映施工过程中混凝土强度的真实情况，在《混凝土结构工程施工质量与验收规范》（GB 50204—2002）中规定了结构实体检验用同条件养护混凝土试件的强度检验。所谓同条件试件，是在混凝土浇筑对应的结构构件或结构部位由监理、施工等各方商定，制备至少 3 组以上混凝土试件，拆模后置于靠近相应结构构件或结构部位的适当位置并采取与相应结构或结构部位相同的养护方法，在同等条件自然养护到一定等效养护龄期进行强度检验。此强度值反映了相应结构构件或结构部位的真实混凝土强度。本文在阐述同条件养护理论基础上，讨论了它与标准条件养护、混凝土结构实体强度的差别及原因。

2　同条件养护的理论基础

对于某一特定的混凝土，由于其配合比已定，故其强度的发展主要取决于水泥水化程度，即取决于养护温度、湿度及养护龄期。对于湿度已定的环境，可以认为主要取决于养护温度和龄期。国外学者认为，一定条件下，混凝土强度可用混凝土成熟度来评价。成熟度可表示为养护时间与温度的函数，其表达式为：

$$M = \sum a_i \times T$$

式中：M 为混凝土成熟度，℃·d；a_i 为混凝土养护时间，d 或 h，国内习惯上用 d；T 为混凝土养护温度，℃。

在湿度相同条件下，对于同一配合比的混凝土，理论上相同的成熟度对应相同的强度。对于实验室中标准养护的混凝土，由于养护温度为（20±2）℃，养护时间为 28 d，故其成熟度应为（560±56）℃·d，或 504~616 ℃·d。

3　同条件养护混凝土的适用范围

按《混凝土结构工程施工质量与验收规范》（GB 50204—2002）中附录 D 结构实体检验用同条件养护试件强度检验的规定，同条件养护等效龄期可按日平均温度逐日累计到

600 ℃时所对应的龄期,0 ℃及以下的龄期不计入;等效养护龄期不应少于14 d,也不应大于60 d(其相应的日平均温度分别为42.9 ℃和10 ℃)。若按等效龄期600 ℃计,相当于在21.43 ℃温度中养护28 d。0 ℃及以下的龄期不计入,主要考虑到0 ℃及以下水泥水化基本停止。等效养护龄期不应少于14 d意味着养护平均温度不高于42.9 ℃,而不应大于60 d意味着养护的日平均温度不低于10 ℃。

4　同条件养护与标准条件养护混凝土试件强度的关系

(1)《混凝土结构工程施工质量与验收规范》(GB 50204—2002)中附录 D 规定:同条件养护试件的强度代表值应根据强度试验结果按现行国家标准《混凝土强度检验评定标准》(GBJ 10787)的规定确定后,乘以折算系数取用;宜取为1.10,也可根据当地的试验统计结果作适当调整。对于折算系数1.10,主要考虑自然养护条件的湿度较低,结构强度相当于标准试件养护强度的90%。混凝土标准养护条件是温度为(20 ± 2)℃,相对湿度≥95%,但在自然条件下,这种湿度很难达到,即使在潮湿的南方,相对湿度达到95%的日子也不多见,不用说干燥的秋冬季,更不用说天气干燥的北方了。众所周知,只有在饱和水状态下,水泥的水化速度才是最大的,养护的相对湿度越低则混凝土强度越低。图1为养护条件对混凝土强度的影响。

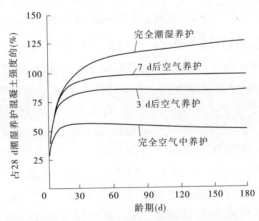

图1　养护条件对混凝土强度的影响

从图1可知,若完全潮湿养护28 d强度为100%,那么7 d潮湿养护后空气中养护和3 d潮湿养护后空气中养护及完全空气中养护的混凝土强度分别为92%、83%和55%。工地现场混凝土结构一般不可能28 d潮湿养护,即使采用潮湿养护(浇水、蓄水或塑料薄膜覆盖),其养护周期只有7 d左右,与标准养护相比,时间仍较短,且潮湿养护的连续性也难以保证,而其余21 d多在大气中自然养护。严格地说,同条件养护混凝土的强度应区别相对湿度不同的地区、同一地区相对湿度不同的季节,对应不同的折算系数,因此应通过科学研究,找出不同地区、不同季节同条件养护试件强度与标准养护混凝土强度的关系,对折算系数予以修正。

(2)现有的研究资料表明,在相同成熟度情况下,不同养护温度的混凝土试件强度也不尽相同。图2为不同养护温度对混凝土强度的影响,从图可知,在相同成熟度情况下,低温养护(30 ℉)混凝土强度高于高温养护(70 ℉和110 ℉)的混凝土强度。Verbeck 和 Helmuth 认为,在温度比较高的情况下,初始水化速率快,已离开水泥颗粒的水化物还来不及扩散,也没有足够的时间使其在内部均匀沉降。因此,水化产物在水泥颗粒周围聚集,减慢了以后的水化速率。另外,水化产物只能填充水泥颗粒表面,大部分空隙仍保持原来的状态而留下较多的孔隙,即水泥浆体结构的胶空比小,水泥浆体结构不均匀。相反,养护温度低虽然水化慢,但水化产物有充分时间扩散到远处的毛细空隙,使水泥浆体结构均匀致密,后期水化也不受影响,因此形成均匀的水化产物结构,强度更高。

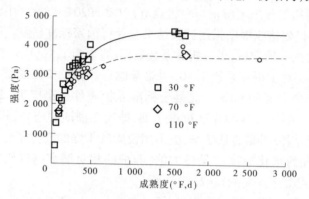

图 2　混凝土强度—成熟度关系

　　(3)水泥的组成(包括颗粒粒级分布、矿物组分)、混合料种类(包括品种、粒级分布、活性)和掺量、外加剂的引入等对同条件养护混凝土试件的强度也有一定程度的影响,可惜未见相关的报导。根据水泥化学原理,掺混合料的水泥或混合料作为独立组分加入混凝土,只有在充分水分条件下才能发挥其强度,而如前所述同条件养护的湿度条件远比标准养护差,因此理论上其同条件养护试件强度应低于硅酸盐水泥或不掺混合料混凝土,其折算系数应大些。需要说明的是,如对于相同的养护条件,较高的养护温度又能促进混合料的二次水化反应。笔者曾对一定条件下不同养护温度、成熟度与强度关系做了一些试验性探索。数据表明,由于上述混凝土组分变化的原因(水泥、混凝土技术发展必然会出现的多元性),某些因素更成为主导因素,各因素的作用叠加而影响成熟度与强度的关系,这里不再详述。

5　同条件养护混凝土试件与相应部位结构混凝土的关系

　　比较同条件养护混凝土试件与结构实体的混凝土,虽然配合比、搅拌工艺和养护温度相同,但在混凝土的浇筑、振捣成型乃至养护方面(虽然规范要求采取相同的养护方法,但这里主要指所能达到的养护效果)还存在较大差别,因而两者的强度也存在一定差异。对同条件养护混凝土试件,按标准规定的制作方法《普通混凝土力学性能试验方法标准》(GB/T 50081—2002),在相对很小的试模体积内完全能充分均匀与密实。但对结构实体的混凝土则不是如此。对板块结构,如楼面,在垂直方向厚度很小,一般100 mm 左右,浇捣方便,更易形成均匀密实的混凝土,而且硬化后的混凝土养护方便,因此与同条件试件的养护条件相近,故结构实体混凝土强度应与同条件养护混凝土试件强度相近。而对于竖向结构构件,如柱、剪力墙等,由于垂直方向长而水平截面小,配筋率相对较高,混凝土浇筑中拌和物在垂直方向自由落体及与模板、钢筋碰撞难免会导致离析,同时振捣较为困难,易发生漏振或过振,对于需分层浇筑的,在结合面也易造成离析分层,造成结构上均匀性比同条件养护差;从养护看,侧面养护条件明显不及楼面和同条件养护混凝土试件,所以,总体上竖向结构构件实体强度可能比同条件养护混凝土试件强度偏低。值得关注的是,水泥的水化热对大体积混凝土强度的影响,水泥的水化热会使混凝土的内部温度远远高于大气温度,例如2.5 m厚的硅酸盐水泥混凝土内部温升高达40 ℃,而掺30%粉煤灰后的温升也达30 ℃,即大体积混凝土内的养护温度比同条件养护混凝土试件高30 ℃。在相同的龄期,大体积混凝土的成熟度要比同条件养护的大,其强度自然会比同条件养护试件高,掺矿物掺合料的大体积混凝土更是如此。所以,在同一等效养护龄期,大体积混凝土结构实体强度要高于同条件养护试件的强度。

6 结 语

(1)同条件养护试件的强度基本上反映了结构实体相应部位的强度,但与标准养护的试件强度有一定差异,也不完全等同于结构实体混凝土的强度。

(2)同条件养护试件的强度与标准养护条件的试件的差异主要在于养护温度不同。

(3)同条件养护试件的强度与结构实体混凝土强度的差异主要因拌和物的浇筑、振捣和养护条件不尽相同所致。

(4)大体积混凝土中,由于水化热导致混凝土内部养护温度升高,结构实体强度可能高于同条件养护试件的强度。

建筑消防工程施工质量通病及对策

袁 涛

（河南天工建设集团有限公司）

【摘　要】　分析了在建筑消防工程施工中的几个主要问题,并就如何加强消防施工提出意见。

【关键词】　建筑工程;消防施工;对策

1　存在的主要问题

1.1　消防给水管网

（1）消防给水管网试压没有按施工方案和规范要求进行。管网试压分试漏检验和强度试验两步进行。目前,有些工地只对管网进行试漏检验,且试验压力不符合设计和规范要求,这样给系统的正常运行带来了隐患。

（2）管网安装应采用螺纹、沟槽式管接头或法兰连接;管径小于或等于 100 mm 的镀锌钢管应采用螺纹连接;管径大于 100 mm 的镀锌钢管应采用法兰或卡套式专用管件连接,镀锌钢管与法兰的焊接处应二次镀锌。为数不少的工程为图方便和少花钱,对镀锌钢管未采用螺纹、法兰等连接,而是大量焊接,埋下了隐患。对采用焊接法兰进行连接的,不进行二次镀锌,应付了事。

（3）为确保管网的强度,安装给水管道支、吊架及防晃支架,但许多施工单位没能按规范要求施工,存在着许多问题,如有的工程中防晃支架、管道支架、吊架安装数量少,在管道改变方向时,未增设防晃支架等,造成安全隐患。

（4）管道穿过墙体或楼板时应加设套管,管道与套管的间隙应采用不燃烧材料填塞结实。许多工程未按规范要求进行管道套管设置,其危害主要体现在几个方面:一是当建筑物的结构发生正常变化时会使管网遭到破坏;二是套管与墙体或楼板之间未进行封堵,一旦发生火灾,容易成为窜火的通道。

1.2　室内、外消火栓系统

（1）室内消火栓安装及压力不符合要求。有些暗敷在砖墙内的消火栓箱洞口上部未设置过梁,导致箱门开启失灵;再者随意改变消火栓箱底预留孔位置,或者与周围距离过小,造成消防水带不能安装至消火栓上。

（2）在地下式水泵接合器和地下式室外消火栓的安装中,未严格按照标准图集安装,在当地冻土层以下和室外消火栓栓体上未安装泄水阀。另外,因施工人员麻痹大意往往将地下式水泵接合器和地下式室外消火栓混淆,造成两种功能作用不同的设施相反安装或重复安装。

1.3 自动喷水系统

（1）《自动喷水灭火系统施工与验收规范》中明确规定：当管子公称直径 > 100 mm 时，可采用焊接或法兰连接；当管子公称直径 > 150 mm 时，每段配水干管或配水管设置防晃支架不应小于 1 个。但在实际工程中，为施工方便，公称直径 < 100 mm 的管道经常采用焊接，大部分的工程管道没有安装防晃支架。

（2）感温喷头与周围物体的距离不符合规范要求，火灾发生时由于喷头与楼板距离太远，感温元件不能及时动作，从而延误喷水时间而使火势迅速蔓延；或者喷头距周围物体太近，致使消防用水喷洒不到其保护范围而存在隐患。

（3）水力警铃未设置在公共通道或值班室的外墙上。当使用场所发生火灾，自动喷水灭火系统启动后，所发生的报警声响不能被相关人员及时察觉，造成不必要的损失和伤亡，而且火灾扑灭后不易于维修检查。

（4）屋顶消防水箱的安装不符合要求。消防用水与其他用水合并的水箱，施工时经常忽视和未做消防用水不作他用的技术设施，无法满足消防水箱应蓄存 10 min 的消防用水量的规范要求。

2 主要对策

（1）加强对设计单位、施工单位的人员培训，提高其消防意识。

（2）加强建筑工程施工期间的消防监督检查管理工作。

（3）要制定切实可行的治理措施，突出重点，狠抓落实，讲求实效，尤其要注意从"源头"抓起，杜绝先天火灾隐患的产生。

（4）强化社会审核力量。逐步推行消防部门审核与专家审核相结合的社会中介机构审核的方式，分化消防部门既进行审核又进行验收的不受监管的责任问题。

（5）健全维护管理制度。建筑消防设施的验收合格投入后，必须定期检测、维护保养，确保其灵敏有效；应配备技术人员负责系统维护和检修，加强系统管理，责任到人，系统操作人员必须经过消防专门培训，掌握操作方法；健全故障处理制度、日常维护制度等各项制度，并注重抓落实。

参考文献

［1］王文青.浅谈建筑消防设施施工的若干问题剖析［J］.甘肃科技,2006,22(10):182-184.

［2］容康松.建筑消防设施设计施工中应注意的几个问题［J］.四川建材,2007(1):210-211.

浅谈砂浆增塑剂对砂浆强度的影响

李　峰

（南阳市建设工程招标代理中心）

【摘　要】　砂浆增塑剂是一种具有较高科技含量的产品。它的掺入可以改善砂浆拌和物的和易性、流动性、黏聚性和保水性。提高砌筑和抹灰施工质量,减轻劳动强度,提高工效。

【关键词】　增塑剂;砂浆

1　增塑剂

砂浆增塑剂在国内 20 世纪 60 年代就开始使用,但由于施工规范的限制,对砂浆增塑剂的研究不深入、不系统,在一些问题上没有取得一致的看法,而且还由于我国尚没有统一的砂浆增塑剂质量标准和应用技术规程,后来这种产品在工程中应用逐渐减少。随着材料技术的发展,砂浆增塑剂的性能得到了很大程度的改善,砌筑砂浆中掺入砂浆增塑剂是发展方向。

砌筑砂浆中掺入砂浆增塑剂,可以改善砂浆的和易性,代替水泥石灰混合砂浆中的石灰膏,对节约石灰膏有一定的意义,可解决石灰对环境的污染,在水泥砂浆中掺入砂浆增塑剂可节约水泥。同时,使用砂浆增塑剂可提高砂浆的保水性、流动性和黏聚性,可克服水泥混合砂浆易爆灰、收缩大和强度低等缺点,从而保证砌体的质量。因此,使用砂浆增塑剂,具有显著的社会经济效益。

凡添加到聚合物体系中能使聚合物体系的塑性增加的物质都可以叫做增塑剂。增塑剂的主要作用是削弱聚合物分子之间的次价键,即范德华力,从而增加了聚合物分子链的移动性,降低了聚合物分子链的结晶性,即增加了聚合物的塑性,表现为聚合物的硬度、模量、软化温度和脆化温度下降,而伸长率、曲挠性和聚合性提高。

增塑剂按其作用方式可以分为两类,即内增塑剂和外增塑剂。内增塑剂实际上是聚合物的一部分。一般内增塑剂是在聚合物的聚合过程中所引入的第二单体。由于第二单体共聚物在聚合物的分子结构中,降低了聚合物分子链的有规度,即降低了聚合物分子链的结晶度。例如氯乙烯 – 酯酸乙烯比氯乙烯聚合物更加柔软。内增塑剂的使用温度范围比较窄,而且必须在聚合过程中加入,因此内增塑剂用得较少。

外增塑剂是一个低分子量的化合物或聚合物,把它添加在需要增塑的聚合物内,可增加聚合物的塑性。外增塑剂一般是一种高沸点的较难挥发的液体或低溶点的固体,而且绝大多数都是酯类有机化合物。通常它们不与聚合物起化学反应,和聚合物的相互作用主要是在升高温度时的溶胀作用,与聚合物形成一种固体溶液。外增塑剂性能比较全面且生产和使用方便,应用很广。现在人们一般说的增塑剂都是指外增塑剂。

2　砂浆的形成

（1）石灰砂浆。由石灰膏、砂和水按一定配比制成，一般用于强度要求不高、不受潮湿的砌体和抹灰层。

（2）水泥砂浆。由水泥、砂和水按一定配比制成，一般用于潮湿环境或水中的砌体、墙面或地面等。

（3）混合砂浆。在水泥或石灰砂浆中掺入适当的掺合料制成，以改善砂浆的和易性。常用的混和砂浆有水泥石灰砂浆、水泥黏土膏砂浆和石灰黏土膏砂浆等。

3　掺增塑剂后对砂浆的影响

3.1　掺增塑剂对砂浆用水量及凝结时间的影响

掺加增塑剂后砂浆用水量明显下降，在稠度相近时，用水量可减少 10% 以上，甚至更多，初凝及终凝时间略有延缓，对施工影响不大。

3.2　掺增塑剂后对砂浆分层后的影响

掺增塑剂的砂浆分层度符合砂浆技术要求的规定（不大于 3 cm），明显低于基准砂浆的分层度，掺增塑剂后砂浆保水性能得到改善，砂浆的施工性能优良。

3.3　砂浆体积的变化

掺增塑剂后的砂浆，通过搅拌产生气体作用，使砂浆含气量适量增加，和易性提高，砂浆的表观密度减小，与基准砂浆相同质量比时体积增加。总的来说掺加增塑剂的砂浆和易性、黏性好，操作方便。

4　使用增塑剂的砂浆强度

（1）使用砂浆增塑剂的目的是代替石灰、节约部分水泥，同时使混凝土具有良好的流动性、和易性、保水性和更优越的强度。

（2）砂浆砌体抗压强度、抗剪强度试验按相关标准规定来执行。其试验值也按标准规定来计算。当砌体试验用受检砂浆强度与砌体试验与基准砂浆强度不相符时，应对其受检砂浆砌体的强度进行修正。

（3）在掺入增塑剂的砂浆中，当控制稠度基本一致时，砂浆的抗压强度随增塑剂的增加而呈增加趋势，当掺量达到水泥用量的一定程度时，强度达到最高值，随后略有下降。在相同砂灰比时，掺增塑剂砂浆的抗压强度比混合砂浆有较大提高。

测定砂浆增塑剂砌体抗压强度和抗剪强度，不但是为砌体结构设计提供依据，更重要的是要了解砂浆增塑剂本身的特性及对砌体结构性能的影响程度。

5　结　语

（1）砂浆增塑剂能明显改善砂浆拌和物的和易性和保水性，使砂浆不分层、不泌水，提高砂浆的抗压强度，随着砂浆龄期的增长，砂浆的抗压强度继续增长。

（2）砂浆增塑剂可部分或完全取代混合砂浆中的石灰，使施工现场减少环境污染、工效，提高砂浆强度和工程质量。

民用建筑电气安装工程常见问题与对策

王　伟[1]　刘艳霞[2]

(1.河南省内黄县建设工程质量监督站；
2.内黄县凯悦建设工程质量检测有限公司)

【摘　要】　电气安装工程作为民用建筑中必不可少的组成部分,存在着许许多多的问题,面临着提高安装质量、克服质量通病的重要任务。在建设工程中,电气安装质量的好坏轻则影响整体工程的质量,重则会危及用户的安全。就当前民用建筑电气安装工程中存在的主要问题,谈一点个人的意见。

【关键词】　电气设备;安装;建筑;问题;对策

1　常用电气主要设备和材料存在的问题及解决对策

民用建筑电气安装工程中,常用电气主要设备和材料存在以下问题:

(1)无产品合格证、生产许可证、技术说明书和检测试验报告等文件资料。

(2)导线电阻率高、熔点低、机械性能差、截面小于标称值、绝缘差、温度系数大、尺寸(每卷长度)不够数等。

(3)电缆耐压低、绝缘电阻小、抗腐蚀性差、耐温低、内部接头多、绝缘层与线芯严密性差。

(4)动力、照明、插座箱外观差,几何尺寸达不到要求,钢板厚度不够,影响箱体强度耐腐蚀性达不到要求。

(5)各种电线管壁薄,强度差,镀锌层质量不符合要求,耐折性差等。

针对上述问题,在电气设备、材料进入施工现场后,保管员、材料员、质检员应协同监理工程师,检查货场是否符合规范要求,核对设备、材料的型号、规格、性能参数是否与设计一致。清点说明书、合格证、零配件,并进行外观检查,做好开箱记录,并妥善保管;对主要材料,应有出厂合格证或质量证明书等。对材料质量发生怀疑时,应现场封样及时到当地有资质的检测部门去检验,合格后方能进入现场投入使用。

2　电线管敷设的问题及解决对策

2.1　存在的问题

由于建筑施工人员对施工规范不熟悉,或没有进行过专业培训,技术不过关;操作中不认真负责,图省事,监理工程师及现场管理人员要求不严,监督不够等方面的原因,电线管敷设存在以下问题:

(1)薄壁管代替厚壁管,黑铁管代替镀锌管,PVC管代替金属管。

(2)穿线管弯曲半径太小,并出现弯瘪、弯皱,严重时出现"死弯",管子转弯不按规定设过渡盒。

(3)金属管口毛刺不处理,直接对口焊接,丝扣连接处和通过中间接线盒时不焊跨接钢筋,或焊接长度不够,"点焊"和焊穿管子现象严重。镀锌管和薄壁钢管不用丝接,用焊接。

(4)钢管不接地或接地不牢。

(5)管子埋墙、埋地深度不够,预制板上敷管交叉太多,影响土建施工。现浇板内敷管集中排成捆影响结构安全。

(6)管子通过结构伸缩缝及沉降缝不设过路箱,留下不安全的隐患。

(7)明暗管进箱进盒不顺直,挤成一捆,露头长度不合适,钢管不套丝、PVC管无锁紧"纳子"。

2.2　可采取的解决对策

(1)严格按设计和规范下料配管,监理专业工程师严格把关,管材不符合要求不准施工。

(2)配管加工时要掌握:明配管只有一个 90°弯时,弯曲半径≥管外径的 4 倍;2 个或 3 个 90°弯时,弯曲半径≥管外径的 6 倍;暗配管的弯曲半径≥管外径的 6 倍;埋入地下和混凝土内管子弯曲半径≥管外径的 10 倍。

(3)镀锌管和薄壁钢管内径小于等于 25 mm 的可选用不同规格的手动弯管器,内径≥32 mm 的钢管用液压弯管器,PVC 管子根据内径选用不同规格的弹簧弯管,内径≥32 mm 的管子煨弯,如大量加工时,可用专制弯管的烘箱加热,做到管子弯曲后,管皮不皱、不裂、不变质。PVC 对接时,建议采用整料套管对接法,并黏结牢固。

(4)根据管路长度,当配管≥30 m 时,加 1 个接线盒,有一个弯时≥20 m 加 1 个,2 个弯时≥15 m 加 1 个,3 个弯时≥8 m 加 1 个。

(5)禁止用割管器切割钢管,用钢锯锯口要平(不斜),管口用圆锉把毛刺处理干净。直径≥40 mm 的厚壁管对接时采用焊接方式,不允许管口直接对焊,直径小于等于 32 mm 管子应套丝连接,或用套管紧定螺钉连接,不应熔焊连接,连接处和中间放接线盒采用专用接地卡跨接。

3　配电箱体、接线盒、吊扇钩预埋问题及对策

配电箱体、接线盒、吊扇钩预埋中常见问题主要是配电体、接线盒、吊钩不按图设置,坐标偏移明显,成排灯位吊扇钩盒偏差大;现浇混凝土墙面、柱子内的箱、盒歪斜不正,凹进去的较深,管子口进箱、盒太多。箱盒固定不牢被振捣移位或混凝土浆进入箱盒,箱盒不做防锈防腐处理。

解决对策主要有:

(1)灯具、开关、插座、吊扇钩盒预埋时应符合图纸要求,在定位时,左右、前后盒位允许偏差≤50 mm,同一室内成排布置的灯具和吊扇中心允许偏差≤5 mm,开盒距门框一般为 150～200 mm,高度按图说明去做。如果没有明确规定,一般场合不低于 1.3 m,托儿所、幼儿园、住宅和小学不低于 1.8 m。

(2)在现浇混凝土内预埋箱盒要紧靠模板,固定牢,密封要好。混凝土浇筑时,电工要 24 h 时刻盯住 PVC 配管和箱盒不被损坏移位,出现问题及时解决。模板拆除后,及时

清理箱盒内的杂物和锈斑,刷防锈防腐漆。

(3)在预埋施工中,根据现浇板的厚度,吊扇钩用10号圆钢先弯一个内径35～40 mm的圆圈,把圈与钢筋缓缓地折成90°,插入接线盒底中间,再根据板厚把剩余钢筋头折成90°,搭在板筋上焊牢。模板拆除后,把吊环拆下,圆钢调垂直,位于盒中心,吊钩与金属盒清理干净,刷防锈漆防腐。

4　吊扇、灯具安装问题及解决对策

4.1　吊扇、灯具施工中常见的问题

吊扇、灯具施工中常见的问题:

(1)吊扇、灯具安装偏位,在同一房间、走廊内,成排灯具和吊扇水平度、垂直度偏差超过规定值。

(2)吊扇钩预埋与接线盒距离过大,吊扇上罩遮不住接线盒孔洞,导线外漏,吊钩不预埋,吊扇固定在龙骨上。

(3)日光灯用导线代替吊链,引下线用硬导线,软导线不和吊链编叉直接接灯,导线在日光灯罩上面敷设。

(4)直接装在顶板上的吸顶灯不装木台或木台质量差,装在吊顶板上的吸顶灯不作固定框,直接用自攻螺丝固定在顶板上。

(5)需要接地的灯具罩壳不接地。

4.2　施工要求

(1)吊扇的挂钩直径不应小于悬挂销钩的直径,且不得小于10 mm,预埋混凝土中的挂钩与主筋相焊接。

(2)吊杆上的悬挂销钉必须装设防震橡皮垫及防松装置。

(3)扇叶距地面高度不应低于2.5 m。

(4)组装吊扇时严禁改变扇叶角度,扇叶的固定螺钉应有防松装置,吊杆之间、吊杆与电机之间螺纹连接的啮合长度不得小于20 mm,并必须有防松装置,接线正确,运转时扇叶不应有显著颤动。

(5)灯具采用钢管作吊管时,管内径不应小于10 mm。

(6)吊装的日光灯应根据图纸要求的规格型号,把预埋接线盒的位置定在吊链的一侧,不要放在灯中心,这样日光灯的引下线就可以与吊链编织在一起进灯具,吊链环附近如果没有现成的孔洞,可另钻孔,使导线进灯具,不要沿灯罩上敷设导线从中间孔进灯具。

(7)大型吸顶灯或大型吊灯,必须安装固定框或预埋吊钩,灯具外壳要求接地的,必须牢固接线,保证安全。

(8)金属卤化物灯安装高度应在5 m以上,电源线应经接线柱连接且不得使电源线靠近灯具的表面,灯管必须与触发器和限流器配套使用。

5　防雷接地安装问题及解决对策

5.1　存在的问题

在民用建筑电气安装工程防雷接地部分经常出现以下问题:

（1）设计人员在轻型彩钢屋面板上设置镀锌钢筋做避雷网时,避雷接地极测试点说明不妥。

（2）防雷接地极,避雷网施工中,焊接不符合要求。

（3）接地极电阻测试点设置不符合要求。

5.2　解决对策

（1）设计轻型彩钢屋面板避雷网带时,如果固定,要考虑怎样利用彩钢板。

（2）现在的避雷接地极一般采取桩基筋、基础筋焊接为一体,通过柱筋连接到避雷网。设计图上再出现"断接卡"测试点不妥,应改为设置接地极测试点。测试点用4 mm×40 mm镀锌扁铁引进。

（3）利用基础钢筋做接地极时,一般用内、外两根主筋,把整个基础内、外两根主筋一圈的搭接处焊牢,再把圈内纵、横基础两边的主筋与外围两根主筋搭接焊牢,有桩基的用两根桩筋按设计要求的点连接到基础主筋上,然后按图纸指定的柱筋(一般用外侧两根)焊接到基础主筋上作为引下线。各焊接点按要求双面焊,焊接长度为各钢筋直径的6倍,不允许点焊。钢筋对接时应双面焊,焊接长度为60 mm,搭接处应平放。

（4）在高层住宅防雷施工中,9层以上的金属门窗框应用25 mm×25 mm镀锌扁铁与接地筋焊接,防止侧雷击在门框、窗户上。从一层至顶层每隔一层的圈梁外围主筋搭接处跨钢筋焊牢,再接到避雷引下线的柱筋上作为均压环。

6　电气调试

当电气系统安装完毕后,必须对整个系统进行调试,以确保其使用的安全性、稳定性,有关调试要求如下:

（1）用1 000 MΩ表对盘柜的绝缘电阻和电机电阻进行测试,要求其绝缘电阻值≥0.5 MΩ。

（2）检查电力电缆两端的相位是否一致,并与电网相序相符,两端用标牌作标记,要求绝缘电阻测试其值≥1 MΩ。

（3）控制电缆接线施工,其接线应正确,并使用校线器对其作一次校线,电缆芯线和所配导线的端部均应作相应回路编号。

（4）设备运行前,检查电机外壳接地是否良好,电机转子的灵活性及旋转力是否正确,有无碰卡现象;电机应做单台送电试验,送电前应先调整好相应的过载电流,把设备脱开做空载试车,用钳型电流表检测空载电流,用点温度计检查电机外壳和轴承的温度是否符合有关的要求;一般空载试运行时间为2 h,做好有关记录。

（5）连锁系统调试应与工艺机械各专收配合进行,以防止损坏设备和发生事故。

参考文献

[1] 高发亮,杨瑞霞.浅谈建筑电气设计中存在的问题与处理[J].煤矿现代化,2005(6).

[2] 肖明海.建筑电气安装工程存在的问题与预防[J].广东土木与建筑,2006(9).

[3] 北京建总.建筑设备安装分项工程施工工艺标准[M].北京:中国建筑工业出版社,2004.

民用住宅楼板裂缝探析

裴文昌　魏　燚　陈淑慧

（新乡市天成建筑材料检测有限公司）

【摘　要】　住宅楼浇楼板裂缝问题已成为居民住宅质量投拆热点。在处理投诉中，我们发现大部分裂缝表现为表面龟裂，纵向、横向裂缝及斜向裂缝。虽然这些裂缝一般被认为对使用无多大危害，但在实际施工中仍有必要对其进行有效控制。

【关键词】　裂缝；混凝土；措施

随着我国住房制度的改革，经济适用住房和商品住宅发展迅猛，住宅楼面大多为现浇结构。这次在实习中参观的几个工地大多是高层现浇结构。而现浇混凝土后期也存在一些不容忽视的问题。随着钢筋混凝土强度等级的提高，现浇板出现裂缝概率增大，给业主和物业管理部门带来矛盾。住宅楼现浇楼板裂缝问题成为居民住宅质量投拆的热点。在处理投诉中，发现大部分裂缝表现为表面龟裂，纵向、横向裂缝及斜向裂缝。虽然这些裂缝一般被认为对使用无多大危害，但在实际施工中仍有必要对其进行有效控制。

1　住宅楼裂缝部位分析

从住宅楼工程现浇楼板裂缝发生的部位分析，最常见、最普遍和数量最多的是房屋四周阳角处（含平面形状突变的凹口房屋阳角处）的房间在离开阳角 1 m 左右，即在楼板的分离式配筋的负弯矩筋及角部放射筋末端或外侧发生 45° 左右的楼地面斜角裂缝，此通病在现浇楼板任何一种类型的建筑中都普遍存在。这主要是混凝土的收缩特性和温差双重作用所引起的，并且愈靠近屋面楼层裂缝往往愈大。从设计角度看，现行设计规范侧重于按强度考虑，未充分按温差和混凝土收缩特性等多种因素作综合考虑，配筋量因而达不到要求。而房屋的四周阳角由于受到纵、横二个方向剪力墙或刚度相对较大的楼面梁约束，限制了楼面板混凝土的自由变形，因此在温差和混凝土收缩变化时，板面在配筋薄弱处（即在分离式配筋的负弯矩筋和放射筋的末端结束处）首先开裂，产生 45° 左右的斜角裂缝。虽然楼地面斜角裂缝对结构安全使用没有影响，但在有水源等特殊情况下会发生渗漏缺陷，容易引起住户投诉，是裂缝防治的重点。根据上面的原因分析，近几年的图纸会审中，十分注意建议业主和设计单位对四周的阳角处楼面板配筋进行加强，负筋不采用分离式切断，改为沿房间（每个阳角仅限一个房间）全长配置，并且适当加密加粗。多年来的实践充分证明，凡采纳或按上述设计的房屋，基本上不再发生 45° 斜角裂缝，已能较满意地解决好楼板裂缝中数量最多的主要矛盾，效果显著。

裂缝的预控重点在设计，关键在施工，而使用阶段的合理使用也至关重要。设计人员必须尽可能考虑各种影响因素，根据不同的结构部位，采取相应的合理配筋和分缝。在设计时严格执行规范和强制性条文要求,做到既能满足结构案例,又尽可能地减少结构出现裂缝的可能。

2 混凝土质量对裂缝的影响

混凝土质量的好坏直接影响着裂缝的产生。

混凝土水灰比、坍落度过大,或使用过量粉砂等方面都直接影响混凝土的质量。混凝土强度值对水灰比的变化十分敏感,基本上是水和水泥剂量变动对强度影响的叠加。因此,水、水泥、外掺混合材料、外加剂溶液的计量偏差,将直接影响混凝土的强度。而采用含泥量大的粉砂配制的混凝土收缩大,抗拉强度低,容易因塑性收缩而产生裂缝。泵送混凝土为了满足泵送条件:坍落度大,流动性好,易产生局部粗骨料少、砂浆多的现象,此时,混凝土脱水干缩时,就会产生表面裂缝。混凝土质量的主要指标之一是抗压强度,从混凝土强度表达式不难看出,混凝土抗压强度与混凝土用水水泥的强度成正比,按公式计算,当水灰比相等时,高强度等级水泥比低强度等级水泥配制出的混凝土抗压强度高许多。所以混凝土施工时切勿用错了水泥强度等级。另外,水灰比也与混凝土强度成正比,水灰比大,混凝土强度高;水灰比小,混凝土强度低,因此当水灰比不变时,企图用增加水泥用量来提高温凝土强度是错误的,这样做只能增大混凝土和易性,增大混凝土的收缩和变形。影响混凝土抗压强度的主要因素是水泥强度和水灰比,要控制好混凝土质量,最重要的是控制好水泥和混凝土的水灰比两个主要环节。此外,影响混凝土强度还有其他不可忽视的因素。例如,环境湿度越大,收缩越小,越干燥收缩越大。早期养护时间越长,收缩越小,混凝土收缩和环境降温同时发生,收缩和裂缝产生加剧。所以,各个环节的细微控制都是必不可少的。

3 其他原因

由于各种原因仍可能有少量的楼面裂缝发生。当这些楼面裂缝发生后,应在楼地面和天棚粉刷之前预先做好妥善的裂缝处理工作,然后进行装修。住宅楼地面上部的粉刷找平层较厚,可以通过在找平层中增设钢丝网、钢板网或抗裂短钢筋进行加强,并且上部常被木地板等装饰层所遮盖,问题相对较小。但板底粉刷层较薄,并且通常无吊顶遮盖,更易暴露裂缝,影响美观并引起投诉,所以板底更应妥善处理。板底裂缝宜委托专业加固单位采用复合增强纤维等材料对裂缝做粘贴加强处理(注:当遇到裂缝较宽、受力较大等特殊情况时,建议采用碳纤维粘贴加强)。复合增强纤维的粘贴宽度以 350 ~ 400 mm 为宜,既能起到良好的抗拉裂补强作用,又不影响粉刷和装饰效果,是目前较理想的裂缝弥补措施。

4 结 语

综上所述,在严格控制好施工质量和安全施工的同时,要在施工过程中把能够预见的完工后使用中会产生的问题,进行前期控制。从而减少后期使用中(像混凝土裂缝等)的问题。所以在施工过程中要很好地进行全面控制,最终达到工程质量最优化的水平。

喷射混凝土速凝剂影响因素及应用

赵亚飞　张浩亮

（许昌市建设工程质量检测站）

【摘　要】　本文主要介绍了速凝剂的速凝机理对使用效果的影响因素。

【关键词】　喷射混凝土；速凝剂

喷射混凝土是借助喷射机械，利用压缩空气或其他动力，将一定比例配合的拌和料，通过管道输送并以高速喷射到受喷的岩面、构筑物及建筑物上凝结硬化而成的一种混凝土。

喷射混凝土用于矿山井巷与地下工程、建筑结构的补强加固、复杂造型工程，具有独特的功能和明显的经济效益。可以预料，随着交通、能源及材料工业的迅速发展，喷射混凝土的应用领域将日趋广阔。

喷射混凝土中多掺入外加剂，以缩短混凝土的初凝时间和终凝时间，从而加快工程建设进度，节省劳力，节约木材和混凝土的用量，减少地下工程的开挖量。

1　速凝剂

喷射混凝土中使用速凝剂的目的是达到速凝块硬，减少回弹损失，防止因重力作用引起脱落，提高喷射混凝土在潮湿或含水岩层中使用的适应性，并可适当加大一次喷射厚度和缩短层间的喷射间隔时间。

喷射混凝土用的速凝剂中含有碳酸钠、铝酸钠和氢氧化钙。速凝剂一般为粉状。常用的速凝剂见表1。

表1　常用的速凝剂

种类	主要成分	常用掺量（占水泥重(%))	种类	主要成分	常用掺量（占水泥重(%))
红星一型	铝氧熟料 碳酸钠生石灰	2.5 ~ 4	782 型	矾土 矾泥 石灰石 碳酸钠	6 ~ 7
711 型	矾土纯碱 石灰无水石膏	2.5 ~ 3.5	尧山型	铝矾土 土碱 石灰石	3.5

当采用某一品种速凝剂掺加在某一品种水泥时，应符合下列条件：①初凝时间在 3 min 以内；②终凝时间在 12 min 以内；③8 h 后的强度不小于 0.3 MPa；④28 d 强度不应低于不加速凝剂的试件强度的 70%。

速凝剂在水泥凝结硬化过程中的作用:在水泥中掺入速凝剂,遇水混合后立即水化,速凝剂的反应物 $NaOH$ 与水泥中的 $CaSO_4$ 生成 Na_2SO_4,使石膏失去缓凝作用。

由于溶液中石膏的浓度降低,C_3A 迅速进入溶液,析出水化物,导致水泥浆迅速凝固,水泥石形成疏松的铝酸盐结构。同时沉淀下来的铝酸盐水化物,如 $C_3A \cdot Ca(OH)_2 \cdot H_2O$、$C_3A \cdot CaSO_4 \cdot 12H_2O$ 的固溶体决定了水泥石结构。Na_2SO_4 和 $NaOH$ 也起着加速硅酸盐矿物特别是 C_3S 水化的作用。随着龄期的延长,C_3S 水化物不断析出,填充并加固疏松的铝酸盐结构;随着溶液中 $Ca(OH)_2$ 浓度逐渐增高,使 Na_2SO_4 和 $CA(OH)_2$ 发生可逆反应重新生长 $CaSO_4$,从而在液相中形成针状的 $C_3A \cdot 3Ca_2SO_4 \cdot 31H_2O$ 晶体,这对疏松的铝酸盐结构的加固,以及致密作用是有利的。

但是,掺速凝剂的喷射混凝土,后期强度往往偏低,与不掺者相比,后期强度损失 30%。这是因为掺速凝剂的水泥石中,先期形成了疏松的铝酸盐水化物结构,以后虽有 C_3S 和 C_2S 水化物填充加固,但已使硅酸盐颗粒分离,妨碍硅酸盐水化物达到最大附着和凝聚所必须的紧密接触。

速凝剂不仅加速了硅酸盐矿物 C_3S、C_2S 的水化,也加速了 C_4AF 的水化。由于水泥中的 C_4AF 含量高达 10% 以上,水化时析出的 CFH 胶体包围在 C_3S、C_2S 表面,从而阻碍了 C_3S、C_2S 后期的水化。

在凝结硬化后期,$C_2A \cdot Ca(OH)_2 \cdot 12H_2O$ 和 $C_3A \cdot CaSO_4 \cdot 12H_2O$ 固溶体的连生体被破坏成疏松的条状晶体;在水化硫铝酸盐固体表面和基质中,小颗粒的固相表面生成极小的针状水化硫铝盐晶体;基质中,早期形成的胶体填充物的结晶及次微晶再结晶,造成了裂隙和空穴。这些内部缺陷,导致了后期强度的损失。

2　影响速凝剂使用效果的因素

2.1　水泥品种的影响

红星一型速凝剂使普通硅酸盐水泥的凝结加快,在 1~3 min 内初凝,2~10 min 内终凝,能满足喷射混凝土的速凝要求。红星一型速凝剂对抗硫酸盐水泥和火山灰质硅酸盐水泥的速凝效果也很显著,但对矿渣硅酸盐水泥的速凝效果较差。

2.2　速凝剂掺量的影响

速凝剂对普通硅酸盐水泥的最佳掺量为 2.5%~4%,若掺量超过 4%,终凝时间反而增长。速凝剂掺量对水泥速凝效果的影响见表2。当掺量大于 4% 时,喷射混凝土强度的降低更为严重。

表2　速凝剂掺量对水泥速凝效果的影响

掺量 (占水泥质量(%))	掺入方式	水灰比	室温 (℃)	湿度 (%)	凝结时间	
					初凝	终凝
0	干拌	0.4	23~26	75	4 h 51 min	6 h 53 min
2	干拌	0.4	23~26	75	1 min 18 s	7 min 12 s
4	干拌	0.4	23~26	75	2 min 12 s	3 min 9 s
6	干拌	0.4	23~26	75	2 min 18 s	5 min
8	干拌	0.4	23~26	75	2 min 54 s	8 min 29 s

注:速凝剂为红星一型,水泥为某厂42.5级普通硅酸盐水泥。

2.3 水灰比的影响

喷射混凝土的水灰比愈大,速凝效果愈差。水灰比对水泥凝结时间的影响见表 3。

表 3 水灰比对水泥凝结时间的影响

速凝剂名称	掺量(%)	水灰比	凝结时间	
			初凝	终凝
红星一型	2.5	0.30	1 min 20 s	2 min 17 s
红星一型	2.5	0.35	1 min 50 s	2 min 45 s
红星一型	2.5	0.40	2 min 30 s	4 min
红星一型	2.5	0.45	2 min 52 s	5 min
红星一型	2.5	0.50	4 min 32 s	7 min 20 s

注:1. 水泥为某厂 42.5 级普通硅酸盐水泥。

2. 试验温度为 20 ℃。

2.4 温度的影响

一般情况下,未掺速凝剂的水泥凝结速度随温度升高而加快。但对掺速凝剂的水泥,其相对强度随温度降低而升高。当温度升高到 30 ℃时,在水泥中掺加速凝剂,则对终凝时间和 28 d 强度极为不利。不同温度下的水泥净浆性能见表 4,温度对水泥凝结时间的影响见表 5。

表 4 不同温度下的水泥净浆性能

温度(℃)	掺量(%)	凝结时间		抗压强度(MPa)					28 d 相对强度(%)
		初凝	终凝	4 h	1 d	3 d	7 d	28 d	
3	0	5 min 25 s	9 min 30 s	—	0.1	2.3	9.4	22.6	100
	3			0.4	0.9	9.7	20.8	28.6	114
10	0	3 min 45 s	9 min	—	0.3	5.6	14.3	28.6	100
	3			0.8	2.8	13.2	16.4	26.3	91.9
20	0	2 min 15 s	5 min 55 s	—	2.5	11.7	18.2	34.2	100
	3			0.5	7.3	15.9	18.6	24.4	71.4
30	0	2 min 25 s	>45 min	—	5.8	16.8	23.5	35.8	100
	3			0.3	9.6	12.4	14.5	16.3	45.6

表 5 温度对水泥凝结时间的影响

速凝剂名称	掺量(%)	施工温度(℃)	凝结时间	
			初凝	终凝
红星一型	3	25	1 min 24 s	2 min 37 s
红星一型	3	20	2 min 30 s	3 min 45 s
红星一型	3	14	2 min 4 s	3 min 46 s
红星一型	3	10	2 min 30 s	4 min
红星一型	3	4	8 min	14 min 3 s

2.5 水泥风化程度的影响

水泥风化是由于水泥颗粒吸收空气中的水分和二氧化碳后在其表面形成水化层和碳化层的结果。水泥风化对速凝剂速凝效果的影响见表6。同时,水泥风化程度对喷射混凝土各龄期强度的影响比较大。所以,喷射混凝土施工时,应尽可能使用较新鲜的水泥,而且必须做水泥与速凝剂相容性试验。

表6   水泥风化程度对速凝效果的影响

水泥品种	水泥的风化程度	速凝剂掺量（占水泥质量(%)）	凝结时间	
			初凝	终凝
洛阳水泥厂	水泥袋中心取样	2.5	1 min 35 s	4 min 20 s
42.5 级普硅	水泥袋中心取样后在空气中暴露 3 d	2.5	2 min	21 min 40 s
江油水泥厂	水泥袋中心取样	3	1 min 15 s	2 min
42.5 级普硅	水泥袋表层取样,稍有结块	3	4 min 55 s	1 min 35 s
哈尔滨水泥厂	未风化	3	1 min 20 s	4 min 5 s
42.5 级普硅	在空气中暴露 40 d	3	9 min	>45 min

注:普硅即普通硅酸盐水泥,下同。

2.6 速凝剂受潮程度的影响

红星一型速凝剂的吸湿性很强,当它吸收空气中的水分后,其中的主要成分 $NaAlO_2$ 即水解成 $Al(OH)_3$ 和 $NaOH$,与速凝剂的其他成分生成新的化合物,使速凝效果显著降低。因此,速凝剂必须密封干燥保存,严防受潮。速凝剂受潮程度对速凝剂效果的影响见表7。

表7   速凝剂受潮程度对速凝效果的影响

速凝存放情况	外观特征	初凝	终凝	水泥
铁桶密闭 3 年零 3 个月	灰白色、松散状	1 min 5 s	5 min 10 s	哈尔滨产
从桶中取出,在潮湿环境中敞开放置 3 d	灰褐色、结小块	1 min 15 s	18 min	42.5 级普通硅酸盐水泥
库中存放（密闭程度不同）	未受潮,灰白色	1 min 15 s	2 min 45 s	江油产 42.5 级普通硅酸盐水泥
	微受潮,没结块	2 min	3 min 25 s	
	轻度潮,少结块	2 min 50 s	6 min 15 s	
	中等潮,结块多	7 min 50 s	>20 min	
	严重受潮,黄土色	>1 h	—	

注:试验温度均为 20 ℃,水灰比为 0.4,速凝剂掺量为水泥质量的 3%。

3 常用的速凝剂的应用

3.1 红星一型速凝剂

红星一型速凝剂是国内目前应用最为普遍的一种粉状速凝剂,其主要成分是铝氧烧结块(生产氧化铝的中间产物,其中含铝酸钠约50%,硅酸二钙35%,呈灰色球状,用时需磨细到与水泥细度相近)、碳酸钠(欲称纯碱,工业用无水碳酸钠,其中含 $NaCO_3$ 98%),白色粉末状和生石灰。其质量配合比为:铝氧烧结块: 碳酸钠: 生石灰 = 1.0: 1.0: 0.5。

在水泥中掺入 2.5% ~ 4% 的红星一型速凝剂,一般可使水泥在 2 min 内初凝,10 min 内终凝,并可显著提高混凝土的早期强度,对钢筋无锈蚀作用。这种速凝剂的主要缺点是,降低喷射混凝土的后期强度 25% ~ 30%,并会加大水泥石或混凝土的收缩。

3.2 782 型速凝剂

782 型速凝剂的主要成分有:

矾泥:应为新鲜的矾泥,不得掺有杂物。

矾土: Al_2O_3 的含量越高越好,一般应在 60% 以上;SiO_2 的含量应越少越好。

石灰: CaO 的含量不得低于 50%。

纯碱:含水量不大于 1%,碳酸钠的含量在 85% 以上。

将上述原材料按一定配合比混合均匀,经过 1 150 ~ 1 200 ℃ 高温煅烧后粉磨。粉磨后的细度,可用 4 900 孔/cm² 标准筛过筛,筛余率不得超过 15%。

在水泥中加入 6% ~ 8% 的 782 型速凝剂,一般能使水泥在 1 ~ 3 min 内初凝,3 ~ 5 min 内终凝,水泥石的 28 d 抗压强度约降低 15%。这种速凝剂含碱量低,对人体腐蚀性较小。

目前用的都属碱性速凝剂,pH 值高达 12.7。在水泥中掺入 1% 的非碱性速凝剂,初凝时间为 38 s,终凝时间在 10 min 以内。在喷射混凝土中采用这种非碱性速凝剂后,同传统的碱性速凝剂相比,具有多方面的优点。例如,对水泥强度损失的影响较小,加入这种新型速凝剂的水泥,28 d 强度比加入传统的碱性速凝剂要增大 24%,并且可以显著减少回弹损失。

浅谈水泥搅拌桩质量检测方法

韩豫申　褚松龄

（南阳市建筑工程质量监督检验站）

【摘　要】　水泥搅拌桩施工量大、面广,且是隐蔽工程,现有水泥搅拌桩施工机具无法自动、准确地控制水泥搅拌桩施工质量。因此,如何对水泥搅拌桩施工质量进行检测,实施水泥搅拌桩施工过程中质量有效控制,是软基处理工程迫切需要解决的问题。本文就水泥搅拌桩应用中常见的检测方法及其质量评定进行了浅析,提出了几点建议。

【关键词】　水泥搅拌桩;质量检测方法;质量评定

1　水泥搅拌桩的质量检测方法浅析

水泥搅拌桩桩身质量至少包括三个方面:桩体强度、搅拌均匀性和桩身长度。

1.1　挖桩检查法

挖桩检查法是目前软基设计规范规定的方法,挖桩检查主要查看桩的成型情况,鉴定外观方面:桩体是否圆匀,有无缩颈和回陷现象;搅拌是否均匀,凝体有无松散;群桩桩顶是否平齐,间距是否均匀。同时,可分别在桩顶以下50 cm、150 cm等部位砍取足尺桩头,进行无侧限抗压强度试验。

1.2　轻便触探仪触探法

使用轻便动力触探法检测粉喷桩时应注意:①探测深度不能超过4 in(1 in = 2.54 cm);②触探点不能在桩中心位置,一般定在距桩中心2/5桩径处,以避开桩中心水泥含量中偏少、强度低的喷灰搅拌盲区,以使触探具有代表性;③触探时触探仪的穿心杆一定要保持垂直。

1.3　静力触探法和标贯法检测

已有人采用SPT法结合钻孔取芯在不同龄期、不同掺入比条件下,对多根水泥搅拌桩进行过对比试验。根据静力触探比贯入阻力P_S和标贯击数N与钻孔取芯无侧限抗压强度Q_U测试结果,采用数理统计方法提出以下统计关系:

静力触探比贯入阻力P_S与无侧限抗压强度Q_U之间关系

$$Q_U = 39.3 + 4.17P \quad （7 \text{ d 龄期}）$$

标贯击数N与无侧限抗压强度Q_U之间关系

$$Q_U = 17.85 + 6.8N_2 \leq N_{63.5} \leq 18 \quad （7 \text{ d 龄期}）$$

$$Q_U = (268.4 + 10.6N_{16} \leq N_{63.5} \leq 30 \quad （28 \text{ d 龄期}）$$

随着龄期的增长,桩身强度逐渐提高,因此静力触探法宜在成桩后近期内进行。该方法有直接、快速的特点,但无论在理论上还是实践上还需要作深入探讨,对测试设备也须作进一步改进和完善。因此,没有将该法列为水泥搅拌桩的质量检测方法。

1.4 动测法

动测法主要是指小应变动测法,它是基于一维波动理论,利用弹性波的传播规律来分析桩身完整性。

1.5 钻孔取芯法

钻孔取芯法是目前常用的方法,测定结果能较好地反映粉喷桩的整体质量。

(1)钻机的影响,检测前期(14 d)选择钻机时由于搅拌桩强度较低,应选用立轴最大钻压比较小的钻机型(如 XY – 1 型钻探机)钻取。在一定龄期(28 d)后检测时,强度小的桩体钻探可以施加大的钻压钻探,强度大的桩体应施加小的压力来钻探避免压碎桩体而取不出完整的芯样。

(2)钻探人员的技术水平影响,操作水平的好坏直接影响搅拌桩钻出芯样的无侧限抗压强度的大小。

(3)不同钻头影响,钻头材质和形状的不同也会影响芯样的钻取质量及芯样试件的无侧限抗压强度,宜采用大直径金刚石钻头。

(4)不同地质条件影响,由于地质条件的不同,取芯芯样的无侧限抗压强度也是不同的,存在很大变化。

1.6 单桩或复合地基承载力检测

能准确、直接测出单桩或复合地基承载力的最标准的方法包括单桩静载试验和复合地基静载试验。载荷试验中常遇到的问题有:

(1)试验点的复合地基面积。试验点的复合地基面积不足或大于处理面积,不能简单地按整个复合地基的平均承载力来计算该试验点的承载力。

(2)单桩及多桩复合地基。多载荷试验搅拌桩复合地基与钢筋混凝土桩的主要区别在于,复合地基是桩和土共同承担上部结构传来的荷载,而钢筋混凝土桩一般只考虑桩的承载力,不直接考虑土的承载力。

(3)试验压板面积。与试验点的处理面积应一致。

(4)试验压板高程及砂找平层。搅拌桩基础是一种复合地基,其上部结构所传来的压力通过搅拌桩本身及周围的土体来共同承担。高程不同,那么土和桩的承载力亦有所不同。试验压板高程应与基础底面的设计高程相同。

(5)承载力基本值。从大量的复合地基载荷试验资料中发现压力沉降关系线是一条平缓的光滑曲线,一般看不出明显的拐点,相邻两级压力所对应的沉降量之比亦无一定规律,主要按规定的沉降比确定复合地基承载力基本值。

2 水泥搅拌桩的质量评定探讨

2.1 单桩桩体质量评定

2.1.1 Ⅰ类桩

(1)桩长、桩径满足设计要求,整体喷浆均匀,无断浆现象。

(2)桩体能取出完整的柱状芯样,芯样完整且连续、主要呈柱状或短柱状,局部松散呈块状、饼状或片状。

(3)桩身上、中、下段强度均满足设计要求。

(4)所取芯样的柱状加块片状取芯率大于80%。

2.1.2 Ⅱ类桩

(1)桩长达到设计要求,整桩喷浆局部不均匀,但无断浆现象。

(2)桩体的芯样大部分完整,主要柱状、短柱状或饼块片状,局部松散状。

(3)强度满足设计要求。所取芯样的柱状加块片状取芯率大于65%;当取芯率小于65%时,标贯击数须大于设计要求。

2.1.3 Ⅲ类桩

(1)桩长达不到设计要求。

(2)桩体喷浆不均匀,有断浆现象。

(3)桩体的芯样松散(无黏结),大部分呈块片状,不能制成等高试件。

(4)芯样呈软塑、流塑或取不出芯样。

(5)所取芯样的柱状加块片状取芯率小于65%,且标贯击数小于设计要求。其中:Ⅰ类为优良桩,Ⅱ类为合格桩,Ⅲ类为不合格桩。

2.2 复合地基承载力评定

单桩或复合地基承载力必须满足设计要求。

2.3 综合评定(桩体质量评定与验收)

单桩或复合地基承载力满足设计要求,单桩桩体评定均为Ⅱ类桩以上,其中Ⅰ类桩占85%以上,其他指标合格时评定为优良;单桩或复合地基承载力满足设计要求,单桩评定均为Ⅱ类桩以上,其中Ⅰ类桩应占60%以上,其他指标合格时评定为合格。

3 结 语

(1)水泥搅拌桩的质量评定,在目前的水平下,对于以承载和变形为主要功能的复合地基基础处理,应采用以单桩静载试验或单桩复合地基载荷试验为主,条件允许时还应适当选择部分多桩(2~3桩)复合地基载荷试验进行复合地基承载力试验复核,同时可辅以开挖及钻芯检查,钻芯结果只能作为参考,为质量评定提供参考依据。

(2)对搅拌桩施工质量作出正确的判断和评价,对合格的桩及时认可其质量;对不合格的桩及时采取有效措施,既要保证工程质量又不影响工程进度,这就迫切要求质量检测人员尽快创造出一种可以全面检测水泥搅拌桩的完美的检测方法。

(3)严格施工过程的管理和质量控制非常重要。水泥搅拌桩软基处理属于隐蔽工程,因此应紧抓施工环节。

参考文献

[1] 李培全.深层搅拌桩复合地基载荷试验问题探讨[J].工程质量,2001(9).

[2] 贺春玲.水泥搅拌桩检测问题探讨[J].工业技术,2007.

浅谈钢结构在土木工程中的应用

陈淑慧　裴文昌　魏　燚

（新乡市天成建筑材料检测有限公司）

【摘　要】 土木工程结构常用到两种材料,即钢筋混凝土及结构钢,对于土木工程来说,不仅要从结构特性的角度考虑,还要考虑施工的成本有效性及施工有效性。本文分析了钢结构在土木工程中的特点,并简单阐述了钢结构的施工要点。

【关键词】 钢结构;土木工程

1　土木工程中钢结构的特点

1.1　强度

一般来说,结构构件承受或者容纳作用效应的能力是由材料的强度来决定的。可以利用有关的国家标准来确定结构钢的构件性能,这些标准中列出了钢结构可使用的材料,比如建筑结构钢要满足 CSA 标准 ASTM standard A992/A992M 或者 CAN/CSA G40.20/C40.21 等相关标准的要求。近几年来,建筑用钢发生了很大的变化,过去的建筑结构所用的抗拉强度及屈服强度相关数据均摘自于 CISC(2006)历史记录,而目前加拿大对于工程结构钢及普通建筑结构钢的标准定出 7 个钢种和 8 个强度级别。根据屈服强度其范围为 260 ~ 700 MPa。不过并不是全部的钢种都有所有的强度级别,因此如果是一个特定的建筑钢结构设计,那么对钢种类型和强度级别的选择就非常重要。从整体来说,采用钢结构可以减少物料消耗、减轻结构自重、降低支撑部件与地基的尺寸,最终降低整个建筑的结构成本。

1.2　刚度

振动、变形等适用性参数由构件的刚度决定,进而由结构体系的刚度来决定。结构体系的实际刚度又由其构件和连接件的分布来决定。不过简单说来,构件的刚度由材料的几何截面特性及材料的弹性模量来决定,结构钢的弹性模量通常为 200 GPa。而普通密度抗压强度在 20 ~ 40 GPa 范围内的混凝土,其弹性模量通常为 20 ~ 28 GPa;即使对于高强度混凝土来说,其弹性模量也不过为 40 ~ 45 GPa。由此可见,钢结构的钢性是混凝土的 5 ~ 10 倍,所以钢结构的刚性有着显著的优势。

1.3　延性

延性指的是某种材料拉伸的过程中无断裂的塑性变形能力。一般情况下,延性是结构设计中,特别是抗震设计中比较重要的特性参数,地震中幸存的建筑物直接依赖于主要结构框架经历大的非弹性变形时的滞后耗能性。钢结构可以说是目前使用最广泛的、韧性最好的工程材料之一。不过材料内在的延性并不一定都会转化为建筑结构的内在延性,因此要充分认识到这一点,采取适当的设计策略和可靠、稳定的滞消机制。通常一个设计具有延性响应就要有足够的材料截面、材料延性及结构延性和构件延性。延性值的大小和需求要与变延性水平、曲率延性(构件延性)及位移延性(结构延性)相匹配。不过虽然钢结构的应变延性比较高,但是因为受弯构件的受力不稳定,所以构件的曲率延性经常不足。

1.4　韧性

衡量材料断裂前吸收能量及塑性变形的能力的指标就是韧性。它可以抵抗缺口部位的不稳定裂纹的扩展。韧性通常表示钢结构在制造、安装及使用过程中可以承受比较大的工业变形,是钢结构一个很重要的特点。正是因为钢构件的韧性才使其在弯曲、剪切、冲孔、锻造、钻孔等制作过程中降低了产生裂纹的可能性。钢结构足够的断裂韧性是必须具备的,特别是对受到交变荷载及冲击荷载的建筑结构来说更要具备此特性。钢结构的断裂韧性对于温度条件很敏感,并且随着温度的减小而降低。所以,在天气寒冷的地区设计钢结构,首先要考虑韧性。相对来说,低碳钢比高碳钢成分钢更能改善韧性。

1.5　整体

由上可知,无论是在刚度、强度还是在延性方面,钢结构都要优于钢筋混凝土,并且钢结构可以比较容易建构出有独特风格的建筑形式,通常钢结构系统可以提供最佳的设计灵活性及最大的空间利用率。钢结构的另一个优点就是:它还是一个理想的悬臂施工体系。适当应用空腹钢铁托架及构件腹板开孔,可以为管道及其他供电线路提供通道,不仅降低了楼层的高度,而且增加了审美吸引力。钢架像在钢结构中一样,被用来扩展现有的混凝土建筑结构或者增加楼层。在进行施工时,装配钢结构的施工人员要远远少于混凝土建筑结构所需要的人数;与混凝土建筑相比,钢结构的安装及制作质量都要更加的可靠和简便,并且在修改时,钢结构比混凝土结构更加容易,成本更低,特别是要附加支撑系统时,钢结构可以加快施工进度。

2　钢结构的缺点

当然,每种材料都不是完美的,所以钢结构的应用和施工也存在着一定的缺点,其主要表现为以下几个方面。

2.1　材料缺点

尽管钢结构的刚度要远远大于混凝土,但是对于一个给定的负载,钢结构的构件截面刚度则要小于与其对比的混凝土结构,这主要是因为钢的强度优势导致其构件的尺寸相对较小。因此要提高这些构件的稳定性,就要增加型钢的尺寸或者采取填充混凝土及外包混凝土的措施,以提高截面的刚度,并且钢材的耐火性和耐腐蚀性都相对有欠缺。钢材长期受到100 ℃的辐射热时强度的变化不大,表现出一定的耐热性能;但当温度达到150 ℃时,就要采用隔热层进行保护,并且重要部位的钢结构一定要涂刷防火涂料。

2.2　市场环境

2.2.1　设计力量较薄弱

在设计建筑结构时要注意结构的功能要求是不是属于钢结构合理的应用范围。通常在设计较高承载力需要使用钢结构时,要考虑用不适合继续承载的巨大变形为结构设计的极限状态为准则。钢结构有很多节点,要对每个螺丝、垫板及焊缝进行精确的计算,而且每个专业要一次性到位,所以钢结构的设计要比混凝土结构的设计更复杂,并且图纸也远远多于混凝土结构。

2.2.2 钢结构生产未形成体系

只有在大规模生产的情况下才可以体现出钢结构的优越性,并且目前钢结构的生产标准、价格标准及质量标准都没有统一,国家标准及监管机制方面也都有一定的欠缺,因此很多设计师及开发商都相对比较茫然。

2.2.3 价格问题

由于钢结构的生产未形成体系,因此钢结构的价格比较高。虽然钢产量近年有大幅度的提高,但是人均产量仍然相对较低,钢材仍是我国国民经济中比较贵重的材料,而混凝土的价格优势就体现出来了。

2.2.4 钢结构的使用年限

混凝土结构号称永不损坏,但是钢结构一般的使用寿命只有 50 年,如果钢结构用在住宅建筑中,那么人们想到自己花费终身积蓄而购买的房子只能住 50 年,会让很多人丧失购买的欲望。不过随着保险业的发展,住宅寿命问题应该相对容易解决。

3 钢结构施工安装要点

整体来说钢结构的施工流程比较复杂,并且建筑的要求不同,在细节上也有很大的差异性。此处列举三点进行简单说明。

3.1 选材与连接

钢材通常分为板材、型材、金属制品及管材四大类。土木工程中的建筑钢材通常采用普通的低合金钢、优质碳素结构钢及普通碳素钢等,碳钢的塑性比较低,但是硬度强度比较高。在钢结构中,柱子截面一般是箱形截面或宽翼缘工字形截面,另外还有十字形截面等;梁多数是焊接或者轧制的 H 型钢梁,如果要求特殊也可以符合截面,在安装前要对主要的焊接接头做焊接工艺的试验,定出焊接的格料和各项参数。梁与梁之间、梁与柱之间的连接,可以采取焊接连接或者高强螺栓连接,要注意高强螺栓的连接孔位的精度。制孔主要有两种,一种是精度较高的数控钻孔,另外一种则是精度相对较低的模板制孔。在技术条件允许时比较适合采用多轴数控钻孔。在运到工地以后要对螺栓参数进行检验,安装时不能用扳手强行拧入或者用榔头强行打入,拧入的步骤要经过初拧、复拧及终拧。

3.2 钢构件的堆放及选择安装机械地点

通常情况下安装结构的用地面积应为结构占地面积的 1.5 倍。依照安装流水的顺序,从中转堆场配套运送至现场的钢构件要采用装卸机械把其安置于安装机械的回转半径内。如果因为运输的原因造成了构件的变形,则在施工现场就要加以矫正。一般钢结构的安装采用的是塔式起重机,臂杆长度要有足够的覆盖面,并且起重能力要相应足够,从而满足各种不同部位构件的起吊要求。钢丝绳容量也要能满足起吊的高度要求,起吊速度有足够的档次可以满足安装要求。在多机作业的情况下,臂杆的高差要足够,以避免不安全的碰撞,保证安全运转。各个塔式起重机之间要有相应的安全距离,以保证臂杆与塔身不相碰撞。钢结构比较适用于规整、匀称以及较平的建筑平面,所以安装流水线的布置要因地制宜。

3.3　油漆工艺流程

3.3.1　基层处理

首先把金属的表面清理干净,然后做除锈。手工处理先用钢丝刷反复刷打,再用精砂布打磨,使得表面光亮、平滑,然后用棉纱或者纱布把打磨下的锈粉和浮灰清理干净。如果表面腐蚀严重,则用钢丝刷和铲刀处理,大面积的锈蚀则可以用砂轮机来配合清理。

3.3.2　涂防锈漆、刮腻子

在涂漆前要保证金属表面的干燥,如果有水分则要立即擦干。施涂时要刷细、刷满、涂刷到位,并且要注意铆孔内不能有涂料涂入。待到防锈漆干燥后,采用和油漆配套的腻子把构件的表面缺陷刮平。可以在腻子中加入适量的红丹粉或者厚漆,从而增加其干硬性。在腻子干燥后要打磨平整并清理干净。如果堆放时间太长,则要再做一次涂刷。

3.3.3　涂磷化底漆

磷化底漆包括底漆和磷化液两部分。在涂刷磷化底漆 2 h 后就可以涂刷其他面漆或底漆。通常情况下,24 h 后可以用清水或者毛刷清理表面的磷化残留物。干燥后如果表面形成了均匀的灰褐色磷化膜,则代表已经达到了磷化的要求。

3.3.4　刷涂面漆

刷涂面漆时要多理多刷,油要不流不坠、饱满均匀、色泽光亮一致。涂刷后要及时检查避免漏刷。钢结构的面漆通常需要刷两遍以上,厚度达 70 μm。

参考文献

[1] 李国强,陆烨,何天森. 钢结构在现代住宅中的应用[J].工程建设与设计,2005(2).

[2] 孙生玉. 钢结构焊接中的常见问题探讨[J].中国新技术新产品,2009(2).

[3] 王彩华,吴剑锋,张丽娜. 钢结构的腐蚀与防护[J].建材技术与应用,2009(2).

[4] 胡孜华.浅谈我国钢结构住宅的应用与发展[J].中国建设教育,2007(9).

[5] 王明贵.钢结构住宅的发展研究[J].钢结构,2007(1).

[6] 王军.钢结构住宅的研究与开发[J].建筑技术开发,2004(3).

浅谈工程监理存在的问题及对策

刘艳霞[1]　王　伟[2]

(1. 内黄县凯悦建设工程质量检测有限公司；
2. 河南省内黄县建设工程质量监督站)

【摘　要】　自工程监理制度在我国试行以来,工程监理行业发展迅速,取得了一定的成绩,但是发展的同时不可避免地遇到了一些问题。本文就当今工程监理行业的现状、存在的问题进行了分析,并提出了一些解决办法。

【关键词】　工程监理;工程质量;解决办法

1　引　言

工程监理行业从发展到现在,在国家经济社会建设中是不可缺少的,但并没有得到社会的认可,在越来越复杂的新形势下,就要求我们实事求是地探讨在工程建设过程中如何充分发挥工程监理的作用以确保工程质量。

2　存在的主要问题

2.1　工程监理的法律、法规不够完善

从工程建设监理制度 1988 年在我国开始试点至今 23 年里,住房和城乡建设部对工程监理的初衷,一直都是"三控、二管、一协调",监理的"三控"即投资、进度、质量管理的职能,也就是说工程监理对工程项目的管理应该实施工程项目的全过程管理,在工程项目的可行性研究阶段工程监理就应该参与,在工程的设计、施工阶段更应体现监理的重要性。而在《中华人民共和国建筑法》中仅将监理制度限定在施工阶段,操作中绝大多数监理单位仅是以质量监理为主。另外,《中华人民共和国招标投标法》也对监理的实施范围有所界定,但在实际的工作过程中却有许多不规范的行为,甚至出现一些不正当的竞争。以上说明尽管我国已颁布的与工程建设相关的法律法规中对于监理制度都有所涉及,但是真正能全面明确监理工作职能的法律文件还很缺乏。

2.2　社会对监理的重视程度不够

俗话说想要别人重视自己,首先要自己重视自己。现实情况是:首先许多监理公司对自己不够重视,大部分社会监理机构为了降低公司成本,往往采取项目聘任制,对外地的工程项目实行工程所在地招聘,工程结束后,若无后续工程,就不一定能继续从事监理工作,造成监理人员的不稳定。其次有许多监理公司为了承揽到监理业务,违背国家为了维护他们的利益而制定的监理取费标准,自己通过降低费率来保证本公司在监理市场上的竞争力度,这样造成了监理的实际收费过低,使得从事监理的人员收入也很低。最后尽管绝大多数社会监理人员都能按照监理工程师职业道德守则的要求,公平公正地对待自己

的监理工作,但是还存在小部分监理人员缺乏必要的责任心,缺乏一定的职业道德,影响了整个监理业的形象。

2.3 工程监理自身的水平和能力有待提高

这主要表现在监理工程师的知识结构和监理队伍的组成上,目前监理工程师的知识结构不够合理,一是在设计、施工单位工作多年现已退休的人员,尽管他们有丰富的工作经验,但是年龄的原因使得他们没有充沛的精力,对于新知识接受得很慢。二是一些在职的工程技术人员改行为监理,而监理单位没能及时给予他们业务培训,再加上自身不具有自学监理知识的能力,因而这些人只具有一定的设计与施工经验,而对监理知识极其匮乏。三是新的大学毕业生,尽管他们精力充沛、勤学好问,但是他们缺乏一定的工作经验。因此,目前监理队伍缺乏既有一定的专业知识,又集技术和管理于一体的复合型监理人才。

2.4 工程质量监督机构监督人员对工程监理认识存在偏见

从我国实行工程监理制到现在,工程质量监督机构不但没有认识到工程监理能够帮助他们减轻工作负担、确保工程质量,反而错误地认为实行工程监理制削弱了他们手中的权利,产生了抵触情绪。工程质量监督机构对建设工程项目实施监督时凡是涉及质量责任问题不管什么原因,全都强加于工程监理身上,并到处宣扬工程监理无能、无用。其结果,无形中对监理行业的发展产生了不良的影响。近几年,社会对监理的观念有所改变,认可度有所提高,并且有一些较好的措施和方法在工作中得以实施,但是工程质量监督机构监督人员对工程监理认识存在偏见这个现象依然存在。

3 解决办法

3.1 国家应加强对工程监理有关的法律法规建设

我国在《中华人民共和国建筑法》、《中华人民共和国招标投标法》、《建设工程质量管理条例》中尽管都对建设监理有一定的涉及,但是这些法规都存在一定的局限性,仅把监理工作限定在施工阶段偏向于施工质量的管理,使人们在对监理制度的认识上存在不同形式的偏差。面对此情况,国家建设主管部门应该对《中华人民共和国建筑法》、《中华人民共和国招标投标法》等现有法律中关于工程监理的相应条款进行修订,统一对监理的认识。同时,应建立一些更加能促进公正、公平竞争的招投标制度,使工程监理机构的竞争意识得以提高,促进我国监理与国际监理的接轨。

3.2 监理企业要积极主动不断强化自身

工程监理机构要加强监理权威的树立。一方面监理机构是受雇于建设单位的,代表建设单位来管好工程,要服从于业主;另一面,监理作为一个社会职业,国家的法律、法规赋予其独立地行使自己的职责为社会负责的责任。所以,工程监理机构对建设单位负责的同时,还要对社会负责。在确保工程顺利、保证工程质量方面,是一致的。一旦有不一致出现,大多是建设单位存在问题。所以,在工程监理过程中,监理要在此过程中独立行使监理的职能,把监理的权威性强化起来。

3.3 工程监理要加强自己的整体素质和业务水平

首先要加强对监理公司的管理,推进监理人员提高自身素质,加强技术与管理符合型人才的培养。在人才结构上,监理公司要不断进行调整,尽快引进缺乏的人才,适应监理工作的需要。对新引进的人员,要结合自身的工作能力水平,有针对性地开展相应的培训,为今后工作的顺利完成打下坚实的基础。对于在职人员,面对当今社会知识经济飞速发展,应阶段性地开展有关工程质量控制方面的法律、法规、规章制度和规范、规程、标准能力的培训班,从而促进工程监理人员不断提高业务水平及能力、强化自身的综合素质。

3.4　工程质量监督机构监督人员应与工程监理加强合作

工程质量监督机构监督人员应转变对工程监理的错误认识。不要把工程监理看做是削弱自身权利的对象,应去除对监理的抵触情绪。应把工程监理看做是有利于保证工程质量、为他们减轻自身工作负担和压力的不可缺少的好帮手,是有利于他们为了能够随时随地了解和掌握施工现场工程情况不可缺少的眼线、耳目;是有利于促进工程质量提高不可或缺的施工现场战斗员。除此之外,工程质量监督机构监督人员还应与工程监理建立相互依靠、相互信任、相互协作的伙伴关系。凡是由工程监理提出的正确的有关工程方面的意见,均应给予全力支持,让工程监理的作用得到充分发挥。

浅谈建筑的地域文化精神与性格

窦　淼

（南阳市城乡规划技术服务中心）

【摘　要】　针对当代建筑设计理论中的地域性文化设计趋势,对地域文化的内涵、外延及建筑的性格作了论述,提出了对建筑性格和地域文化精神的更深层次的理解。

【关键词】　地域文化精神;建筑性格;历史

现代建筑中"以人为本"已逝去,过多地去讨论功能空间人性化也已成了多余,因为这些东西在浪涛之后已经深深赋予建筑本身。中国加入世贸组织后,给建筑创作带来了新的机遇,也带来了新的挑战,世界经济的全球化,使地域化的问题也日益突出。

1　地域文化精神

1.1　地域文化的内涵

尔今,在当代建筑理论出现频率最高的字眼莫过于"地域性"和"文化性",其实简单地说这两者本身就是统一的概念,本不需要将它割裂开来分析。一句话,地域差异只谈文化差异。在特定的地域气候和历史条件下产生的文化是多元化的,是符合当时当地民族特性的,因此长期以来,必然形成特定地域的特定文化。不同的地域和民族在生活方式、审美标准和价值取向上是不尽相同的,建筑文化也是普遍遵循这个规律的。

1.2　地域文化的外延

既然是文化,就属于精神文明的范畴。地域文化也是如此,看不见摸不着,又实实在在存在于每个人的心里,本身具有抽象性,因此人们只能去理解它、体会它。

从更深层来谈,"文化"是为人们所接受且深深影响着人们行为的,单就广泛的人群而言,建筑审美也会因地域文化的差异而有所不同。为什么有些建筑是"公认"优秀的,这不仅仅靠建筑界人士就可以评判定位,最主要的还靠群众,尤其是那些每天抬头可看见或者与之密切联系的人们。

有人不禁会问:那他们对优秀建筑有何标准呢？其实在每个人的心中都会有一种审美观念,一种不是与生俱来但又需要深厚的地域文化底蕴的精神,会"指引"着他们,"影响"着他们。另一方面,建筑是服务于群众的,因此优秀的建筑必然需要与"人群"产生共鸣,能够在精神上引起他们的感悟,激发他们心灵深处的情感。因此,优秀的建筑同样应该具备一种地域文化精神。这就是地域文化外延,既存在于人们心底,又表达在建筑中的一种精神。

2　建筑性格

通常在谈论一个人的时候,常常会说他是否有性格,有怎样的性格,或腼腆或大方,或开朗或沉闷。建筑也同样具有人的这些特征,或富有情感,或冷若冰霜。

建筑性格与建筑个性是完全不同的两个概念。建筑个性是讲求另类,构思新颖大胆,而建筑性格主要是说它内在的本质,有内涵、有品质,能够给人亲切感和深厚韵味的。然而这些正是当代身边建筑最缺乏的东西。

对于每个建筑作品,当它能够完整地实现矗立在你眼前的时候,它就可以拥有语言了,与周围的人群产生交流,是否能为人们所认可接受,那就看它的性格是否与人们的性格一致。

3 地域文化精神与建筑性格

3.1 感悟

中国木构架几千年的演变发展,在世人堪称是神化。而延续到今天,它却成了众多建筑师口中的"落后产物"。甚至有些建筑师以为拼凑几个天井、盖几个大屋顶就使建筑具有了民族性、地域性。这些简单、庸俗的东西,就这样充斥着人们的生活。

我们熟悉的日本文化,它的发展多是借鉴于中国,作为代表其建筑特点的"神化"建筑,以木构架和两坡悬山为特征,具有洗练简约的优雅和洒脱;再看日本的"枯山水坪庭",也是将中国禅宗和中国造园艺术揉合,形成了独特的风格。上海金茂大厦是美国人设计的,汲取了中国古塔的神韵,不是简单的模仿,没有玻璃瓦,没有风铃,但整个建筑却十分具有中国文化的神韵。

所有这些例子,都足以使那些标榜"地域性"、"文化性"的仿古或复古建筑相形见拙。

3.2 呼唤

经济全球化给我国带来了巨大经济财富,同时也失去了许多宝贵的文化财富。随着西方文化的渗透和加入 WTO,外来的建筑文化更是充斥着整个建筑市场,"国家歌剧院"、"国家电视台"、"鸟巢体育中心",以北京为首的,本是中国政治文化中心和历史名城,现在竟成了国外"知名"建筑师们的试验基地与练兵场。不禁会问,我国的本土建筑师哪去了?

其实就在身边,在低头,在沉默,殊不知还是这块土地,还是这些文化,就是无限智慧与力量的源泉,也正是抵制这些外来不良文化的有力武器,也正是发扬光大中华优秀文化的最佳时机。然而还是没有人敢站出来,只因为他们身上缺少了一样东西、一种精神——地域文化精神。

3.3 建筑师的责任

优秀的建筑师应该植根于本土文化,透彻理解和领悟地域文化的内涵与外延,才有可能创作出真正反映地域文化的优秀作品,将这种感悟升华极至,转化成一种精神,一种寓无形于有形的精神。只有这样,在建筑创作中建筑师们才能自由发挥,表达出极具地域文化精神的建筑性格的本质,才能满足特殊地域文化精神感染下的群众。

浅谈建筑工程施工中安全监理措施

王　伟[1]　刘艳霞[2]

(1.河南省内黄县建设工程质量监督站;2.内黄县凯悦建设工程质量检测有限公司)

【摘　要】　随着人们安全意识的不断增强,在大大小小的建筑施工项目中增强安全监理措施已成为不可缺少的工作。安全监理也成为了保证工程安全的重点,在改善施工安全中有着极为关键的作用。针对这一点,本文以现实的工作施工为基础,分析了安全监理的相关措施。

【关键词】　建筑工程;施工;安全监理;措施

1 引　言

科学技术的进步推动了建筑工程施工技术的提升,在工程质量不断改善的同时也发现了诸多新的问题。安全监理工作不到位是建筑施工过程中普遍存在的问题,使得意外事件不断出现。结合实际情况看,我们必须不断加强安全监理措施,才能积极改善工程质量,保证施工操作在规定时间内完成,并且为施工单位创造出更大的经济效益。为保持工程建设的安全性,在施工过程中必须加强建筑工程安全监理的工作。

2 模板承重架方面的监理

2.1 审核施工方案

对施工方案进行审核时,必须做好各个方面的检查,主要包括模板和支撑系统的材料规格、接头方式、内部结构、水平杆等,这些都需要根据施工图纸一一审核。

立杆底部支撑结构需达到支撑上层荷载的要求;模板立杆承受的施工荷载,应维持两层或多层立柱,立柱底部需要添加木垫板,不允许运用砖及脆性材料铺垫;考虑到维持立柱的整体牢固,安装立柱过程中需要增加水平支撑和剪刀撑;立杆高度超过 2 m 后需要设置两道水平支撑;满堂模板立杆的水平支撑应该加固设置,对支架立杆四边及中间每隔四跨立杆增加一道纵向剪刀撑;立杆每升高 1.5～2 m,需增加一道水平支撑;准确核算立柱的间距,若采用准48 钢管,间距需控制在 1 m 内。

2.2 检查支模架的钢管、扣件

施工过程中,对于扣件式钢管支撑体系的选择必须根据具体情况而定,有的情况是不允许运用这种结构的,如:支模架高度大于 8 m,跨度大于 18 m,施工总荷载大于 10 kN/m²,集中线荷载超过 15 kN/m 时,这些都必须禁止采取扣件式钢管支撑体系,可以选择钢柱、钢托架等体系代替。在搭设模板承重架使用的钢管、扣件运至施工场地之后,应该对材料进行抽样检查,当出现测试异常时应及时整改,加固处理。

2.3 控制搭设质量

搭设质量的好坏直接影响整个建筑结构的科学性,在施工前后须及时完善搭设工作。

控制搭设质量时通常采取的措施包括：检查搭设操作人员的专业水平；检查搭设能否符合工程设计需要；检查立杆、扫地杆、水平杆、剪刀撑等具体的搭设部位以及数量与标准是否一致，若发现不同则需根据图纸进一步审核。

3 脚手架的安全监理

3.1 搭设方面

搭设脚手架时需要结合施工方案制订的标准进行，当搭设方案设计好后必须交给施工单位分管负责人审批签字，并提交给项目分管负责人检查验收，当确定方案合格之后才能投入具体操作。脚手架支撑系统应当牢固可靠，若遇到一些大面积的支撑排架，则需要特殊制定施工组织设计，且参照施工标准搭设操作。搭设前期需要对具体的搭设材料严格检查，关注搭设结构的稳定性，主要针对钢管、扣件等受力构件重点审核，确保结构的承载能力与负荷大小之后才能施工。搭设工作结束后需经过施工单位的安全技术部门复验后挂牌方可使用。

3.2 使用方面

脚手架投入使用之后，禁止把主节点的纵横水平杆、扫地杆、连墙构件拆除。要对其连接牢度做好检查，确保杆件的设置和连接、连墙件、支撑、门洞桁架等内部结构能够达到施工标准。此外，还需要注意地基积水、底座松动、立杆悬空等多个方面的问题。做好安全防护措施，避免脚手架在使用时出现超负荷的情况。对高度超过 24 m 的脚手架，应检查立杆的沉降与垂直度的偏差是否在标准范围内。

3.3 拆除方面

施工结束后需将脚手架及时拆除，在拆除过程中应当按照一定的顺序进行，通常是自上而下逐渐拆除。同时，连墙件等需要跟着脚手架共同拆除，这样可避免拆除后其他脚手架松动。构件被拆除后禁止高空抛掷，拆除过程中应该设置安全警戒区域并由专人监护。

4 建筑机械的安全监理

4.1 塔吊方面

在检查塔吊时主要涉及的构件包括限位器、保险装置、力矩限制器、附墙装置路基与轨道、夹轨钳等。检查时需要保证起重机的力矩限制器、起重量限制器等用到的不同行程限位开关装置的完整性，其结构设置是否处于正常状态，保持这些组件的完整性，不得出现随意拆装操作。当使用塔吊时，需要求监理人员对各项环境指挥操作，加强不同环节的检查，保证塔吊能够达到操作规定需要。

4.2 物料提升机方面

检查物料提升机主要涉及架体制作、架体稳定、钢丝绳、安装验收、架体等多个方面。提升钢丝绳禁止连接使用，端头与卷筒需牢固配合，对卷筒应参照顺序排列；吊篮达到工作最低位置时，保持卷筒上的钢丝绳达 3 圈以上；提升机需要增加安全停靠装置、楼层口停靠栏杆等相关设备；在附墙架与架体等结构中，需要结合用刚性件连接，且保持结构的稳定性，禁止将其连接在脚手架上；严格核算提升机的缆风绳长度，其材料必须用钢丝；当提升机高度低于 20 m 时，缆风绳需超过 1 组；提升机高度处于 21 ~ 30 m 时，需超过 2 组；

在提升机运用过程中,应该保证物料在吊篮内均衡分布,长料立放过程要运用防滚落方式,避免超载。

5　结　语

综上所言,在工程施工中加强安全监理是不可缺少的工作,其每个环节都需要由监理人员加以控制,这样可以保证施工过程的顺利进行,消除各种意外事故及不利影响,将事故发生的概率降低到合理水平,保证工程顺利实施。

参考文献

[1] 夏春宇.论工程项目施工中的安全监理[J].廊坊师范学院学报:自然科学版,2009(3):174-178.

[2] 蒋国勇.浅谈建筑工程安全监理工作[J].商品与质量,2009(S1):114-118.

[3] 周琛.浅谈监理工程师如何发挥现场安全监理的作用[J].科技信息:科学教研,2007(24):178-179.

浅谈建筑工程项目分包管理方式

张 凯

（郑州市建设工程质量监督站）

【摘 要】 本文从建筑工程项目加强分包管理的必要性、常见问题及应对措施和未来的探讨三方面进行了分述。

【关键词】 建筑工程；项目分包；管理方式

1 建筑工程项目加强分包管理的必要性

1.1 建筑市场向完善的专业化分包体系发展是必然趋势

（1）建筑市场竞争加剧，分工更趋专业化。建筑市场早已是卖方市场，夺标竞争激烈无比，利润空间被压缩得越来越小。提高竞争力，将集中于提高专业技术能力、管理服务水平，提高本专业的知识信息深度，即在产品的附加值上展开竞争。市场的变化速度也在加快，建筑市场的新技术、新材料、新工艺、新设备的更新速度变快。顾客要求也在不断的提高。社会总是向更高效的生产方式发展的，专业化趋势正体现了这一要求。激烈的竞争和市场的多变，要求企业更专注于核心竞争力，市场的专业化程度将越来越高。

（2）以顾客为中心的市场需要，促使专业化管理和专业化分包企业的分化。由于市场竞争的激烈，以顾客为中心的管理观念得以突出。对顾客来说，顾客的要求和顾客所掌握的知识同时增长，都越来越高、越来越挑剔，顾客购买的产品或服务总是以其价值最大化，而非价格最低为判断标准的。产品的价值由基本值和附加值构成，在激烈竞争的环境下，基本值已相近，产品价值的提高便更多体现在附加值上。专业化的生产是提高附加值的途径之一。专业化一方面提高了自身的技术管理能力，生产质量有所提高；另一方面专业化提高了生产效率，降低了成本，顾客将选择对顾客来说更有价值的供应商，必然引发企业走专业化的道路。

（3）国家政策法规将促使专业化的分包体系更趋完善。新的建筑业资质划分，已经说明了高层次的向专业管理型建筑综合承包商发展，低层次的向专业化的分包企业发展的趋势。新颁布的建筑工程项目管理规范，也预示了项目管理的发展，要求建立完善的分包体系。

1.2 建筑企业的专业化趋势

（1）增强核心竞争力。对大型建筑总承包企业来说，所面对的顾客，要求其具有良好的管理服务能力，项目管理能力将是企业的核心竞争力。而目前的建筑企业，为压低成本，不得不仍使用企业自有的机械设备和劳务队伍，一方面企业必须为这些付出资源低效使用的时间成本，另一方面由于需要投入人力和精力来管理这些低端的生产资源，其管理水平和能力被拖住,不能提高。虽然表面上看,业主付给承包商的费用并不高,但实际上由于总承包的能力不足,业主为了项目的顺利进行,必须更多地参与到项目的一般管理中去,实际上业主自己付出了本应由承包商付出的成本,承担了本应由承包商承担的风险。而总承包商由于自己的能力不足,白白错过了获取更高利润的机会。出于增强管理能力、提升管理层次的需要,大型建筑企业必将甩掉低端生产资源,专注于项目管理。对专业分包队伍或劳务队来说,随着顾客要求的提高,提高管理能力、培育优秀的专业技术人员、使用机械设备、提高专业化施工能力是必由之路。劳务队务将发生分化,劳务队伍中的优秀管理和技术人员将逐渐稳定下来,成为固定的职业人员,而非农民工,劳务队伍将由自身技术管理能力的差异,分化为大大小小的专业承包企业,既走劳务承包,又走专项工程承包的道路。专业施工能力是专业分包企业的核心竞争力。

(2)降低成本、提高利润率、生产率的需求对大型建筑企业而言,其承包的施工项目是企业产生利润的中心,项目是生产一线,直接产生产值,是企业利润的源泉。企业的生产管理必须围绕着项目活动而进行,企业的各职能部门的工作都是围绕项目工作而展开的。对项目生产之外的,企业核心竞争力之外的资源应尽可能的放弃。如低级的小型设备,低层次的劳务管理、后勤服务等。虽然这些生产资源可能仍然产生利润,甚至可能利润可观,但可以通过对比甩掉这些"包袱"之后,产生的效益提高来进行判断决策。大型建筑企业,一旦抛弃这些低端资源,必定更多地依赖于分包商来完成任务,分包管理能力要增强。这样做,一方面更突出了项目以产生利润为主,专注于项目的管理,可以降低管理不当引起的资源浪费,压缩了企业规模,非常有效地降低了企业运营成本;另一方面提高了核心竞争力,增强了企业的市场能力。对专业的分包队伍和劳务队来说,使用农民工,队伍不稳定,技术水平低,机械化程度低。社会发展和城市化,可能会使劳动力成本逐渐上升,在竞争加剧的环境里,必须提高管理能力、技术水平、使用机械设备、提高生产率来降低成本。更趋专业化的分包企业,不仅产品质量有所进步,而且由于技术管理水平的提高,将获得更高的生产率和利润率。

(3)提高效率和应变能力。在大型建筑企业中,由于项目直接面对顾客,对顾客的需求变化及市场的变化能更敏锐的感觉和更深刻的理解,企业要想更快地了解变化,为顾客提供更周到的服务,必须更贴近顾客,减少中间层,以便信息能更快地传递,行动能更快地被理解、被实施。为了适应变化,企业会授予项目更多的处理变化的权力,经过压缩的企业组织,会更多地依赖外部资源。所以为了提高效率,对分包的管理将越来越重要。专业的项目管理,最终使项目变得更有效率。对小型的专业施工队伍和劳务队来说,组建专业化的施工企业,使管理和技术能力提高,可以使单个企业的竞争力加强,在市场中获取更多的业务,这样其企业人力、设备资源能得到更多的利用,生产效率提高。利润增加,将增加其对抗风险和应对变化的能力。对社会来说,专业化分工,使资源的利用更有效率,多余的消耗减少,基础的施工能力提高,减少了直接的生产物质消耗,变成利润储存起来。

1.3　国外建筑市场分包体系简介

发达的分包体系是国外建筑业的特点之一。国外的大型工程承包公司同国内的工程公司相比,管理人员比例高,某些总承包企业是纯粹的管理型企业,管理人员素质高。在承担项目时,将所有的具体施工任务分包出去,专门从事项目管理工作,项目管理工作的专业化最终会提高项目建设效率。中小型的专业分包公司人员专业素质高,专业设备齐全,公司规模小,易于管理,专业划分详细而全面,专业分包商在激烈竞争中求生存,提高自身的同时,也提高项目建设效率。另外,为了防止过多的分包层次,国外也要求承包商在项目管理中,自己负责施工和分包管理相结合的形式。自己负责的施工内容,往往是承包商最有施工实力的一部分,业主在资质审查中着重要求的部分。这与当前采用的大多数项目管理模式相近。就工程项目管理而言,分包管理在项目管理中占有特殊的地位。建筑市场的激烈竞争、顾客要求的逐渐提高,促使建筑市场由原计划经济的残留格局,向适应现代项目管理的成熟发达的专业分包体系过渡。对于大型建筑企业,加强分包管理是迫切而重要的工作。

2 实践中分包管理常见问题及应对措施

2.1 分包商工程质量不佳

(1)分包商材料方面存在质量问题,以次充好。这一点,无论分包商信誉好坏,均有可能出现。因为分包商在本专业上有信息优势,技术价格知识较非专业人员丰富,在投标竞争中,得标价已很低的情况下,为了获取最大利润,最直接的选择就是以次充好,鱼目混珠,材料性能上相近,但品质价格上相差很远,这样做既隐蔽又安全。如防水涂料,油性的和水性的,结果相近,但价格相差很大;如铝合金门窗,同样的样式,但材料壁厚或合金品质不同,价格悬殊很大;如钢筋可能检验、试验结果均合格,但出产厂家不同,其质量和价格也相差很大,焊接时就会出问题;如水泥可能试验结果也合格,但旋窑水泥和立窑水泥的稳定性与价格就会有很大差别;如胶合板,几乎相同的板材,执行新标准(环保)的和执行旧标准的价格就差别悬殊。材料问题可能使总包方付出了成本,埋下了隐患,质量风险还要承担。材料质量问题很普遍、很隐蔽,也很敏感,相对施工质量问题在价值上的损失更大。对策:合同中详细指明材料品质、品牌、性能参数等,现场严把材料关,总包方应深入了解相关材料技术知识和市场信息,提高业务能力,堵住分包商钻空子。

(2)施工质量问题,不符合技术规范。这种问题较表面化,容易引起重视。此问题各种研究非常多,此处省略。处理对策:动态检查,研究质量缺陷,分析原因,指定改进计划,实施和敦促承包商改进。

2.2 分包商现场管理人员和技术工人素质不高

由于部分分包商从事简单工作,人员素质不高,影响工程质量或进度。对策:合同询价阶段注意考察分包商施工技术能力、人员素质;施工前,采用样板工程的方法,实际考察,防止低劣素质人员进入;总包方要坚决督促分包商采取措施增加投入,更换或培训或改善现场人员;必要时总包方也可直接介入,安排专人专项管理,以总包方的技术能力支持分包商,弥补分包商的能力不足情况。

2.3 分包商工期拖延

工期拖延的原因很多,一般来说,双方都有原因:总包可能整体计划缺陷,工作面没有创造出来,协调不够;分包方可能人力物力投入不足,人员、机械周转不及,管理不善。对策:总包应先加强现场实际进度的检查监控,缩小进度更新周期;了解实际的情况制订计划;根据实际情况,制定赶工措施,包括激励和惩罚措施;充分沟通,谋取业主和相关各方的理解支持。此问题各种研究非常多,此处略。可查阅相关资料。

2.4　分包商只顾自身施工管理,忽略项目整体系统性

这是分包管理中的常见问题,为了节约成本,保护自己的目的,分包商总是专注于个体的施工管理,并且总是内敛的。主要表现在:不文明施工逃避责任,可能是别人造成的,不管;生产质量推卸责任,别人造成的缺陷,不修;工具和材料、工作面独占使用,宁可作废决不予人。这种局面给项目的管理造成很大的困难,总包管理人员往往主要是协调这些次要问题,而且由于相互推诿,往往不能很好解决,不仅增加项目成本,而且降低项目整体效率。对策:如前所述,在合同中要求分包商有协调配合义务。现场管理要通过日常协调事件的处理,采用奖励、惩罚等激励手段,强化分包商主动配合总包商管理的行为,弱化分包商内敛行为。教育分包商树立项目整体的系统观念。

2.5　总包商逃避自身义务

一般来说,总包商由于自身的地位优势,较容易逃避义务。总包方逃避义务,一定是在分包逃不掉的,能逼使分包方接受的情况下发生。所以对分包商来说,总包逃避义务,则一定面临损失。对策:分包商应经常提醒总包商,必须履行合同义务,否则将对项目造成危害。区别对待具体事件,具体问题具体分析。如果总包逃避义务,将面临损失,如不接受,将有更大损失,则考虑接受;如接受与不接受,其损失相当,则考虑不接受,同时要有同期记录的观念,以便作为日后谈判的条件。

3　对未来建筑工程项目分包管理的探讨

3.1　专业化程度更高

专业化程度更高,使总包向管理方向分化,分包商则向专业施工方向分化。总包对分包的依赖度要增加,更多的具体施工任务要寻找分包商来完成;分包商将专注于其专业核心竞争力,分包商的一些不重要的辅助性工作将会外包,由更专业的分包商来完成。

3.2　组织更灵活

组织更灵活,组织界限将模糊,总包项目团队也将出现分化,总分包将更多的以针对任务的临时性团队组合(任务小组)来完成工作。项目组织将会更趋灵活的组建,分包商会更多的参与总包的项目团队工作,合同的联系使各方更趋于平等合作的关系。项目会有更多的补充协议。

3.3　管理将更规范化

合同管理的地位将更重要,项目正式信息沟通会更规范,工作程序会更加规范和严格。

3.4　分包商授权度更高

分包商权力会增大,总包商会更趋向于向业主提供更周到的服务。对分包商的授权会增大,更多的具体施工由分包商完成,善于自我管理的分包商更受欢迎,分包商将趋于更多的自我管理。

建筑施工混凝土结构存在的问题及建议

刘 虎

（河南天工建设集团有限公司）

【摘 要】 预应力混凝土是近几十年来发展起来的一门新技术，它是在构件承受外荷载前，预先在构件的受拉区对混凝土施加预压力，这种压力通常称为预应力。预应力混凝土提高了构件的抗裂度和刚度。但是在混凝土施工过程中施工工艺总是存在很多问题，使施工质量受到影响。通过对混凝土结构工程施工工艺存在的问题的论述，提出对应工作中亟待完善的一些问题。

【关键词】 混凝土结构；工程施工；问题；措施

混凝土构筑物因出现功能性改变，如接建、增加荷载等，或者出现质量问题，如配筋不足、灾后修补、混凝土强度不够等，都需要进行加固。其加固施工及加固方案的制订尤为重要。对于需要加固的构筑物，应根据构筑物的不同情况制订不同的加固方案。方案的确定要遵循安全、经济、快捷、施工方便的原则。只有这样，加固工程才能收到良好的社会效益和经济效益。

1 混凝土结构工程施工工艺存在的问题

1.1 工作要求同建筑物的结构特点结合不紧密

通常情况下，不同结构类型的建筑物，其中各混凝土构件的重要性也不相同。

就上部结构主体而言，砖混结构中，阳台挑梁的重要性要优于构造圈梁。框架结构中，柱的地位要优于梁。在剪力墙结构中，剪力墙及其暗梁、暗柱的地位要优于板。

就基础部分而言，条形基础底板、独立柱基础底板的重要性要优于地圈梁、联系梁等构件。在复杂情况下，如筏板基础、框架—剪力墙、筒体结构、异形板、预制构件等结构类型中，单纯划分哪一类构件处于重要地位，则失去其意义。

对于不同结构类型的建筑物，规范要求具体检验部位由监理（建设）、施工等各方根据结构构件的重要性共同选定。但就目前监理、监督工作的实际情况看，尽管这种要求的初衷是将因地制宜的灵活性留给了参建各方，但实际执行过程中确实因此形成了一定的主观弹性空间。具体检验部位的确定，最终取决于参建各方的责任感。

在其他技术规程、监理规范尚无明确要求，建筑市场秩序亟待规范的情况下，具体检验部位的确定，必须在明示构件重要性划分依据的基础上进行，制订并执行与目标建筑物结构特点紧密结合的实体检测方案。

1.2 构件划分的形式单一

混凝土构件的形式是多种多样的，仅对其作梁、板、其他重要构件这三种形式划分，是远不能满足工程实际取用的需要的。这并非指构件种类确定在制定规范过程中存有难点,而是强调在规范执行过程中,这样的划分给检测、判定工作造成了较大的困难。

1.3 施工工艺、工法中存在的问题

施工工艺是建筑行业技术水平的具体体现发展,混凝土施工的精细阶段终会到来。从实体检验的情况看,迫切需要注意以下几方面工作。

1.3.1 施工工艺重点亟待明确

根据规范,钢筋保护层厚度控制要求以及特殊部位、特定工序这三个方面的施工工艺重点明确如下。

特殊构件指悬挑构件。规范将控制重点放在了悬挑构件上要求抽取的构件中,有悬挑构件的需占50%以上。这需要施工中对挑梁、挑板的钢筋摆位要优于同点其他钢筋的摆位。

特殊部位指内力作用较大的部位,如梁的跨中、支座处。架设垫块、构件起拱时,应优先保障特殊部位的钢筋保护层厚度值。保护层厚度设置应"一刀切"。

特定工序指综合考虑浇筑、振捣等因素作用确定的核心工序。如板工序中的垫块布置密度,应结合钢筋级别、直径、刚度具体布置;如梁工序中的振捣,应考虑构件的配筋率、绑扎的材料强度,采用适宜的工具。突出了特定的工序,才能突出机具、设备的应用范围、特点,从而推动工艺进步。避免一根振捣棒,从梁用到板(疏密问题);种鹊块,从板铺到柱(厚度问题)的粗放型施工模式。

1.3.2 部分企业的施工技术标准缺乏适用性论证

为达到规范提出的控制结果、评定要求,部分施工企业会采用一些缺乏论证的工艺技术作为企业技术标准。这些做法虽有立竿见影的效果,但对建筑物来说未必是好事。

例如,部分施工企业采用PVC塑料卡进行构件的钢筋保护层厚度控制。虽然减少、避免了普通垫块在振捣过程中的移位,但由于PVC材料的线性膨胀系数和混凝土、钢材线性膨胀系数不同,对于裂缝控制要求较严的构件来说,大量使用PVC塑料不仅会影响钢材、混凝土的协同工作原理,也会使构件在使用环境外的其他环境里使用时较早出现裂缝,影响构件的耐久性。

又如部分施工企业为防止振捣过程中现浇板的负筋下沉,采用焊接工艺代替原有的绑扎工艺。用钢筋将现浇板的负弯矩筋、板底受力筋焊连在一起,形成钢筋网架。这种通过加大刚度达到振捣要求的方法,在一定程度上改变了构件受荷后的工作情况。而设计预先采用的弹、塑性设计方法,此时就不能够达到设计原理的假设要求,构件的实际承载力出现了核算需要。

1.3.3 现有的检测手段未得到各方的充分认知

对重要构件的实体检测,就实体强度而言,国内目前的检测方法、设备、手段比较丰富,方法多样。但就钢筋混凝土保护层厚度测定而言,目前还缺乏统一的技术操作规程的分类、确定。各方执行规范的过程中,对该检测手段的认知也不充分。

常用检测设备通常分为声学原理、电磁学原理两大类。如钢筋雷达测定仪、磁性钢筋保护层测定仪等。基于自身设计原理的特点,其各自应用特点也不相同。如投影重叠的两根以上钢筋,不宜采用声学原理设备进行检测;如含磁性骨料的混凝土,不宜采用无消

磁能力的电磁测定设备进行检测。

此外,对于建筑物中的特殊构件,如基础、壳体等,由于受土方挖填、水位、配筋、测试角度等因素影响,到达后期工序时,不能完全提供规范要求的检测条件。对此,应考虑其他方法对目标实体进行控制。确定应用设备的,还必须对检测时产生的破损、检测所达到的深度、不确定程度等因素进行充分考虑,提出科学、合理的检测方案。

实际工作中,应避免单纯强调某个问题的纠正结果,却忽视整个质量控制过程及质量发展的不确定程度。杜绝对某问题采取了预防、纠正措施后,却引发一个或多个缺陷甚至错误发生的情况。

2 混凝土结构工程施工的工作建议

就目前实体检测中钢筋保护层厚度控制工作的开展来看,主要的问题在于技术规程不配套、设施分离、工艺技法落后等几个方面,但问题还在于未能形成建设工程质量控制的一套综合质量管理体系,不能使质量控制工作进入自我改良的良性循环。所以在着手建立该综合体系的同时,应注意以下方面的加强:

(1)发挥地方技术规程的灵活性优势,积极制定地方相关技术规程,做好国家规范在技术层上的衔接转换工作。以条文上的客观、明确、详尽,逐步代替实际工作中的模糊、主观。

(2)明确设计文件中对钢筋保护层厚度的标示、控制要求。明确设计单位对设计产品相关、后续问题处理上的责任、义务。

(3)施工过程中加强对新重点部位、新重点项目的自检、自查。施工企业标准制定,应注重对新工艺、新技术推广、应用的适用性论证、总结。

(4)形成国家级钢筋保护层厚度测定技术规程,明确设备、操作、技术、评定、检定等方面的要求及法律地位。

(5)工程监督部门需继续发挥行业主导作用,创造企业发展所需的技术环境、法规环境。处理无实例问题时,应形成可以发挥主观能动性的必要环境,建立稳定可靠、自我改良的良性循环的监督工作体系。

参考文献

[1] 中华人民共和国建设部. GB 50010—2002 混凝土结构设计规范[S]. 北京:中国建筑工业出版社, 2002.

[2] 张誉,蒋利学,张伟平. 混凝土结构耐久性概论[M]. 上海:上海科学技术出版社,2003.

[3] 姚燕. 新型高性能混凝土耐久性的研究与工程应用[M]. 北京:中国建筑工业出版社,2004.

浅谈生态建筑理论在建筑住宅设计中的运用

龙 斌[1] 张 凯[2]

（1. 河南省建筑设计研究院有限公司；2. 郑州市建设工程质量监督站）

【摘 要】 在全球生态建筑理论思潮方兴未艾的大背景下，中国当代建筑设计如何运用该理论来指导实践已经成为亟待解决的问题。本文仅从生态建筑概述、生态建筑设计理论及设计理论在建筑设计中的运用这三个方面对建筑住宅设计展开讨论。

【关键词】 生态建筑；生态住宅；技术策略

1 生态建筑概述

根据世界卫生组织（WHO）的定义，所谓健康就是指人在身体上、精神上、社会上完全处于良好的状态。据此定义，健康住宅不仅是住宅＋绿化＋社区医疗保健，还指在生态环境、生活卫生、立体绿化、自然景观、噪声降低、建筑和装饰材料、空气流通等方面，都必须以人的健康为根本。

1.1 生态住宅定义

健康住宅又称生态住宅，生态住宅居住区的总体布局、生态住宅建筑单体的空间组合、房屋构造、自然能源的利用和节能措施、绿化系统及生活服务配套的设计，都必须以改善及提高人的生态环境、生命质量为出发点和目标。

1.2 生态住宅原则

生态住宅是运用生态学原理和遵循生态平衡及可持续发展的原则，即综合系统效率最优原则，来设计、组织建筑内外空间中的各种物质因素，使物质、能源在建筑系统内有秩序地循环转换，获得一种高效、低耗、无污染、生态平衡的建筑环境。生态住宅以可持续发展的思想为指导，意在寻求自然、建筑和人三者之间的和谐统一，即在以人为本的基础上，利用自然条件和人为手段来创造一个有利于人们舒适、健康的生活环境，同时要控制对自然资源的使用，努力实现向自然索取与回报之间的平衡。生态住宅的特征是舒适、健康、高效和美观。

1.3 生态住宅的技术策略

（1）追求舒适和健康是生态住宅的基础。生态住宅首先要满足的是人体的舒适性，例如适宜的温度和湿度。此外，还应有益于人的身心健康，如有充足的日照以实现杀菌消毒，有良好的通风以获得高品质的新鲜空气，以及无辐射、无污染的室内装饰材料等。在心理方面，生态住宅既要保证家庭生活所需的居住功能——安全性和私密性，又要满足邻里交往、人与自然环境交融等要求。健康还有另外一层很重要的含义，即住宅与大自然的和谐关系。住宅应尽可能减少对自然环境的负面影响，如减少有害气体、二氧化碳、固体垃圾等污染物的排放,减少对生物圈的破坏。

（2）追求高效是生态住宅的核心内容。所谓高效,是指最大限度地利用资源和能源,特别是不可再生的资源和能源。

（3）追求美观是生态住宅与大自然和谐的完美境界。生态住宅与大自然的和谐不仅体现在能量、物质方面,也体现在精神境界方面,包括生态住宅与自然景观相融合,与社会文化相融合。生态住宅应立足于将节约能源和保护环境这两大课题结合起来,所关注的不仅包括节约不可再生能源和利用可再生洁净能源,还涉及节约资源、减少废弃物污染及材料的可降解和循环使用等方面的内容。

2 生态住宅设计理论

目前,世界各国新型的生态住宅可谓方兴未艾,从可持续发展的角度出发,发展生态建筑在我国也必然是大势所趋。作为国家的重要产业,城镇住宅建设必将快速发展。所以,如果不抓住时机,及时把"生态理念"引入到住宅设计中,解决住宅节能和住区环境保护问题,将会对社会、经济、环境产生不可挽回的后果。

生态住宅设计,指的就是综合运用当代建筑学、建筑技术科学、人工环境学、生态学及其他科学技术的综合成果,把住宅建造成一个小的生态系统,为居住者提供舒适、健康、环保、高效、美观的居住环境的一种设计实践活动。这里所说的"生态"绝非一般意义的绿化,而是一种对环境无害而又有利于人们工作生活的标志。

在工程实施过程中,生态住宅涉及的技术体系极其庞大,包括能源系统（新能源与可再生能源的利用）、水环境系统、声环境系统、光环境系统、热环境系统、绿化系统、废弃物管理与处置系统、游憩系统和绿色建材系统等。简单来说,其技术策略主要体现在以下几个方面:

（1）住区物理环境（声、光、热环境）与能源系统设计,包括建筑规划、建筑单体设计、建筑能源系统的设计等,同时与绿化设计以及建材的选择息息相关,是当前生态住宅设计中最重要而又最容易被忽视的问题。

（2）智能化住区,主要包括信息管理和通信自动化、物业管理自动化、设备自动化控制、安全防护自动化以及家庭智能化等。

（3）节省土地,节约能源,做好废弃物的回收和处理。

3 设计理论在建筑设计中的运用

从上述思路出发,要实现住宅设计生态化,需综合考虑三个方面的因素:住宅住区规划、建筑单体设计（包括建筑造型、朝向、定位以及细部处理,如维护结构材料选择、保温方式、门窗形式等）、建筑物内的环境控制系统设计。本文将从住区风环境、自然通风绿化、水景设计和防止住区热岛现象、日照遮阳与采光外围护结构布置、噪声和污染的防止和控制等与建筑设计相关的几个方面,分别阐述生态建筑理论在住宅建筑设计中的运用。

3.1 住区风环境设计

建筑物布局不合理,会导致住区局部气候恶化。规划师和建筑师已经认识到风环境和再生风环境问题已不容忽视。然而,可能是对室外风环境的预测不够重视或缺乏有效的技术手段。当建筑师们在对建筑住区进行规划时,更为常见的做法是过多地把设计重点集中在建筑平面的功能布置、美观设计及空间利用上,而很少或仅仅凭经验考虑高层、高密度建筑群中气流流动情况对人的影响。事实上,良好的室外风环境,不仅意味着在冬季风速太大时不会出现人们举步维艰的情况,还应该在炎热夏季保持室内自然通风。从这一点上来说,在规划设计中仅仅考虑对盛行风简单设置屏障的做法显然是不够的。在实际的规划设计中,要获得良好的住区风环境,了解小区内气流流动情况,是建筑师在设计初期所必须做到的。

3.2 自然通风

在住宅建筑中,自然通风是最经济和有效的环境调节手段,而建筑物的平面布局、立面设计与三维空间布置等,都对自然通风的效果有重要的影响。充分考虑这一影响而进行建筑设计能有效地解决住宅中热舒适性和空气质量问题,而且在不增加住户投资的情况下,就能营造一个健康、舒适的居室环境。

3.3 绿化、水景设计和防止住区"热岛"现象

住区周围建筑的热环境不仅和气流流动有关系,还和住区建筑周围的辐射系统有关。受住宅设计中建筑密度、建筑材料、建筑布局、绿地率和水景设施等因素的影响,住区室外气温有可能出现"热岛"现象。合理的建筑设计和布局,选择高效美观的绿化形式(包括屋顶绿化和墙壁垂直绿化)及水景设置,可有效地降低"热岛"效应,获得清新宜人的室内外环境。特别值得指出的是,建设生态住区不等于简单地提高绿化面积,如果住区绿化仅仅使用大规模草地而不考虑与林地、水景设施以及自然通风等手段有效地结合起来,不仅不能充分发挥绿化在改善室内外热环境方面的巨大作用,还会把大量的金钱浪费在草地的浇灌上,可谓得不偿失。在绿化系统设计中如何改善住区室外环境,除避免以上误区外,还应做好以下两个方面的工作:①合理选择和搭配绿化植物及水景设置,并与整个小区的热环境设计协调起来,除给人以观赏的美感外,还应充分发挥植物、水在降低"热岛"作用、改善住区微气候方面的作用;②设计中要以人为本,如果绿化设计的最后结果是把人和绿色隔绝开来,仅仅"可以远观而谢绝入内"是不可取的。

3.4 日照、遮阳与采光

夏天阳光的直射和热辐射是影响居室热环境的一个重要因素,同时是影响住户心理感受的重要因素。遮阳是指运用建筑的外形设计、悬挑和凸凹变化而形成建筑围护结构,使室内实际接受的阳光直射和辐射热量减少。比较好的方法是根据当地地理与气候条件,通过精确计算,对住区的建筑布局及单体住宅的相对关系,进行建筑群日照、遮阳及自然采光分析,检验是否满足日照和遮阳的要求。

3.5 外围护结构布置

这里主要是指外墙和外窗等围护结构的布置,体形系数这一概念并不能充分反映外围护结构对建筑物热环境的复杂影响。实际上,对于不同朝向角和倾角的外墙和外窗,由于当地主导风向的不同而造成的渗透情况不同,外表面的对流换热系数也相差很大,日间接受的太阳辐射随着时间变化而千差万别,夜间背景辐射状况也不相同。

3.6 噪声和污染的防止与控制

住区规划应有效地设计防噪声系统,如将住区和主要交通干线相隔绝,防止主要交通

干线的噪声传过来。污染控制问题也需重视,建筑物内部空气质量不好,一定与室外空气污染有关,而通过有效的绿化、有效的组织建筑周围气流流动,可以改善室内空气品质。在设计初期,技术人员就应该深入现场进行调研和测试,检验当地的噪声或污染是否符合标准,如果不能满足要求,一定要采取相应的补救措施。如果居室噪声超标,可考虑采用错开设计的双层玻璃窗,既能有效降低噪声,又不影响自然通风。

4 结 语

总之,生态住宅是多种技术集成的结果,它需要科学技术的进步,更不能离开政府相关政策法规的鼓励和正确引导。只有在设计过程中各专业人员相互合作与共同努力,综合运用当代建筑学、建筑技术科学、生态学及其他科学技术的成果,从技术、经济、环境、能源及社会等角度出发,系统地设计与评价住区的室内外环境,才会设计出更多更好的生态住宅。

浅析混凝土新型墙体材料砌体裂缝

李　峰

（南阳建设工程招标代理中心）

【摘　要】　本文就混凝土系列新型墙体材料极易在砌体中产生裂缝的原因及控制措施,以实际工程实例加以分析和描述,并希望通过关于这方面问题的广泛讨论促使在将来的实际应用中避免此类问题的发生。

【关键词】　墙体裂缝;控制措施

为了节约能源,保护耕地和改善建筑功能,早在1992年,国务院就下发了66号《关于加快墙体材料革新和推广节能建筑意见》的通知。随后各省(市)均出台了以保护耕地、节约能源为目的,限制乃至于取消黏土砖生产的文件和具体实施计划。近几年河南省也已经逐步取消黏土砖的生产,取而代之的则是混凝土多孔砖、混凝土实心砖、混凝土小型空心砌块、轻集料混凝土空心砌块等多种混凝土制品。

同传统的黏土砖相比,混凝土小型空心砌块、混凝土多孔砖、混凝土实心砖轻集料混凝土空心砌块等混凝土系列墙材具有独特的性质。这些新型墙体材料,可做建筑物的承重结构或围护结构、隔墙等。此类墙体材料的最大优点是施工技术简便、速度快、隔热、隔音、造价低等。但是,由于砂浆结合面积小,材料自身的干缩较大等,极易在墙体中产生裂缝,严重影响了建筑物的使用功能和美观。笔者从事土建施工多年,对混凝土多孔砖、混凝土实心砖、混凝土小型空心砌块及轻集料混凝土空心砌块在砌体中产生裂缝的防治有一定经验。对裂缝产生的原因进行了较为系统的分析,并在实际施工中总结出了一些经验。

1　裂缝原因

(1)混凝土多孔砖、混凝土实心砖、混凝土小型空心砌块,以及轻集料混凝土空心砌块等,由于水泥水化过程中的化学减缩及成型后产品密实度低,故收缩率较大。在龄期较短的情况下上墙,由于部分收缩将在墙体内完成,所以易于产生墙体裂缝。

(2)天气温度变化容易引起墙体开裂,砖混结构房屋中各种材料的温度变形膨胀系数是不同的,在房屋结构中,各部件互相连接形成一个空间整体结构,外界温度变化时,当该附加应力大于砌体抗拉强度时,墙体就会开裂。

(3)墙体上部分竖向、水平状裂缝是由于构件交接处混凝土柱、梁与墙体两种材料收缩率不同产生的。这是材料变形引起的裂缝。

(4)设计与施工方面的影响。设计方面,砌筑砂浆设计强度等级偏低,未按规定设计构造柱,屋面未采取保温隔热措施,对施工材料了解不足。施工方面,含水率控制不好,组砌方法不合理,内外墙交接处砌筑质量差,未按要求设置加强钢筋,以增加控制力。灰缝厚度不一,饱满度不够等也是墙体裂缝的原因。

2 裂缝的防治

（1）在结构设计时,除对墙体的承载力进行计算外,特别还要对可能产生的剪、拉等附加应力做充分的考虑,对门窗洞口、砂浆强度、钢筋的配置等都要有所考虑,必要时还要增加钢筋网片。洞口处应砌以实心砖或将空心砌块中的空洞用同等强度级砂浆填实等,工程地质情况复杂时,还要按设计规范要求验算基础沉降,适当调整基础底面的宽度,减少建筑物的总体沉降量。

（2）原材料选择。施工前要检查混凝土系列墙体材料,尤其要特别关注产品的存放天数是否达到相关产品技术标准中规定的龄期,是否有合格证。还要检查原材料复试报告,规划好材料的存放地,堆放高度应符合要求,并做好防水防雨措施。混凝土多孔砖、混凝土小型空心砌块等一定选择密实度高的产品,因为密实度越高,其收缩越小,从而更容易控制裂缝的产生。

（3）施工工艺方法。砌筑时,必须清除表面污物和砌块及多孔砖孔中的杂物及底部的毛边,剔除外观质量不合格的材料。施工用的砂浆应选择专用砂浆,防潮层以下的砌体应采用强度 C20 的混凝土灌实砌块或空心砖的孔洞或改用实心砖砌筑。在天气干热的情况下,可提前洒水湿润,达到外潮内干。砌块表面有浮水时不得施工。规范明文规定,承重墙严禁用断裂墙体材料,砌墙时应保证砂浆的饱满度,并应做到对孔错缝搭砌。墙体的个别部位不能满足上述要求时,应在灰缝中放置拉结钢筋和网片。竖向通缝不应超过两皮,灌注芯柱时,选用专用混凝土,其坍落度不应小于 90 mm。浇筑芯柱混凝土时,注意下列事项:①清除孔内的砂浆等杂物;②竖向灰缝要随时灌实。

3 结 语

（1）墙体裂缝分为有害裂缝和无害裂缝。有害裂缝多存在于承重墙体中,无害裂缝由于温度的影响而多存在于非承重墙及框剪结构或框架结构的填充墙之中。

（2）有害裂缝是施工过程中的重点控制对象,应想尽一切办法加以避免。无害裂缝虽然对结构不构成危害,但影响观感,有时可能影响使用功能。所以,此类裂缝是施工中的重点关注对象。

试论古建筑群的消防安全措施

李　茁　刘　虎　袁　涛

(河南天工建设集团有限公司)

【摘　要】　古建筑是历史的见证,是古代劳动人民智慧和力量的结晶,具有很高的研究和鉴赏价值,但目前国内很多古建筑群的消防安全现状十分令人担忧。本文针对古建筑群的消防规划进行分析,提出了相应的对策。

【关键词】　古建筑群;消防安全;规划

1　引　言

中华民族有着博大深远的民族文化,是世界上唯一一个拥有 5 000 年文明而不曾中断的国家,悠久的历史赋予了我们丰富的文化遗产,构成了独特而灿烂的文明景观,它不仅是国家和民族的骄傲,也是全人类的共同财富。迄今我国已有 29 处文物古迹、历史名城和自然景区被列入世界遗产名录,成为继意大利、西班牙之后的第三大遗产国。还有 100 多个项目被列入遗产预备清单中,居全世界首位,已经成为遗产大国。遗产的不可再生性决定了对待文物古建筑必须始终把保护放在第一位。《中华人民共和国文物法》规定:文物保护单位应当制定专项的总体保护规划,文物保护工程应当依据批准的规划进行。

然而,目前的现实是,绝大多数的古建筑在消防方面均未有较完整的规划。以河南省为例,河南省现存金代木结构建筑 5 座,其中以济源奉仙观三清殿、临汝风穴寺中佛殿较著名。金代古塔 18 座,如洛阳白马寺齐云塔、三门峡宝轮寺舍利塔、沁阳县天宁寺三圣舍利塔、修武县百家岩寺塔等。元代木结构建筑,有温县慈圣寺大雄殿、博爱县汤帝庙大殿、济源大明寺中佛殿等。元代古塔留存 90 座,登封少林寺塔林 53 座,临汝县风穴寺塔林 16 座,还有闻名的安阳乾明寺塔等。登封县观星台是重要的元代天文建筑。

河南明清时期的建筑非常丰富。明代单体木结构建筑 50 多座,古塔 200 多座。清代规模较大的木结构建筑群有 60 多处,古塔 100 余座。明清还留存下来大量的桥梁、牌坊、城垣,还有至今仍服务于世的水利工程。

当前,尽快科学、合理地对古建筑做出消防安全保护的规划,将古建筑的消防专业规划纳入总体保护规划,已显得刻不容缓。

2　古建筑群消防规划的特殊性

众所周知,消防规划主要包括消防安全布局、消防站、消防通道、消防给水、消防通信、消防装备等内容。古建筑群的消防规划,不应套用一般消防规划中的常规做法,而应根据古建筑群特有的消防安全现状,把握好其消防规划的特殊性。

2.1 建设小型适用型消防站

2.1.1 消防站建设的迫切性

《中华人民共和国消防法》规定:距离当地公安消防队较远的列为全国重点文物保护单位的古建筑群的管理单位,应当建立专职消防队,承担本单位的火灾扑救工作。在山西省,包括世界文化遗产平遥古城在内的国家级文物保护单位的古建筑群,均未建立专职消防队。一旦发生火灾,将无法得到及时有效的扑救。

1998 年以来山西省发生古建筑火灾 21 起,大部分由于距离消防队较远,没有得到及时扑救,造成较大的损失,直接经济损失达 553 万余元,珍贵文物的损失无法用数字估量。如 2003 年 3 月大同市广灵县的文庙火灾,由于该县没有消防队,水源缺乏,导致文庙大殿付之一炬。有鉴于此,加快古建筑群消防站的规划和建设,非常重要和迫切。

2.1.2 消防站的建设要因地制宜、多种形式、小型适用

古建筑群大多为毗连建造的木结构或砖木结构的三、四级耐火等级的建筑,耐火性能极差,火灾荷载大,防火间距严重不足,一旦发生火灾,火势会迅速蔓延扩大。

针对古建筑火灾的蔓延特点和当前消防警力相当紧张的实际,古建筑的消防站规划和建设要考虑以下特点:

(1)不应套用《城市消防站建设标准》中规定的消防站的布局以接到报警后 5 min 消防队到达责任区边缘和保护面积为 4 ~ 7 km² 的要求。应在不破坏古建筑群整体格局的前提下,将到达的时间减到最小。

(2)可以建公安、企业专职、兼职等多种形式的消防站,人员数量也要切合实际。

(3)消防站的建筑面积也不一定要按照《城市消防站建设标准》的规定,可因地制宜,不要建大而全的消防站,宜小型、适用。

(4)消防站的建筑形式可不拘一格,不一定非是红色的大门和现代式样的建筑,可以设计为仿古建筑与周围的古建筑群格调相协调和一致。

2.2 消防器材装备要立足古建筑火灾扑救的实际

2.2.1 消防车辆配置应与消防通道相适应

古建筑群普遍存在消防通道不畅的问题,例如有的古建筑通道宽还不足 1 m。在消防车辆的配置上,除配置普通的消防车外,还要配置适合其街道通行的小型消防车。做规划时不能按照常规的思维,不能让消防通道来满足消防车的通行要求,而应是消防车辆要尽量适应古建筑群消防通道的需要。

对建于高山深谷之中,依山而建、道路崎岖坎坷,或建于城区,但设有门槛、台阶等情况而使消防车无法通行的古建筑群,其专、兼职消防队可以不配消防车辆,应配手抬机动泵、推车式灭火器等适用型的器材装备。

2.2.2 消防器材的配置,必须减少火灾扑救时的水渍损失

古建筑群的消防水源严重缺乏,又有大量的壁画、彩绘、泥塑、文字资料等特别贵重的历史珍品。对这类古建筑,火灾扑救时必须减少水渍损失,要研发和配置适合扑救古建筑火灾所需的水渍损失小、节水型的灭火装备和抢险救援器材,如高压脉冲水枪等,达到既节约用水又减少损失的目的。

2.3　消防供水要因地制宜

2.3.1　建不同类型的消防水池和消防泵房

古建筑消防水源严重缺乏。消防规划时,在缺乏水源的地区,要结合古建筑群的地形特点,建设不同类型的消防水池和消防泵房。在消防车能够到达的地方,应修建供消防车取水用的设施。

2.3.2　消防给水管网的布置要满足灭火救援的实际

在一时还不可能建大量消防站的情况下,大部分古建筑距离消防队较远,或因地形等条件的限制,一旦发生火灾,消防车在短时间内无法到达。这样在室外消火栓的规划建设上也不应按照 120 m 的间距和 150 m 的保护半径布置,古建筑必须立足于自防自救,其间距应能保证有两支水枪的充实水柱同时到达古建筑内为宜。

2.4　古建筑的开发利用和消防安全布局应合理

古建筑之间及部分古建筑与其他建筑之间,普遍存在防火间距严重不足问题,特别是坐落在城区的古建筑尤为突出,有的古建筑地处成片民居包围之中,有的只有一墙之隔,一旦发生火灾事故,将会形成火烧连营之势。

规划时要将古建筑群内的危险源逐步搬迁,影响古建筑消防安全的周边建筑,应下决心列入拆迁计划。

古建筑群进行开发和利用也应有科学规划,应该建立在保护的基础上,在相应历史、文化背景下进行;庙宇或者类似历史建筑,利用时就应该参照它在古代时的使用功能,这是联合国教科文组织赞成的利用方式。不能合理的开发和利用,就会带来安全隐患。"世界文化遗产"武当山古建筑群重要组成部分之一的遇真宫被出租并用做一家能容纳700 人的武术学校。2003 年 1 月 19 日,遇真宫主殿因照明线路搭设不规范并疏于管理发生大火,最有价值的主殿三间共 236 m² 建筑全部化为灰烬,周边文物也受到不同程度影响。

2.5　古建筑的消防技术保护应列入规划,但不应破坏其原貌

2.5.1　维持原貌、确保重点

大部分的古建筑既有极高的文化和艺术价值,又有相当大的火灾隐患。如何使它们免受火灾危害,也是消防规划的重要内容,所以,古建筑的消防技术保护措施必须列入消防规划,这是古建筑群的消防规划与一般的消防规划所不同的重要特点。应将古建筑按重要性分为不同类型的保护等级,有重点地分别采取不同的消防技术措施予以保护。

《中华人民共和国文物法》规定:文物保护工程必须遵守不改变文物原状的原则,全面地保存、延续文物的真实历史信息和价值。所以,古建筑的消防技术保护原则应是在不破坏古建筑原貌的基础上,确保消防安全。

2.5.2　古建筑内不宜设固定消防给水设施

《建筑设计防火规范》(GB 50016—2006)中规定:国家级保护单位的砖木结构和木结构建筑应设室内消火栓给水系统和自动喷水灭火系统。但这样的规定不切合实际,古建筑内不宜设固定消防给水设施。以山西应县木塔为例,该建筑始建于辽代清宁二年(公元 1056 年),距今 948 年,高约 67.3 m,是现存塔身最高、年代最古老的木结构佛塔,其独特的价值就在于它是工艺精湛的全木结构的建筑,如按建规的要求设置喷淋和消火栓系

统,就势必破坏其原有的价值,失去了保护的意义和初衷。在不宜设室内消防给水系统的古建筑群,宜增加推车式灭火器的配置数量。

2.5.3 古建筑应设火灾自动报警系统和避雷设施

火灾自动报警系统是保护古建筑的有效措施,但消防技术规范恰恰没有规定古建筑要设火灾自动报警系统。1998年4月4日凌晨,山西省临汾市尧庙广运殿发生的特大火灾,火灾发生30 min后,值班室的人员还未发现,致使砖木结构的广运殿及殿内尧王等泥塑像9尊被烧毁,直接经济损失达451.17万元。如设有火灾自动报警系统,火灾被及时发现,损失将会减到最小。

避雷设施也是预防古建筑火灾事故的有效手段,大多文物古建筑防雷设备不够完善,这类事故也多有发生。2004年4月26日山西运城稷山大佛寺遭雷击发生火灾;2002年9月7日,应县木塔遭雷击,所幸未引发火灾事故。

2.5.4 加强用火用电的规划

对国家级文物保护单位的主要建筑禁止设置电气线路。其他古建筑内不符合要求的电气线路,应严格按照电气安全技术规程要求做出改造规划。

古建筑周围居民的用火管理,确定为宗教活动的建筑,对点灯、烧纸、焚香的场所和方式均应做出规划,采取有效的防范措施。

2.6 古建筑的消防管理措施要更加完善

目前,古建筑在消防安全管理上还存在产权不清,责任不明,安全保卫人员短缺,业务素质低,自防自救能力差,督促文物古建筑单位整改火灾隐患的手段单一等一系列的问题。所以对古建筑的消防安全管理制度和措施要做出规划,予以完善,这也是其不同于一般消防规划的重要特征。

2.6.1 完善法规体系,明确消防安全责任

《文物建筑消防安全管理规则》规定:文物古建筑的消防安全工作由文物古建筑的管理和使用单位共同负责。不仅如此,国家需要进一步完善古建筑消防管理的法规体系,明确各级政府、使用单位、管理单位、消防监督部门等各自的责任。

2.6.2 古建筑的保护要立足自防自救

古建筑火灾蔓延迅速,其保护必须立足自防自救,要规划建立多种形式的消防组织,特别是义务消防组织,要制定切实可行的灭火预案,且要切实加强演练。

古建筑大多被城镇或乡村所包围,应和周边的村民委员会、居民委员会开展有针对性的消防联防机制。

2.6.3 拓宽筹资渠道,加大消防投入

《中华人民共和国文物法》规定:县级以上人民政府应当将文物保护事业纳入本级国民经济和社会发展规划,所需经费列入本级财政预算。

国家用于文物保护的财政拨款随着财政收入增长而增加。国有博物馆、纪念馆、文物保护单位等的事业性收入,专门用于文物保护,任何单位或者个人不得侵占、挪用。

对古建筑消防保护的经费要列出规划,安全投资渠道要多元化。对国家级的文物保护单位,不一定非要当地政府投资,像山西这样经济欠发达的地区,国家应予以资金上的倾斜和支持;同时可以允许民间资本参与古建筑消防保护,或从旅游收入中按比例提取资

金等多渠道筹资,以保护全人类的共同遗产。

3 结 语

(1)必须将消防规划纳入古建筑群总体规划。古建筑的防火技术保护、开发利用、消防安全管理等也应作为规划的主要内容。

(2)古建筑群的消防规划编制应在充分调研的基础上,紧密结合古建筑的特殊性和历史性,提出切实可行的意见。

(3)消防规划编制后,应组织城建、消防、文物等有关方面的专家进行专家论证,以制订科学、合理的规划方案。

(4)建议国家有关部门尽快完善古建筑的消防管理法规,推进法制化管理进程。启动古建筑消防保护的课题研究,科学合理地保护好人类的瑰宝。

浅谈园林工程施工的合理管理组织形式

袁 涛 刘 虎 李 苗

（河南天工建设集团有限公司）

【摘　要】 园林工程施工过程中存在复杂多样、施工专业性强、施工技术复杂等特点。这要求园林施工单位在园林工程施工中运用现代项目管理的理论和方法,对园林工程项目进行管理,以提高园林工程项目的效益和效率。针对目前园林工程施工管理中出现的问题,本文介绍了几种合理的管理组织形式,对于园林工程施工管理有一定的参考意义。

【关键词】 园林工程;施工;管理;组织

园林工程涉及面广,是一个较为复杂的综合性工程,它主要包括土方、水景、园路、假山、种植、给排水、供电工程等内容。随着现代城市景观环境要求的不断提高,新技术、新材料在园林景观上的不断应用,园林工程专业分工愈来愈细,园林工程的内容也在不断发展,朝着多样化、复杂化的方向发展,园林工程规模也日趋扩大。这就要求园林施工单位在园林工程施工中运用现代项目管理的理论和方法,按照园林工程运行的客观规律要求,对园林工程项目进行管理,以提高园林工程项目的效益和效率。因此,积极合理的管理组织形式对实现工程项目目标具有重要的影响。

1 园林工程的施工类型及管理特点

1.1 园林工程的施工类型

一般来说,园林工程施工类型包括两类,一是基础性工程施工,二是建设施工主体。基础性工程包括:

（1）土方工程施工。在园林工程建设中,土方工程首当其冲。开池筑山、平整场地、挖沟埋管、开槽铺路、安装园林设施、构件、修建园林建设等均需动用土方。

（2）钢筋混凝土工程施工。随着现代技术、先进材料在园林工程建设中的广泛运用,钢筋混凝土工程已成为与园林工程建设密切相关的工程之一,有预应力钢筋混凝土工程和普通钢筋混凝土工程施工两种。它们在所选用方法、设备、操作技术要求等方面各不相同。

（3）装配式结构安装工程施工。在园林工程建设过程中,许多园林建筑、构件和设施在小品的景观建设中,出现了更多的装配式结构安装工程。

（4）给、排水工程及防水工程施工。

（5）园林供电工程施工。主要包括了电的来源的选择、设计与安装,照明用电的布置与安装,以及供电系统的安全技术措施的制定和落实等工作。

（6）园林装饰工程施工。包括抹灰工程施工、门窗工程施工、玻璃工程施工、吊顶工程施工、隔断工程施工、面板工程施工、花饰工程施工等。

建设施工主体包括：

(1)假山与置石工程施工。假山工程施工包括假山工程目的与意境的表现手法的确定、假山材料的选择与采运、假山工程布置方案的确定、假山结构的设计与落实、假山与周围园林山水的自然结合等内容。置石工程施工则包括置石目的与意境，表现手法的确定，置石材料的选用与采运，置石方式的确定，置石周围景、色、字、画的搭配等内容。

(2)水体与水景工程。其施工内容包括水系规划，小型水闸设计与建设，主要水景工程的建设。

(3)园路与广场工程施工。

(4)栽植与种植工程施工。绿化工程是园林工程建设的主要组成部分，按照园林工程建设施工程序，先理山水，改造地形，辟筑道路，铺装场地，营造建筑，构筑工程设施，而后实施绿化。

1.2 园林工程的施工管理特点

园林工程施工管理的特点表现在：

(1)科学合理地编制施工组织设计在工程项目实施和工程施工管理上占有极其重要的地位。施工程序的安排是随着拟建工程项目的规律、性质、设计要求、施工条件和使用功能的不同而变化，既有固定程序上的客观规律，又有交叉作业、计划决策人员争取时间的主观努力，因而在编制施工组织设计、组织工程施工过程中必须认真地贯彻执行施工程序的安排原则。施工组织设计的编制与施工程序的安排是工程项目施工组织中必不可少的两大重要内容，也是工程项目顺利实施、实现预期目标的重要保障。

(2)施工现场管理是施工管理的重要组成部分。施工现场管理水平的高低，直接影响园林工程的质量。当前，园林工程竞争异常激烈，企业要在激烈的市场竞争中求生存、求发展，就必须向用户提供质量好、造价和工期合理的新产品，而生产一个优良产品，除设计、材料供应等因素外，主要靠合理的施工工艺和有效的施工现场管理来保证。一般来说，施工现场管理水平的高低决定着企业对市场的应变能力和竞争能力。工程中标后，首先组建现场施工管理组织机构——现场施工项目部，由项目部统筹管理。施工现场主要工作包括施工准备、正式施工、竣工验收和养护管理等阶段。

(3)需要科学地进行施工成本管理。每个工程的成本管理包括成本的确定、成本的控制、降低成本的措施等方面，其中降低项目成本是项目成本管理的关键内容。

2 确定合理的施工管理组织形式

2.1 管理组织形式的确定原则

项目管理组织形式是指由施工管理机构——施工项目部具体采用的管理组织机构，它决定了项目管理层获取所需资源的可能方法与相应的权力。根据工程项目的特点，以及施工企业自身的情况来选择相应的管理组织形式，应该遵循以下六个原则：

(1)整体效率原则。项目组织形式是为项目整体运作服务的，确定合适的组织形式的目的是能优质高效地完成项目的整体任务。

(2)权责一致原则。在项目组织设计时，要明确各组织单元的职责与权力，使职责与权力相一致。其中,适当授权是关键。

(3)专业分工与协作统一原则。项目各组织单元既要有明确的工作目标和任务,也要有有序的协作。

(4)管理跨度与管理层次合理原则。管理跨度与管理层次成反相关关系。一般来说,项目组织设计中,应在充分考虑影响管理跨度的各种因素后,根据实际情况确定管理层次。

(5)弹性结构原则。项目组织形式要根据工作任务、技术特性等内外环境的变化而变化,以保证组织能进行动态的调整。

(6)精简高效原则。项目组织在保证必要职能的前提下,应减少管理层次,优化人员资源配置,力求做到机构精,人员少,效率高。

2.2 几种有效的组织管理形式

这几种组织管理的形式各有其使用范围及优缺点,可以根据项目的具体特点而选择使用或者综合各种方式的优点,较好的发挥其作用。

2.2.1 直线式组织形式

直线式组织形式是权力系统自上而下形成直线控制,统一指挥,下级只接受唯一上级的指令。项目部无专门职能部门,这种组织形式的特点是组织机构简单、权力集中、权责分明、决策迅速,但专业分工差。实行没有职能部门的"个人管理",项目经理负责整个工程项目组织、协调和指导工作,项目经理要具有较广的知识面和较强的技能。这样的管理形式适用于项目规模小,技术简单,协作关系较少的单一绿化工程和小型园林配套工程及大、中型园林工程后期养护管理工作。这种组织形式在园林绿化工程管理中应用比较广泛。

2.2.2 职能式组织形式

职能式组织形式强调专业分工,是以职能作为划分部门的基础,把相应的管理职责和权力交给职能部门,各职能部门在本职能范围内有权直接指挥下级,这种组织形式的特点是专业分工强,能充分发挥职能机构的专业管理作用及专业人才的作用,有利于项目的专业技术问题的解决。缺点是存在着政出多门的弊端,由于项目部人员受职能部门与项目部门的双重领导,对于上级存在矛盾的指令难以适从;各职能部门之间信息共享程度低,难以协调。这种管理形式适用于专业面窄、工期较长的中型园林工程及承接多项园林工程时。

2.2.3 矩阵式组织形式

矩阵式是现代大型工程管理中广泛应用的一种新型组织形式,它吸取了职能式和直线式各自的优点,力求使多个项目与各职能部门有机地结合。它将各职能部门的专业人员组织在一个项目部内,既可充分发挥职能部门的纵向优势又能发挥项目部的横向优势,使决策问题集中管理,工作效率高。它要求从高层管理的角度明确项目经济的责任与权力,以及各职能部门的作用。它是为了某项目临时组建的半松散型组织,项目人员不独立于职能部门之外,项目结束后,便回到各原职能部门,有利于项目部的动态管理和优化组织。对其双重权力下产生的冲突,我们可以建设性地加以引导。这样的组织管理形式适用于大型园林综合性工程,其工程量大,内容庞杂,技术复杂,工期较长,对资源共享程度要求较高,如大规模的公园、绿地的建设工程,其工程内容涉及地形改造、叠山理水、植物种植、灯光照明、建亭筑榭、地面铺装等。

3 结 语

园林工程项目管理的组织形式,对于园林工程项目管理的实施效果具有决定性的影响。我们在选择组织形式时,要以实现工程目标为核心,以利于决策指挥和沟通协调为基本点,灵活应用组织形式。对不同的园林工程项目采用不同的组织形式,即使同一项目,也可在不同建设阶段采用不同的组织形式。随着我国工程建设领域改革的不断深入,园林工程已广泛实行了工程招投标,市场竞争日趋激烈,借鉴其他工程领域已取得的工程项目管理经验,完善与发展园林工程项目组织形式,对提高园林工程建设水平和投资效率,促进园林行业发展具有重要意义。

参考文献

[1] 吕炳锡. 谈园林工程施工管理[J]. 科技咨询,2007(9):153-154.

[2] 钟雪花. 园林工程类型与施工程序探讨[J]. 科技信息,2007(15):351-352.

[3] 林进中. 浅谈园林工程的特点及管理[J]. 科技咨询导报,2007(23):60-61.

[4] 周敏,马洪英. 浅谈园林施工管理与技术难点的几个问题[J]. 四川建材,2006(3):109-110.

[5] 李汉基. 园林施工项目管理的基本方法及管理过程[J]. 今日科苑,2007(14):111.

[6] 卜娜蕊,王利文,李万勤. 浅谈施工管理[J]. 河北建筑工程学院学报,2002(2):99-103.

[7] 李汉基. 园林绿化工程质量管理与控制[J]. 科技咨询导报,2007(23):57.

[8] 孟兆祯,毛培琳,黄庆喜,等. 园林工程[M]. 北京:中国林业出版社,1996.

[9] 杨旻. 浅析园林工程项目管理的组织形式[J]. 技术与市场:园林工程,2007(3):46-47.

[10] 丛维军. 现代园林工程存在的一些问题[J]. 技术与市场:园林工程,2007(8).

外墙外保温技术常见的质量问题

赵亚飞　张浩亮

（许昌市建设工程质量检测站）

【摘　要】　本文分析了近几年运用外保温技术建成的节能住宅,外墙出现的脱落、空鼓、开裂、室内反霜、结露等多种常见问题。

【关键词】　外墙外保温;质量;裂缝

随着建筑节能工作的不断推进、"二步节能标准"的贯彻实施,建筑节能已成为建设领域发展的一个主要方向。在节能建筑中节能指标一般是通过对建筑物采取综合的保温节能措施,运用先进合理的节能技术来实现的。而外墙外保温技术以其构造合理、消除热桥、节能效率高、热稳定性好、增大使用面积等优点而成为目前建筑节能的主导技术。

通过近几年节能工作的不断深入,在全国采用外墙外保温技术建成了大批的节能住宅,这些节能住宅的建成极大地推动了建筑节能产业的发展。可是外墙外保温技术在近几年的推广和应用过程中也出现了很多的问题:由于外保温系统处于建筑物的最外侧,这样传统建筑中外围护结构所面临的风雨的侵蚀、温度变化引起的应力作用、冻融、冻胀及大气中酸碱的腐蚀等外部环境造成的危害,这时就要由外保温系统承担起来了,所以说对外墙外保温系统的要求应具有更高的安全性和耐久性,只有这样才能保证外保温系统长久的正常使用,才能保证节能建筑的工程质量。在近几年运用外保温技术建成的节能住宅,外墙出现了脱落、空鼓、开裂、室内反霜、结露等很多问题。原因主要包括:①外墙外保温设计的不完善;②施工方法不规范,缺乏施工过程的必要质量控制手段;③外保温技术、材料的质量、性能不合乎外保温对产品的质量要求。

1　材料因素

随着建筑节能产业化规模的初步形成,建筑市场对建筑节能产品的需求越来越大,建筑节能工作的推广,为节能产品的生产企业提供了广阔的市场空间。受市场利益需求的驱使,国内相继建立起许多生产外保温产品的厂家,在广阔的市场前景的诱惑下一些国外的节能产品也相继进入国内的建筑节能市场。这些企业进入建筑节能领域极大地促进了建筑节能产业的发展,为建筑节能提供了产业化和工业化的基础。可是,也有一些人知道了外保温技术的一点点知识,在对外保温的技术还没有完全掌握的情况下就匆匆上马,不考虑如何提高自身产品的质量、性能,不考虑如何完善自己的服务体系,就把一些不合格的外保温产品应用到工程中,导致工程质量问题的发生。还有的厂家在工程投标时虚报价格,以劣质的低价位产品抢占市场,在施工中以次充好、偷工减料,这样做的结果必然导致出现外保温的工程质量问题,这些问题的出现给建筑节能工作的开展带来了负面影响。

对于生产节能产品的企业,需要行业主管部门加强对企业的规范和管理,建立起完善的认证制度,制定出科学、严格的认证标准,制定出准确的定额标准,编制出严谨的施工技术规程及标准图集,加大对节能产品和施工过程的监控力度,只有这样才能把那些不合格的产品拒之门外,保证节能建筑的工程质量,确保建筑节能产业得以健康、有序的高速发展。

2 设计因素

外墙外保温技术在国内应用和推广的时间还不很长,建筑设计人员对于各种外保温技术还没有很好的认识和掌握,对于外保温的一些做法还存在着模糊的概念,不能很好地灵活掌握和运用,导致设计和施工脱节,不能有效地指导施工,从而因为结点方案设计的不完善而导致外保温产生问题。以下几个在外保温中常出现的问题应引起设计者的重视。

2.1 老虎窗的保温处理

近几年,在建筑设计中对屋面倡导平改坡,为了加强顶层房间的采光效果,同时为了体现建筑物的立面形式和层次变化,多在坡屋面上设置了老虎窗。老虎窗周围的装饰线条变化和墙体的转折比较复杂,而且这部分墙体和装饰线条一般都采用现浇混凝土来处理,因混凝土的传热系数较高,在对该部分的围护结构进行保温处理的时候,常出现因保温方案处理的不完善,在冬季内墙面出现返霜、结露的现象,恶化了居民的居住环境。出现这个问题的主要原因是老虎窗处的线条过多,而在设计中这些线条又多以混凝土挑出,在做保温时因为用混凝土浇筑成的线条的比例关系已经确定,在其上再加保温层,势必导致线条既定比例关系的失调,所以为不破坏建筑的立面表现形式,只能放弃对该部分的保温处理,由于未对裸露部位的混凝土采取保温处理而导致室内出现返霜、结露现象。老虎窗根部与坡屋面的交接处如果保温处理不好,也容易出现保温断点,导致返霜、结露情况的发生。对于建筑的装饰线条处理应尽量利用外保温技术,采用苯板来完成对线条的表观处理。

2.2 窗的节能节点设计

在节能设计中对窗的设计位置有一个原则,根据保温形式的不同而设置的位置不同。当采用内保温时窗应该靠近墙体的内侧;当采用夹心保温时窗应该置于夹心的保温层部位,外保温则应靠近墙体的外侧。尽量使保温层与窗连接成一个整体,以减少保温层与窗体间的保温断点,避免热桥的发生。有的设计人员在设计中忽视了外窗膀传热对耗热指标的影响,出现没有对外窗洞口周边的窗膀采取保温设计处理的现象。窗洞周边的热桥效应在节能建筑的能耗比例中占有很大的比例这个问题不容忽视。在窗的设计中还应该考虑窗根部上口的滴水处理和窗下口窗根部的防水设计处理,防止水从保温层与窗根的连接部位进入保温系统的内部而对外保温系统造成危害。

2.3 结构伸缩缝的节能设计

结构伸缩缝两侧的墙体,是建筑各围护结构中耗热量较大的部位,在设计中,设计人员往往忽视对这部分采取保温措施。在具体的设计中应在主体的施工过程中随施工随在伸缩缝中错缝填塞双层苯板,板间用木楔挤紧,这样就相当于给这两侧的墙体做了一道廉价的外保温。

2.4 女儿墙内侧增强保温处理

对于女儿墙外侧墙体的保温在设计中往往都能够重视,保温层延续到女儿墙的压顶,可是设计者往往忽视了对女儿墙内侧的保温。女儿墙内侧的根部靠近室内的顶板,如果不对该部分采取保温处理,该部位极容易因为热桥通路变短,而在顶层房间的顶板棚根处,产生返霜结露现象。对女儿墙的内侧采取保温措施还有助于保护主体结构,使得因温度变化而引起的应力作用都发生在保温层内,避免了女儿墙墙体裂缝这一质量通病的发生。

2.5 加强保温截止部位材质变换处的密封、防水和防开裂处理

在保温层与其他材料的材质变换处,因为保温层与其他材料的材质的密度相差过大,这就决定了材质间的弹性模量和线性膨胀系数也不尽相同,在温度应力作用下的变形也不同,极容易在这些部位产生面层的抹灰裂缝。同时,应该考虑这些部位的防水处理,防止水分侵入保温系统内,避免因冻胀作用而导致系统的破坏,影响系统的正常使用寿命和系统的耐久性。

对于不同的节能建筑因其设计形式的不同、建筑功能的不同、所选用的材料和运用的外保温技术不同,所采取的结点设计形式也应有所区别。对于每一个单体工程的不同部位我们应具体部位具体分析,根据设计的形式,所选用的外保温技术和材料做出完善的结点设计处理方案,只有这样才能正确的指导施工,保证外保温系统的工程质量。

3 施工操作因素

在影响外保温工程的质量因素中,因施工操作原因而产生的质量问题最多,因此规范外保温工程施工操作,加强施工过程中的严格质量监控,厂家根据自己产品的特点进行专业化的服务指导等,是保证外保温工程质量的重要控制手段。对于外保温工程施工中容易出现的问题主要反映在以下几个方面。

3.1 外保温系统的脱落

(1)所用的胶粘剂达不到外保温技术对产品的质量、性能要求或采用机械固定时锚固件的埋设深度和锚固数量不符合设计规范要求。

(2)黏结胶浆配比不准确或选用的水泥不符合外保温的技术要求,而导致外保温系统的脱落。

(3)基层表面的平整度不符合外保温工程对基层的允许偏差项目的质量要求,平整度偏差过大。

(4)基层表面含有妨碍粘贴的物质,没有对其进行界面处理。

(5)黏结面积不符合规范要求,黏结面积过小,未达到30%黏结面积的质量规范要求(不同厂家对黏结面积的要求是不一样的)。

(6)采用的聚苯板的密度不足 18 kg/m^3,使其抗拉强度过低,满足不了保温系统自重及饰面荷载对其强度的承载要求,导致在苯板中部被拉损破坏。

3.2 冬季内墙面返霜结露

(1)因保温结点设计方案不完善形成局部热桥而引起的。

(2)在施工时,因聚苯板的切割尺寸不符合要求或施工质量粗糙造成保温板间缝隙过大,在做保护层时,没有做相应的保温板条的填塞处理而引起的。

(3)楼体竣工期晚,墙体里的水分还没有散发出来引起的。在经过一个采暖期后,这种现象会有所改善。

3.3　保温层粘贴时保温板的空鼓、虚贴

(1)基层墙面的平整度达不到要求。

(2)墙面过于干燥,在粘贴保温板时,没有对基层进行掸水处理。雨后墙面含水量过大,还没有等到墙体干燥就进行保温板的粘贴,因墙体含水量过大,引起胶浆流挂导致保温板的空鼓、虚贴。

(3)胶浆的配制稠度过低或黏结剂的黏度指标控制不准确,使得胶浆的初始黏度过低,胶浆贴附到墙面时产生流挂而导致板面局部空点、虚贴。

(4)操作原因引起的:当进行保温层的施工时,不是双手均匀的挤揉压板面端,造成另一端翘起,引起另一侧的板面虚贴、空鼓。

(5)在施工时敲、拍、震动板面引起胶浆脱落而导致板面的空鼓、虚贴。

3.4　保护层面层抹灰层的空鼓开裂

(1)胶粘剂的柔性指标不够、脆性过强,使得胶浆的抗变形能力不足,以抵抗面层因应力作用引起的变形,导致开裂。

(2)胶粘剂里有机物质成分含量过高,胶浆的抗老化能力降低,在工程竣工后几年内出现大面积开裂现象。

(3)水泥的比例过大,胶浆的强度等级过高,面层胶浆早期收缩过快而引起面层开裂。

(4)保护层面层胶浆的吸水率过高,在冬季因冻融、冻胀作用引起面层开裂。

(5)工程用砂选用中砂,为了追求薄抹面层的厚度控制,导致砂的过筛粒径过细,含泥量过高,砂子的粒径级配不合理等原因造成面层的开裂。

(6)聚苯板没有完成外保温对其养护期的要求,聚苯板上墙后产生较大的后收缩,变形过大引起面层的开裂。

(7)聚苯板粘贴时局部出现通缝或在窗口四角没有套割由于板间接缝引起开裂。

(8)玻璃纤维网格布的平方米克重过低、延伸率过大、网格布的网孔尺寸过大或过小,网格布的耐碱涂敷层的涂敷量不足,导致网布的耐碱强度保留率过低引起开裂。

(9)面层中网格布的埋设位置不当,过于靠近内侧;因网格布间断开无搭接或搭接尺寸不能满足规范的要求而引起的无约束开裂裂缝。

(10)窗口周边及墙体转折处等易产生应力集中的部位,未设增强网格布以分散其应力引起裂缝。

(11)抹底层胶浆时直接把网格布铺设于墙面上,透过网格布隔墙打牢,胶浆与网格布不能很好的复合为一体,使得网格布起不到应有的约束和分散作用。

(12)胶浆没有充分搅拌均匀,面层收缩不一致导致裂缝。

(13)面层抹灰过厚或过薄。

(14)保温板板面不平,特别是相邻板面不平。

（15）板间缝隙用胶粘剂填塞。

（16）当面层的增强材料为钢丝网时，没有采用抗裂砂浆做面层抹灰材料，依然采用普通水泥砂浆做为面层抹灰的材料，在面层中因钢筋、水泥砂浆、苯板、冷拔钢丝这几种材料的线性膨胀系数相差过大变形不一致而产生裂缝。

（17）施工面层在太阳曝晒下进行或在高温天气下抹完面层后，未及时喷水养护，导致面层失水过快而引起面层开裂。

（18）面层抹灰时过于追求表面观感，采取蘸水拍浆的处理方式，引起面层的骨料过少而产生裂缝。

（19）在材料柔性不足的情况下未设保温系统的变形缝。因系统的连续面过长累积变形过大而引起面层的开裂。

（20）在保温系统的截止部位因对不同材料材质变换处的防水处理或柔性、或刚性的处理方案不正确而产生裂缝。

通过上述分析，可以看出影响外保温工程质量问题的因素很多，需要我们从行业主管部门到建设单位、设计单位、施工单位、监理单位和节能材料的生产厂家等齐抓共管，抓好外墙外保温技术应用的每一个重要环节，加大质量体系的控制力度，遵循外墙外保温的技术要求，对应不同的建筑特点和不同的外保温形式，制定合理的应用技术方案，保证外保温的工程质量，建设更多更好的外保温节能住宅。

住宅建筑施工现场安全识别管理系统初探

刘　虎　袁　涛　李　苗

（河南天工建设集团有限公司）

【摘　要】　本文分析了住宅建筑施工安全管理的特点、施工现场安全管理必须坚持的原则。根据住宅建筑的特点,提出了必须进行现场的危险源识别的工作,以便让所有的管理人员都对施工现场危险的存在有一个深刻的认识,为了克服住宅建筑"点大面广"难以全面管理的不足,建立安全识别系统。

【关键词】　安全识别;管理;住宅建筑;施工现场

1　住宅建筑施工现场安全识别管理的特点

建筑施工现场属于高危险的作业环境,其安全管理的特点如下。

1.1　施工环境十分复杂

建筑施工是由沉重的建筑材料,不同功用的大小施工机具,多工种密集的操作人员,在地下、地表、高空多层次作业面上每时每刻都在变更作业结构,全方位时空立体交叉运作系统。

1.2　施工环境难以全面控制

1.2.1　复杂的承包关系

建筑施工实行多层次、多行业、多部门承包的管理体制,多种承包商同时进入现场又各自组织作业,而每次施工地点变化时承包商也有变化,这就造成特别难以协调的不稳定的管理体系。

1.2.2　复杂的施工队伍

一方面是各大建筑企业本身的技术队伍质量不稳定,流动性很大,加之乡镇、集体、个人建筑队技术工人少,质量又差,这就构成了建筑施工基础管理上的先天缺陷;另一方面是有不同地区、较低文化技术品质甚至是完全没有现代化安全生产观念的又未受到必要培训的临时工大量涌入高危险性施工现场。

1.2.3　施工质量直接影响建筑物的质量安全

由于施工质量引发的建筑物部分坍塌或整体倒塌的恶性事故已发生很多,既造成施工过程中伤亡,也曾造成用户及周围人员伤亡。因此,建筑施工安全管理与施工质量管理密切相关,这就扩大了安全管理的职责范围,同时使安全管理需要与材料品质、工艺方法、工序组织等管理相衔接。从而提高了安全管理的技术难度。

2　住宅建筑施工现场安全管理必须处理好的关系

2.1　安全与危险并存

安全与危险在同一事物的运动中是相互对立、相互依赖而存在的。因为有危险,才要进行安全管理,以防止危险。安全与危险并非是等量并存、平静相处的。保持生产的安全状态,必须采取多种措施,以预防为主,危险因素是完全可以控制的。危险因素是客观地存在于事物运动之中的,自然是可知的,也是可控的。

2.2　安全与生产的统一

生产有了安全保障,才能持续、稳定发展。生产活动中事故层出不穷,生产势必陷于混乱,甚至瘫痪状态。当生产安全发生矛盾,危及职工生命或国家财产时,生产活动停下来整顿、消除危险因素以后,生产形势会变得更好。"安全第一"的提法,决非把安全摆到生产之上。忽视安全自然是一种错误。

2.3　安全与质量的包涵

质量与安全交互作用,互为因果。安全第一,质量第一,两个第一并不矛盾。安全第一是从保护生产因素的角度提出的,而质量第一则是从关心产品成果的角度而强调的。安全为质量服务,质量需要安全保证。生产过程丢掉哪一头,都要陷于失控状态。

2.4　安全与速度互保

生产的蛮干、乱干,在侥幸中求得的快,缺乏真实与可靠,一旦酿成不幸,非但无速度可言,反而会延误时间。速度应以安全作保障,安全是速度。安全与速度成正比例关系。当速度与安全发生矛盾时,暂时减缓速度,保证安全才是正确的做法。

2.5　安全与效益的兼顾

安全技术措施的实施,定会改善劳动条件,调动职工的积极性,焕发劳动热情,带来经济效益,足以使原来的投入得以补偿。从这个意义上说,安全与效益完全是一致的。安全促进了效益的增长。在安全管理中,投入要适度,工料要适当,精打细算,统筹安排。既要保证安全生产,又要经济合理,还要考虑力所能及。单纯为了省钱而忽视安全生产,或单纯追求不惜资金盲目高标准,都不可取。

3　住宅建筑施工现场安全管理必须坚持的原则

3.1　管生产同时管安全

国务院在《关于加强企业生产中安全工作的几项规定》中明确指出:"各级领导人员在管理生产的同时,必须负责管理安全工作"。"企业中各有关专职机构,都应该在各自业务范围内,对实现安全生产的要求负责。"

管生产同时管安全,不仅是对各级领导人员明确安全管理责任,同时向一切与生产有关的机构、人员,明确了业务范围内的安全管理责任。各级人员安全生产责任制度的建立,管理责任的落实,体现了管生产同时管安全。

3.2　必须贯彻预防为主的方针

贯彻预防为主,要端正对生产中不安全因素的认识,端正消除不安全因素的态度,选准消除不安全因素的时机。在安排与布置生产内容的时候,针对施工生产中可能出现的危险因素,采取措施予以消除是最佳选择。在生产活动过程中,经常检查、及时发现不安全因素,采取措施,明确责任,尽快、坚决地予以消除,是安全管理应有的鲜明态度。

3.3　安全管理重在控制

进行安全管理的目的是预防、消灭事故,防止或消除事故伤害,保护劳动者的安全与健康。事故的发生,是由于人的不安全行为运动轨迹与物的不安全状态运动轨迹的交叉。从事故发生的原理,也说明了对生产因素状态的控制,应该当作安全管理重点,而不能把约束当作安全管理的重点,是因为约束缺乏带有强制性的手段。

4　住宅建筑施工现场安全识别系统的建立

部分小区采用过进出现场出入证制度,但由于人员流动过大,小区进出口过多,而难以收到理想的成效。特别是到了小区的后期,将近竣工验收阶段,由于大多数的施工围墙都已拆除,一部分心急的购房户急于参观自己的新房,给现场的安全管理带来了很大的困难。单单靠为数不多的安全管理员来一一管理,非常困难也不太实际。因此,就非常有必要建立施工现场的安全识别系统,提醒和警示进出施工现场的人员,哪些地方是安全的,哪些地方是不安全的;我们在进入不安全的地方应该注意什么,应该做哪些预防和防护措施;哪些是能做的,哪些是不能做的等。因此,施工现场的安全管理首先是人的管理。

4.1　个人因素事故致因模型

个人因素事故致因模型是一个建立在人的认知和行为调整阶段的事故致因模型,这个模型表示的是潜在危险存在的情况下,由于个人因素的作用,事故的发生或避免。在工作情况中,个人因素的不同能够对事故的发生造成影响。在实际情况中,有时安全的行为并不一定绝对可以避免事故,不安全的行为也并不一定绝对导致事故的发生。

4.2　安全识别系统

4.2.1　SVI 系统

安全识别(SVI)系统是根据企业所处的行业特点及行业安全标准,结合企业的安全文化理念,形成企业安全方面的识别系统。它指导企业"安全视觉标志"(安全标志、安全色、安全宣传教育设施、安全形象标志等)的设计和实施,提高"安全标志"的统一性、标准性、系统性和艺术性。

4.2.2　SVI 系统的构成

(1)统一的识别形象标志:可以是抽象的或具象的。

(2)企业安全标准色:企业为塑造特有的安全形象、传递安全信息而确定的某一特定的色彩或一组色彩,运用在所有的视觉传达设计媒体上,透过色彩特有的知觉刺激与心理反应,表达企业的安全理念,引起受众的视觉及心理关注。企业在选择安全标准色时,要参考国家标准《安全色》(GB 2893—2001)。

(3)确定的空间或媒介:如车间、办公室、生产设备、生产设施、生产工器具等。

(4)规范的安全标志:安全标志、标语、标牌等(有国家或国际标准的要符合标准要求)。

(5)基本信息:行业规范的安全标准,它是 SVI 建立的基础;其他安全信息,如针对不同对象、不同场所、不同情况的必要安全信息。

(6)信息的传递途径:即安全理念的传播途径,SVI系统将标志牌、招贴、企业环境、交通工具、服装服饰、广告媒体、招牌及包装系统等作为安全理念的传播途径。

(7)明确的理念:企业安全理念有其丰富的内容和构成要素,这些内容和要素构成了安全理念识别系统。它主要包括安全文化、安全方针、安全行为准则、企业安全观等。

(8)依存的文化基础:无论理念、表现形式和文案,都要基于一种单一或多元的文化背景,形成统一的文化特色和文化品味。

4.3 住宅建筑 SVI 系统建立的具体措施

(1)要求各个施工单位在进场施工前,都要进行施工现场的危险源的辨识工作,并及时提交工程监理部和工程项目部,由监理部和项目部进行评议、分析并进行汇总,然后统一发放到各施工单位项目经理手中,要求按照统一的标准进行危险源的预防工作。

(2)工程项目部和监理部按照国家标准《安全色》(GB 2893—2001)设置统一的标准,并要求各施工单位要统一安全标志牌的悬挂位置,以方便进出现场的人员进行辨别。

(3)在小区现场各个主要的通道边树立安全宣传牌,将在小区现场内所有使用的标志牌的意义进行解释,并画出详细的小区内的道路交通示意图,以方便进出小区的人员,特别是那些对施工现场的安全防范不太了解的人员对安全标志的辨识,让进出小区的每一个人都能了解一些基本的安全防护措施,这样就能尽可能的消除由于管理不能及时到位所产生的安全隐患。

(4)在小区沿着主干道的施工围墙上书写上安全标语,时刻给进入小区施工现场的人员以提醒。在醒目的位置,以图画的形式反映施工现场的安全隐患,以及危害的严重后果。

(5)要求各施工单位在其负责建设的标段的主入口处,设置"五牌一图",并根据各自施工单位的实际,提出安全管理目标,实行安全目标责任制上墙。

(6)在每个施工区域内,要求设置安全宣传栏,结合工程现场的实际情况进行安全宣传。对工程现场每个月的安全生产的形势进行分析,总结经验教训,公布安全生产的奖惩情况。这样可以对现场人员进行教育,对违反安全生产条例的人员进行鞭策。

(7)要求各个施工单位的安全管理人员所佩戴的安全帽的颜色要统一,以便于辨认,方便管理。

参考文献

[1] 叶献军.安全知识读本[M].杭州:浙江科学技术出版社,2006.

[2] 樊锡仁.建筑施工安全法规标准精粹本[M].成都:四川科学技术出版社,2005.

砖混结构墙体裂缝的分析与防治

魏　燚　裴文昌　陈淑慧

（新乡市天成建筑材料检测有限公司）

【摘　要】 本文就砌体结构常见裂缝的原因进行分析，并提出防治措施。

【关键词】 砌体结构；裂缝

1　砌体结构裂缝产生的原因

1.1　不均匀沉降

为防止地基不均匀沉降在墙体上产生各种裂缝而采取的措施有：

（1）合理设置沉降缝，将房屋划分成若干个刚度较好的单元，或将沉降不同的部分隔开一定距离，其间可设置能自由沉降的悬挑结构。合理布置承重墙，应尽量将纵墙拉通，尽量做到不转折或少转折。避免在中间或某些部位断开，使它能起到调整不均匀沉降的作用，同时横墙间距不能过大，以加强房屋的空间刚度，进一步调整沿纵向的不均匀沉降。

（2）加强上部结构的刚度，提高墙体抗剪强度，减少建筑物端部的门窗洞口，设置钢筋混凝土圈梁，尤其是要加强地圈梁的刚度。

（3）进行地基探槽工作，发现有不良地基应及时妥善处理，然后才能进行基础施工。

（4）屋体形应力求简单，横墙间距不宜过大。

（5）合理安排施工顺序，宜先建体量较大的单元，后建体量较小的单元。

1.2　收缩和温度变化

（1）屋盖系统温度变化使墙体产生的裂缝。这类裂缝较典型和普遍的是建筑物（特别是纵向较长的）顶层两端内外纵墙上的斜裂缝，其形态呈八字或 X 形，且为对称性，轻微者仅在两端 1~2 个开间内出现，严重者会发展至房屋两端 1/3 纵长范围内，并由顶层向下几层发展。此类裂缝对那种刚性屋面的平屋顶，未设变形缝、隔热层的房屋就更易发生。

（2）由于温度变化不均匀使砌体产生不均匀收缩产生的裂缝。由于房屋过长，室内外温差过大，因钢筋混凝土楼盖和墙体温度变形的差异，有可能使外纵墙在门窗洞口附近或楼梯间等薄弱部位发生沿竖向贯通墙体全高的裂缝，这种裂缝有时会使楼盖的相应部位发生断裂，形成内外贯通的裂缝。另外，当房屋层高较大时，墙体因受弯在截面薄弱处（如窗间墙）会出现水平裂缝。

（3）由于钢筋混凝土圈梁与砖墙伸缩量不同产生的裂缝。当材料随时间发生收缩变形和自然界温度发生变化时，由于钢筋混凝土和墙砌体材料收缩系数和线膨胀系数的不同，会在房屋的墙体及楼盖结构中引起因约束变形而产生的附加应力，当这种附加应力过大时会在墙体上产生局部竖向裂缝。

防止砌体结构收缩和温度变化引起裂缝的主要措施有：

（1）在墙体中设置伸缩缝。将房屋伸缩缝设在因温度和收缩变形可能引起应力集中、砌体产生裂缝可能性最大的地方。

（2）屋面设保温隔热层。屋面的保温隔热层或刚性面层及砂浆找平层应设分隔缝，分隔缝的间距不宜大于 6 m，并与女儿墙隔开，其缝宽不小于 30 mm，屋面施工宜避开高温季节。

（3）楼（屋）面板下设置现浇钢筋混凝土圈梁，并沿内外墙拉通。

（4）遇有较长的现浇屋面混凝土挑檐、圈梁时，可分段施工，预留伸缩缝，以避免混凝土伸缩对墙体的不良影响。

1.3 设计上对房屋的设计和构造处理不当

拟建砌体结构的房屋，要做到力学模型准确、传力清楚、荷载统计无误；重视墙体高厚比和局部承压能力的计算，避免因砌体承载力不足而引起的各种裂缝；严格按规范要求设置圈梁和构造柱，以提高砌体结构的整体性，避免因地基不均匀沉降及温差引起的各种裂缝。

1.4 施工质量不合格、使用材料不合格

施工质量对裂缝也有明显影响，因此必须加强监督，严格检查，确保砌体质量，具体来讲着重做好以下几点：

（1）保证施工用原材料的质量。如使用的水泥质量低劣、标号低于规定、稳定性差或含泥量多的细砂等拌制砂浆，强度低、收缩性大、垂直性差、砖的质量不稳定、强度达不到要求，易产生裂缝。

（2）保证砂浆的标号符合设计要求并要有良好的和易性和保水性，拌制砂浆要严格计量，避免砂浆强度波动较大，并保证水平砖缝的砂浆饱满度不小于80%。

（3）砌体的组砌方法要正确。砌筑前要提前摆砖，砖浇水湿润要适宜，严禁干砖上墙。

（4）窗的钢筋混凝土边框与墙体结合处砌体均要留置马牙槎，后浇筑混凝土，以增强边框与墙体的连接。

2 结 语

由于砌体的抗拉、抗剪强度较小，出现裂缝的原因很多，在很大的程度上只能预防。一旦出现裂缝则要注意观察，必要时采取灌浆或加固措施以阻止裂缝的发展。

对建筑结构实体检验的认识

李俊玲

（河南省鼎盛建设工程检测有限公司）

【摘　要】　本文依据《混凝土结构工程施工质量验收规范》（GB 50204—2002）的要求，就结构实体检验的项目和范围、方法和标准及抽检数量与要求进行了探讨。

【关键词】　建筑结构；实体检验；方法；标准

　　我国自从改革开放以来，建筑行业突飞猛进地发展。一座座高楼拔地而起，新的城市、新的经济开发区都发生了日新月异的变化。小高层、高层建筑越来越多。以钢筋混凝土为承重结构的建筑占据了主导地位。但混凝土结构大多是现场浇捣，受温度、环境、施工工艺和技术水平的限制，其质量差别也很大。所以对结构实体检验被摆到了一个突出的位置。在《混凝土结构工程施工质量验收规范》（GB 50204—2002）第10.1.1中，对涉及混凝土结构安全的重要部位应进行结构实体检验。现就结构实体检验谈几点认识。

1　检验的项目和范围

　　对混凝土结构工程应进行混凝土强度、钢筋保护层厚度等两个项目的检验，对砌体混合结构应进行混凝土强度、钢筋保护层厚度、砌筑砂浆强度等三个项目检验。结构实体检验的范围仅限于涉及安全的柱、墙、梁等结构构件的重要部位。对于悬臂梁和大跨度的现浇楼板，钢筋保护层厚度的检验也很重要。在我们的实践过程中，选取构件时应按照"普遍、分散"的原则，使选择构件具有代表性，不能过于集中在某一个区域或某一个部位上，尤其是角柱及容易出现应力集中的边角处更应注意。另外应选择重要构件，如框架梁、主梁、跨度较大的预应力梁，边柱、角柱、抗震剪力墙、承重较大的框架柱，跨度较大的梁或板等构件作为重点。

2　检验的方法和相应标准

2.1　方法

　　现场检验宜优先选用对结构或构件无损伤的检测方法。当选用局部破损的取样检测方法或原位检测方法时，宜选择结构构件受力较小的部位，且不得损害结构的安全性。对混凝土强度的检验，上部结构宜采用回弹法等非破损方法进行检测，必要时采用钻芯法对检测结果进行修正，基础混凝土宜根据基础的不同形式优先采用回弹法或钻芯法。对钢筋保护层厚度的检验，宜采用电磁感应法等非破损或局部破损的检测方法，也可采用非破损方法并用局部破损方法进行校准。对砌筑砂浆抗压强度，宜采用贯入法进行检验。

2.2　标准

　　按照《建筑结构检测技术标准》（GB/T 50344—2004）的规定，应采用国家标准或行业标准、地方标准,对于有地区特点的检查项目,可选用地方标准。当国家标准、地方标准、或行业标准的规定与实际情况确有差异或存在明显不适用问题时,可对相应规定做适当调整或修正,但调整与修正应有充分的依据;调整与修正的内容应在检测方案中予以说明。如有特殊情况需要选用其他检测方法,应尽可能减少对结构的破损,优先选用非破损或局部破损检测方法。

3 构件的抽检数量

3.1 混凝土强度的抽检数量

混凝土强度的抽检,应按照《回弹法检测混凝土抗压强度技术规程》(JGJ/T 23—2001)中所讲按生产工艺、混凝土强度等级、原材料、配合比、成型工艺、养护条件均基本一致且龄期相近的同类结构或构件构成一批,抽检数量不得少于同批构件总数的30%且构件数量不得少于10件。建筑结构检测中,检验批的最小样本容量也有所规定。《建筑结构检测技术标准》(GB/T 50344—2004)第3.3.13条中,检测批的最小样本容量不宜小于表1中的限定值。对检测批进行批量评定,得出相应强度指标的推定区间。

表1 建筑结构抽样检测的最小样本容量

检验批的容量	检测类别和样本最小容量			检验批的容量	检测类别和样本最小容量		
	A	B	C		A	B	C
2 ~ 8	2	2	3	501 ~ 1 200	32	80	125
9 ~ 15	2	3	5	1 201 ~ 3 200	50	125	200
16 ~ 25	3	5	8	3 201 ~ 10 000	80	200	315
26 ~ 50	5	8	13	10 001 ~ 35 000	125	315	500
51 ~ 90	5	13	20	35 001 ~ 150 000	200	500	800
91 ~ 150	8	20	32	150 001 ~ 500 000	315	800	1 250
151 ~ 280	13	32	50	>500 001	500	1 250	2 000
281 ~ 500	20	50	80				

注:检测类别A适用于一般施工质量的检测,检测类别B适用于结构质量或性能的检测,检测类别C适用于结构质量或性能的严格检测或复检。

3.2 钢筋保护层厚度的抽检数量

对梁、板类构件,应各抽取构件总数量的2%且不少于5个构件进行检验;当有悬挑构件时,抽取的构件中悬挑梁类、板类构件所占比例均不宜小于50%。

3.3 砌筑砂浆抗压强度的抽检数量

抽检数量不应少于同批砌体总构件数的30%且不少于6个构件。

4 抽检数量分布或样本容量分布

(1)对混凝土强度,检测数量确定或按同检验批各类构件的总数量表确定样本容量后,再分配到各层确定构件各层数量及部位,这些均应在检测方案中预先注明。如因现场条件限制有改动仍应选择同类构件进行检测。

（2）对钢筋保护层厚度的检验，其检测范围主要是钢筋位置可能显著影响结构构件承载力和耐久性的构件和部位，如梁、板类构件的纵向受力钢筋。由于悬臂构件上部受力钢筋移位可能严重削弱结构构件的承载力，故更应重视对悬臂构件受力钢筋保护层厚度的检验。

（3）按批抽样检测时，应取同楼层、同品种、同强度等级、龄期相近的砌筑砂浆且不大于 250 m³ 为一批，且以面积不大于 25 m³ 的砌体构件或构筑物为一个构件。

5 检测要求

5.1 混凝土强度检测

检测混凝土强度时，构件的测区布置宜满足下列规定：

（1）在条件允许时，测区宜优先布置在构件混凝土浇筑方向的侧面。不能满足此要求时，可检测混凝土浇筑表面或地底面。

（2）测区可在构件的两个对立面、相邻面或同一平面上。

（3）测区宜均匀布置，相邻两测区的间距不宜大于 2 m。

（4）测区宜避开钢筋密集区和预埋件。

（5）测区尺寸宜控制在 0.04 m² 内。

（6）测试面应清洁、平整、干燥、无接缝、无浮浆和油垢并应避开蜂窝、麻面部位。必要时可用砂轮片磨平。

若采用钻芯时，芯样应在下列部位钻取：

（1）结构或构件受力较小的部位。

（2）混凝土强度具有代表性的部位。

（3）便于钻芯机安放与操作的部位。

（4）避开主筋、预埋件和管线的部位。

5.2 钢筋保护层厚度

对选定的梁类构件，应对全部纵向受力钢筋的保护层厚度进行检测；对选定的板类构件，应抽取不少于 6 根纵向受力钢筋的保护层厚度进行检测。对每根钢筋，应在有代表性的部位测量一点。

5.3 砌筑砂浆抗压强度

（1）被检测灰缝应饱满，其厚度不应小于 7 mm，并应避开竖缝位置、门窗洞口、后砌洞口和预埋件的边缘。

（2）多孔砖砌体和空斗砌体的水平灰缝深度应大于 30 mm。

（3）检测范围内的饰面层、粉刷层、勾浆砂浆、浮浆以及表面损伤层等，应清除干净；应使待测砂浆暴露并经打磨平整后再进行检测。

（4）每一构件应测试 16 点。测点应均匀分布在构件的水平灰缝上，相邻测点水平间距不宜小于 240 mm，每条灰缝测点不宜多于 2 点。

另外，对于检测中出现异常的个别构件应该特别关注，分析原因，提出整改措施。比如有个别混凝土边柱或边墙强度偏低，多数都是在泵送开始时砂浆过多、石子偏少所致。

因此,建议施工单位在泵送一开始时的混凝土不要打在主体结构上,而且不能加水,增大水灰比会直接影响混凝土的强度。再者,在砌筑砂浆抗压强度检测中,我们发现有的砌筑砂浆抗压强度较低多数是与现场施工时所用砂有关,工人在施工时为了图省事对所用砂不做处理或直接铲用地面上的砂,这很有可能将地上的土一起搅拌以致砂的含泥量大大超过标准值,这样砂浆的强度达不到要求是必然的。但不管什么原因造成的混凝土强度、保护层厚度、砌筑砂浆抗压强度不能满足规范要求时,我们都要通过结构实体检验才能检测出来并针对出现的问题合理提出相应的对策。所以,实体结构的检验工作是十分重要的。它是在见证取样、主体工程完工之后,对结构的安全性进行的最后一道把关。工程实体结构的检验应该能对整个工程的质量作出正确的评价,是一项全面、细致的工作,应当把这项工作做的更好。只有这样,结构工程质量才能得到保障。最后,所使用的检测仪器均应经过计量检验,操作应符合相应规程的规定,保证检测工作的准确性。

浅析混凝土质量控制

李俊玲

（河南省鼎盛建设工程检测有限公司）

【摘　要】　本文针对常见的混凝土质量通病,从原材料、配合比、混凝土搅拌和浇筑及振捣、混凝土的养护和拆模等四个方面讨论控制方法。

【关键词】　混凝土;质量控制

随着社会经济的发展、科学技术的进步,混凝土结构在现今建筑工程中占有很大的比重,在结构的安全、可靠度和耐久性方面起绝对的作用。建筑工程结构质量的好坏,将关系到千家万户的生活质量和人身安全。混凝土作为一种主要建筑材料,它的质量好坏,既影响结构物的安全,也影响结构物的造价,因此对混凝土质量的要求非常严格。

混凝土的基本性质在很大程度上是由原材料的性质及其相对含量决定,同时确定配合比、搅拌、成型、养护等工序的好坏也都对混凝土的质量有很大的影响。

为了控制混凝土的质量,施工中应注意以下问题。

1　原材料的控制

混凝土是由胶凝材料、砂、石与水配制成的拌和物,经过一定的时间硬化而成的,因此组成混凝土的原材料至关重要。

1.1　水泥质量的控制

混凝土所用水泥除应持有生产厂家的合格证外,还应做强度、安定性、凝结时间等常规检验,只有这些指标都合格后方可使用,且勿先用后检或边用边检。不同品种的水泥要分别堆放,不得混用。

1.2　骨料的控制

应先选用优质中砂和碎石,同时对砂应进行细度模数、含水率、含泥量的检验。石应进行颗粒级配、含水率及含泥量及针片状颗粒含量等试验。只有材料达到合格要求,才能做出合理的混凝土配合比,才能使施工得以正常合理的进行,达到设计和验收标准。同时,砂石质量必须符合混凝土各强度等级用砂石质量标准的要求。料场对不同品种、不同规格、不同产地的碎石应分别堆放,并有明显的标示。

1.3　拌和混凝土用水控制

搅拌混凝土所用水必须是符合标准的饮用水,不得使用未经处理的工业或生活污水搅拌混凝土。

1.4　外加剂的质量控制

外加剂可改善混凝土的和易性,调整凝结时间,提高混凝土的强度,改善混凝土的耐久性,但应根据施工工艺、气候条件、混凝土的性能要求,结合原材料的性能、配合比及对水泥的适应等因素确定品种和掺量,正确选择外加剂。外加剂的质量应符合有关标准经检验合格后方可使用。

2 配合比的控制

混凝土配合比的选择,应保证混凝土能达到结构设计所规定的强度等级,并符合施工对和易性的要求,必要时还应符合对混凝土的特殊要求;保证混凝土获得足够的耐久性和密实度,即施工配合比除满足强度、耐久性要求和节约原材料外应该具有施工要求的和易性。在设计配合比时,应根据砂石材料特性和水灰比调整最佳砂率,使混合物具有施工要求的和易性,即具有较好的流动性、黏聚性和保水性。只有设计出较合理的配合比,才能使混合物比较容易拌和均匀,而且在施工过程中不致产生离析泌水现象。监理工程师在混凝土搅拌前应对配合比进行审查,使配合比得到可靠的保证,能够满足工程的各项要求后,方可允许进行混凝土的搅拌和浇筑工作。

3 混凝土搅拌和浇筑及振捣控制

混凝土搅拌前要求施工单位严格原材料计量控制。搅拌机应配备水表,禁止单纯凭经验靠感觉调整用水量的做法;对外加剂,应事先称量出每盘一份加入,禁止拿铁锹随意添加;对砂、石料,应坚持要求每次过秤称量,不提倡小车划线做记号的体积法。另外,还应对每盘的搅拌时间、加料顺序、混凝土拌和物的坍落度、是否离析等进行抽查,以免造成质量隐患。在较大的工程中,应要求施工单位采用电脑计量的搅拌站,这样可以有效地减少人为因素带来的质量过失。只有拌和的混凝土质量达到标准要求后才得以浇筑。

混凝土浇筑前,监理工程师、质量控制工程师应检查混凝土的浇筑方法是否合理、水电供应是否保证、各工种人员的配备情况是否到位;振捣器的类型、规格、数量是否满足混凝土的振捣要求;浇筑期间的气候、气温,夏季、雨季、冬期施工,覆盖材料是否准备好。同时要认真检查模板支撑系统的稳定性,检查模板、构件预留孔洞是否按照设计要求施工。条件都达到要求后才能实施混凝土的浇筑工作。为保证混凝土的整体性,浇筑时应由低向高分层浇筑,且应连续完成这一工作,如果条件满足不了连续浇筑,那么间隔时间宜缩到最短。

混凝土入模后应立即进行振捣。振捣过程中应保证混凝土充满模板的每一角落,使混凝土拌和物获得最大的密度和均匀性。总之振捣应密实,只有这样才能保证混凝土结构构件外形整齐、平整,同时保证混凝土强度符合设计要求。

在整个浇筑过程中,应随时注意观察混凝土拌和物的坍落度等性能,若有问题,应及时对混凝土配合比作合理调整;督促施工单位控制好每层混凝土浇筑厚度及振捣器的插点是否均匀,移动间距是否符合要求;对钢筋交叉密集的梁柱节点更应振捣到位,以防出现蜂窝、麻面。对大体积混凝土或厚度较大的部件,应采用低水化热水泥并加强保温养护措施。

4　混凝土的养护和拆模控制

混凝土浇筑后应及时用湿润的草帘或塑料布覆盖,并注意洒水养护,延长养护时间,尤其在阳光直射时应加强防护,防止混凝土收缩裂缝。混凝土的养护也是确保混凝土质量的关键环节,夏季、冬季及时采取保温、保湿、防寒措施,同时认真听取天气预报,在天气骤变的情况下,采取有效的措施。经过养护达到规定要求后可拆除模板,拆模板时应先拆不承重模板后拆承重模板且拆模时间不宜过早。拆除模板后应注意对混凝土进行继续养护以防开裂致混凝土的强度受到影响。

当然,影响混凝土质量的因素还有很多。控制混凝土质量的方法也多种多样,这些都有待于工程技术人员在今后的工作中去进一步发掘。由于施工现场砂石质量变化相对较大,因此现场施工人员必须保证砂石的质量要求,并根据现场砂石含水率及时调整水灰比,以保证混凝土配合比,不能把试验配比与施工配比混为一谈。经过实践我们总结出来对于混凝土质量控制,需要精心施工,因此在施工中必须对混凝土的施工质量有足够的重视,施工中必须结合实际、全面考虑、合理采用原材料,才能起到良好的效果,确保工程质量。同时,人的质量意识是很重要的,需要每个责任主体的负责人齐心协力、共同努力,发现问题及时采取措施予以处理才能保证混凝土的质量。为了保证混凝土施工质量,最好在浇灌前就能比较准确地预测混凝土 28 d 强度,这样才能有效地避免混凝土工程质量事故。

影响水泥胶砂强度的原因分析与对策

李俊玲

（河南省鼎盛建设工程检测有限公司）

【摘　要】　本文针对影响水泥胶砂强度的原因进行分析并提出对策。

【关键词】　水泥胶砂；强度；影响；原因；对策

随着社会经济飞速持续发展，各类建筑工程如火如荼进行。建筑工程结构质量的好坏将直接关系到社会和人们生命财产的安全，也是关系国家建设和社会经济发展的大事。而混凝土是当代建筑工程中最重要的结构材料之一，它的质量直接关系到建筑结构的安全性和耐久性，因此对其质量要求非常严格。水泥是组成混凝土材料中最重要的原材料，其强度直接关系到混凝土配合比的设计。因此，要提高混凝土的质量，首先要提高水泥强度检测值的准确度。

水泥强度检测经以下几个过程。

1　试件成型

（1）将试模擦净紧密装配，防止漏浆，内壁均匀地刷一薄层机油。

（2）计算和称取成型试件所需水泥砂和水量，将水倒入搅拌锅内，再加上水泥，低速搅拌 30 s 后，在低速 30 s 的同时均匀将砂加入，再高速搅拌 30 s，停拌 90 s，将叶片和锅壁上的胶砂刮入锅中，再高速搅拌 60 s。

（3）胶砂制备后应立即进行成型。将空试模和模套固定在振实台上，用一个适当的勺子直接从搅拌锅中将胶砂分两层装入试模，装第一层时，每个槽里约放入 300 g 胶砂，用大播料器垂直架在模套顶部沿每个模槽来回一次将料层播平，接着振实 60 次。再装入第二层胶砂，用小播料器播平，再振实 60 次。移走模套，从振实台上取下试模，用一金属直尺以近似 90°的角度架在试模顶的一端，然后沿试模长度方向以横向锯割动作慢慢向另一端移动，一次将超过试模部分的胶砂刮去，并用同一直尺以近似水平的情况下将试体表面抹平。

2　养　护

（1）将试件编号，带模放置在标准养护室或养护箱内养护，湿空气应能与试模各边接触。直到规定的脱模时间再进行脱模（大多为 24 h）。

（2）试件脱模后立即放入（20 ±1）℃水槽中养护，养护期间试件之间间隙和试件上表面的水深不得小于 5 mm，每个养护池只能养护同类水泥试件，保持恒定水位。

（3）除 24 h 龄期或延迟 48 h 脱模的试件外，其余到龄期的试件应在试验前 15 min 从水中取出,并用湿布覆盖,准备试验。

3 强度试验

3.1 抗折强度

(1)试验:将试体一个侧面放在试验机支撑圆柱上,试体长轴垂直于支撑圆柱,通过加荷圆柱以(50±10) N/s的速率均匀地将荷载垂直地加在棱柱体的侧面上,直至折断。保持两个半截圆柱体处于潮湿状态直至抗压试验。

(2)计算:抗折强度 R_f 以牛顿每平方毫米(MPa)表示,按下式进行计算:

$$R_f = 1.5F_fL/b^3$$

式中:F_f 为折断时施加于棱柱体中部的荷载,N;L 为支撑圆柱体之间的距离,mm;b 为棱柱体正方形截面的边长,mm。

3.2 抗压强度

3.2.1 试验

抗压强度试验应在半截圆柱体的侧面上进行。半截圆柱体中心与压力机板受压中心差应在±0.5 mm内,棱柱体漏在压板外的部分约有10 mm。在整个加荷过程中以(2 400±200) N/s的速率均匀地加荷至破坏。

3.2.2 计算

抗压强度 R_c 以牛顿每平方毫米(MPa)为单位,按下式计算:

$$R_c = F_c/A$$

式中:F_c 为破坏时的最大荷载,N;A 为受压部分面积,mm^2。

由于水泥胶砂强度检验程序较为复杂,因此影响其检测结果的因素也较多。从取样、试验、成型、脱模、养护到破型试验这一系列的操作过程、所用材料、仪器设备、环境条件及操作人员都会不同程度地给水泥胶砂强度带来影响。检验水泥强度等级时,各种不规范的操作方法对水泥强度等级的检验结果均有一定程度的影响。

(1)搅拌锅升不到位,即搅拌叶片与锅壁间隙过大对结果影响较大。曾统计3 d抗折强度下降24%,抗压强度下降12%。间隙应为(3±1) mm,使用一段时间后,由于机械部分的磨损使搅拌锅常常升不到位,间隙逐渐变大,被搅起的胶砂料中水灰比大于0.50,在振实成型的过程中未被搅起的胶砂料往往装在试模第二层上表面,最终被刮抹掉,实际装入试模中的胶砂料中用水量增大、水泥量减小,导致强度降低,或锅底未搅起的胶砂料不均匀地装入三联试模中,使试体强度离散性变大,导致数据无效。

(2)采用振实成型时,第一层装入胶砂多时,测得的结果比标准方法低(3 d抗折强度降低5%~8%,抗压强度降低2%~3%;28 d抗折强度接近标准方法,抗压强度比标准稍有提高)。分析原因,3 d强度较低可能由于第一层胶砂料较厚,胶砂中的一些微小的气孔未被振实,3 d水泥水化不充分,这些微小的气孔未被水化产物填充,试体中的孔隙率较大,28 d后水泥水化较为充分强度提高。成型时,第一次与第二次时间不宜太长,有人忙于别的工作没有意识到振实成型工作及时的重要性导致试件分层,对水泥强度结果影响也很大。

(3)钢尺斜刮时钢尺变形向上鼓起导致试体尺寸偏大,测得强度偏高。

（4）水泥称量不准、加水量不准导致胶砂水灰比改变，水灰比较大强度底；反之，则高。

（5）当水泥胶砂试体从养护池中取出不用湿布覆盖，未及时养护，干燥收缩使其产生裂纹导致抗折强度下降。

（6）榔头脱模时用力过大造成试体产生裂纹致抗折强度下降，或者用其他工具脱模导致试件受损也影响其强度。

（7）抗压强度检测时加荷速度自动控制一般不会出现什么问题，当手动操作时，操作者使用仪器不熟练，初始加荷速度掌握不准，或大或小，不能均匀加荷，造成抗压强度值偏高或偏低。

4 结 语

综上所述，以上均为从试验、成型、脱模、破型过程中不规范操作对结果产生的影响。同时，如仪器故障、养护及试验环境条件等都会对强度产生显著的影响。

为保证水泥胶砂强度的检测准确度，在试验中必须对可能产生的不利因素及问题引起高度重视，认真采取措施加以解决。

（1）水泥检测人员应相对固定，以老带新，树立起严格执行国家现行标准的思想观念。做到科学、公正、精读标准，熟练掌握每一项操作要领。

（2）熟练掌握各环节设备的操作及设备本身的特点，养成使用前首先检查仪器设备状态的工作方法，发现问题及时处理，保证所用仪器均在鉴定有效期内。同时，要制定自检设备周期，如对于搅拌机叶片与锅壁之间的间隙应每月检查一次。

（3）养成良好的工作习惯，每日定时观察温湿度，要确保试验环境及水泥胶砂试件均在正常温湿度范围内。

（4）要加强平时操作基本功的训练，遵守职业道德，培养过硬的技术本领。当手动操作压力机加荷试验时手动压力机加荷，初始加荷速度应为(2.4 ± 0.2) kN/s加荷到试体破坏，当试体临近破坏时应控制送油量既不能上冲也不能有意识地停下（保证试体均匀受压）。手动时当试体刚开始受力时加速度一般应小于规定的速度使工作油缸慢慢升起抗压夹具球座能自动调整水平，加压板的力均匀分布在试件表面。若一开始加荷速度接近或稍大于规定的速度，然后调整规定的速度，则球座来不及调整水平试体已局部先受压易破坏导致强度低。同时还要选择适宜的加载量程。

总之，影响水泥胶砂强度的因素是多种多样的，既有系统误差又有偶然误差。但只要我们认真对待，找出原因，采取措施，认真加以解决就能做到检测的准确性，保证水泥的质量，为建筑工程的安全性提供有力的支持。

浅谈触电事故的预防措施

何红梅　　何景章

(河南新浦劳务承包有限公司)

【摘　要】　针对工程管理中事故多发的现状,结合自己的工作经验,对触电事故,从其注意事项以及临时用电安全常识入手,制定出触电事故的预防措施。

【关键词】　触电;预防;措施

1　引　言

近年来,建筑业安全事故频发,其中所谓的"五大伤害"占事故的85%以上,为减少触电事故的发生,结合自己参加工作以来的施工经验,制定出以下预防措施,供大家参考。

2　了解用电注意事项

不得随便乱动或私自修理现场内的电气设备;经常接触和使用的配电箱、配电盘、闸刀开关、按钮开关、插座、插销及导线等,必须保持完好,不得有破损或将带电部分裸露;不得使用铜丝等代替保险丝,并保持闸刀开关、磁力开关等盖面完整,以防短路时发生电弧或保险丝熔断飞溅伤人;经常检查电气设备的保护接地、接零装置,保证连接牢固;在移动电焊机等电气设备时,必须先切断电源,并保护好导线,以免磨损或拉断;在使用手电钻、电砂轮等手持电动工具时,必须安装漏电保护器,工具外壳要进行防护性接地或接零,并要防止移动工具时,导线被拉断,操作时应戴好绝缘手套并站在绝缘板上;在雷雨天,不要走进高压线杆、铁塔、避雷针的接地导线周围20 m内。当遇到高压线断落时,周围10 m以内禁止人员进入;若已经在10 m范围之内,应单足或并足跳出危险区;对设备进行维修时,一定要切断电源,并在明显处放置"禁止合闸,有人工作"的警示牌。

3　掌握施工现场临时用电安全常识

建筑施工现场临时用电工程专用的电源中性点直接接地220 V/380 V三相四线制低压电力系统,必须采用配电柜或总配电箱、分配电箱、开关箱,三级配电系统;TN－S接零保护系统;二级漏电保护系统。在建工程不得在外电架空线路正下方施工、搭设作业棚、建造生活设施或堆放构件、架具、材料及其他杂物;周边与外电架空线路的边线之间要达到最小安全操作距离;电缆线路应采用埋地或架空敷设,严禁沿地面明设,并应避免机械损伤和介质腐蚀。埋地电缆路径应设方位标志。电缆与厂区道路交叉处应敷设在坚固的保护管内;管的两端宜伸出路基;扒拉开关时,面部不宜正对开关,应侧面使用,以防开关产生电火花伤人;电气设备和线路必须绝缘良好,电线不得与金属物绑在一起;各种电动机具必须按规定接零接地;在架空线路下面工作应停电。不能停电时,应有隔离的防护措施;电焊机械应放置在防雨、干燥和通风良好的地方。焊接现场不得有易燃、易爆物品。交流弧焊机变压器的一次侧电源线长度不应大于 5 m,其电源进线处必须设置防护罩;起重机不得在架空输电线路下面工作,通过架空输电线路时应将起重臂落下。在架空输电线路一侧工作时,不论在任何情况下,起重臂、钢丝绳或重物等与架空输电线路的最近距离应不小于规定值。

在潮湿和易触及带电体场所的照明,电源电压不得大于 24 V;特别潮湿的场所、导电良好的地面、锅炉或金属容器内的照明,电源电压不得大于 12 V,行灯电压不得超过 36 V;普通灯具与易燃物距离不宜小于 300 mm;聚光灯、碘钨灯等高热灯具与易燃物距离不宜小于 500 mm,且不得直接照射易燃物。达不到规定安全距离时,应采取隔热措施;对夜间影响飞机或车辆通行的在建工程及机械设备,必须设置醒目的红色信号灯,其电源应设在施工现场总电源开关的前侧,并应设置外电线路停止供电时的应急自备电源。

用电设备必须做到一机一闸一保护。每台用电设备必须有各自专用的开关箱,严禁用同一个开关箱直接控制 2 台及 2 台以上用电设备(含插座),避免误操作事故发生。

开关箱应防雨、防尘、加锁;一般安装高度(距地)1.5 m,与其控制的固定电气设备的距离不超过 3 m;开关箱内不准存放任何物品,防止误操作造成事故;开关箱周围不准堆放杂物,并应有足够两人同时操作的空间和通道;非电工严禁拆装保险丝;非电工严禁拆接电源线;维修时严禁使用其他金属丝代替保险丝;施工现场室内的照明线路与灯具的安装高度低于 2.4 m 时,应采用 36 V 安全电压;施工现场使用的手持照明灯(行灯)的电压应采用 36 V 安全电压;在 36 V 电线上也严禁乱搭乱挂。

使用漏电保护器时,要注意施工现场所有的电气设备必须安装漏电保护器。漏电保护器安装在电气设备负荷线首端;使用前由电工检测,确认合格;不得用漏电保护器直接代替电闸开关使用;漏电保护器发生掉闸时,不能强行合闸,应由电工查明原因,排除故障后,才能继续使用。

4 结 语

综上所述,作为施工企业,安全是个永恒的主题,从"要我安全"到"我要安全、我会安全",是一个思想上质的飞跃,只有牢固掌握基础知识,并认真付诸实践,才能使我们开心工作,使企业健康、持续、快速的发展。

超声技术与污泥处理工艺

李运正　张晓宇　李　莲

（南阳市建设工程质量监督检验站）

【摘　要】　作为声学研究领域的重要组成部分,超声在现代分离技术中的研究也取得了一定进展,已日益显示出其在各分离领域的重要性。

【关键词】　超声波;除垢;污泥处理

超声技术是一种新兴的、多学科交叉的边缘科学,已在化工、食品、生物、医药等学科的研究中开拓了新领域,并从应用上对上述工业产生了重大影响。作为声学研究领域的重要组成部分,超声技术在现代分离技术中的研究也取得了一定进展,已日益显示出其在各分离领域的重要性。

1　超声波技术机理

超声波防垢器主要是利用超声波强声场处理流体,使流体中成垢物质在超声场作用下,其物理形态和化学性能发生一系列变化,使之分散、粉碎、松散、松脱而不易附着管壁形成积垢。超声波的防垢机理主要表现在以下几个方面。

1.1　"空化"效应

超声波的辐射能对被处理液体介质直接产生大量的空穴和气泡,也就是把液体拉裂而形成无数极微小的局部空穴,当这些空穴和气泡破裂或互相挤压时,产生一定范围的强大的压力峰,这个强压力峰能使成垢物质粉碎悬浮于液体介质中,并使已生成的垢层破碎且易于脱落。根据理论和实践测算,用 20 kHz、50 W/cm² 的超声波对 1 cm³ 液体辐射时,其发生空化事件的气泡数为 $5 \times 10^4 \ s^{-1}$,局部增压峰值可达数百甚至上千大气压。

1.2　"活化"效应

超声波在液体介质中通过空化作用,可以使水分子裂解为 H·自由基和 HO·自由基,甚至 H^+ 和 OH^- 等。而 OH^- 与成垢物质离子可形成诸如 $Ca(OH)_2$、$Mg(OH)_2$ 等的配合物,从而增加水的溶解能力,使其溶垢能力相对提高。也就是说,超声波能提高流动液体和成垢物质的活性,增大被水分子包裹着的成垢物质微晶核的释放性。

1.3　"剪切"效应

水分子裂解产生的活性 H·自由基的寿命比较长,它进入管道后将产生还原作用,可以使生成的积垢剥落下来。同时,因超声波辐射在垢层和管壁上,加热管上的吸收和传播速度不同,产生速度差,形成垢层与管壁界面上的相对剪切力,从而导致垢层产生疲劳而松脱。

1.4　"抑制"效应

通过超声波的作用,改变了污水的物理化学性质,缩短了污泥的成核诱导期,刺激了微小晶核的生成。新生成的这些微小晶核,由于体积小、质量轻、比表面积大,悬浮于液体中,生成比壁面大得多的界面,有很强的争夺水中离子的能力,能抑制离子在壁面处的成核和长大,让既定结构的晶粒长大,因此减少了黏附于换热面上成垢离子的数量,从而也就减小了积垢的沉积速率。实验研究表明,当污水的过饱和系数一定时,在同一超声波参数下,超声波作用时间越长,则污泥的成核诱导期越短。

2　超声波对污泥絮体尺寸的影响

用超声波对活性污泥的物理、化学和生物特性分别进行了研究。采用的超声波频率是 20 kHz,作用时间是 20 ~ 120 min 不等,未处理以前污泥絮体的平均粒径是 98.9 μm。在 0.11 W/mL 的声能密度下,絮体尺寸几乎没有发生任何变化;在 0.22 W/mL 的声能密度下,絮体粒径明显减少;在 0.33 W/mL 的声能密度下作用 20 min 后,絮体粒径迅速减至 22 μm,经 120 min 则减至 4 μm;在声能密度为 0.44 W/mL 时,经 20 min 后絮体直径减至不足 3 μm,再延长时间则变化很小。分别考察了声能密度为 0.11 W/mL 和 0.33 W/mL 的两种情况下超声波对污泥絮体尺寸的影响,发现在 0.11 W/mL 声能密度下,絮体尺寸经 60 min 由 31 μm 减至 20 μm,尺寸减小了 35%;在 0.33 W/mL 声能密度下,不到 20 min,絮体尺寸减至 14 μm。

3　超声波对不同细菌的影响

在 0.33 W/mL 声能密度下,经 40 min 超声波处理后,异氧菌减少了 82 %,而大肠杆菌减少了 99% 以上,并且溶解性 COD 经 60 min 作用后提高了 12 倍;而在 0.11 W/mL 声能密度下,作用时间较短时,异氧菌和大肠杆菌变化不大,只有在 60 min 以上才有明显减少,而且不管作用时间长短,溶解性 COD 几乎保持不变,这种现象揭示在较高声能密度作用下,超声波可以把细菌分解,并使相当一部分固态 COD 转变为溶解态。同时,在 0.11 W/mL 和 0.33 W/mL 之间存在一个阈值,超过此阈值,细菌的分解才会发生。

目前,超声波应用于污泥处理及减量存在的主要问题是超声处理运行参数优化、超声效率有待提高以及超声反应器的合理设计等,而且在进一步研究中应注意与污水处理工艺的合理组合,这样才能发挥超声波的特点,并为其在实际工程中的应用打下基础。

4　超声波分解污泥引起温度上升的现象

当声能密度为 0.44 W/mL 时,2 min 内污泥温度超过了 55 ℃。为了考察温度对污泥分解的影响,他们把反应器的温度控制在 15 ℃左右,实验结果显示,声能密度为 0.11 W/mL 时,没有出现固态 COD 转变为溶解状态;如果不进行温度控制,大约有 2% 固态 COD 转变为溶解态。这种效应在声能密度为 0.33 W/mL 时更为明显。为此他们考虑了究竟是超声波还是超声波引起的热效应对溶解性 COD 释放的作用。结果表明,单独在温度高的情况下,不足以破坏絮体结构,所以他们认为超声空化和由此引起的温度上升对于污泥分解是同样重要的。

5　结　语

综上所述,在不同声能密度、不同作用时间下,超声波对其作用后的污泥分解程度、污泥絮体尺寸变化,以及伴随污泥分解,溶解性 COD 释放情况和相应的温度上升现象等研究,为掌握超声波分解污泥的机理提供了研究基础。当超声波功率一定时,频率低、作用时间长,去污效果较好;当超声波频率一定时,功率大、作用时间长,去污效果较好。同时,超声波去污效果还与流体的流量与压力、液体的黏度与温度、超声波电源发生器与超声波换能器的距离(即传输电缆长度)、原已生成积垢的程度等因素有很大的关系。尤其是经超声作用后的污泥,颗粒态 COD 转变为溶解态 COD,可充分利用这一特点并将其结合到污泥处理工艺中,提高污泥厌氧消化的能力;或结合到不同污水处理工艺中,形成微生物的隐性生长以达到污泥减量的目的,其推广价值在环保节能、提高工效、降低成本等方面具有广泛的意义。

参考文献

[1] 黄汉生. 用超声波法减少污水中污泥量[J]. 工业用水与废水, 2001(1).

[2] 白晓慧. 超声波技术与污水污泥及难降解废水处理[J]. 工业水处理, 2000,20(12):8-10.

[3] 袁易全,等. 近代超声原理与应用[M]. 南京:南京大学出版社, 1996.

[4] 丘泰球,胡爱军,姚成灿,等. 超声波防除积垢节能技术及设备开发[J]. 应用声学, 2002,21(2).

[5] 罗多. 功率超声在石化工业中的应用[J]. 声学技术, 2002.

[6] 林楚娟,孙水裕,郑雪丹. 超声波技术在污泥减量化中的应用研究现状[J]. 广东化工, 2007, 5.

[7] 曹秀芹,陈珺,唐臣,等. 超声处理后剩余污泥性质变化及分析[J]. 环境工程, 2005(5).

浅谈人类与环境的和谐

张晓宇　李运正　李　莲

（南阳市建设工程质量监督检验站）

【摘　要】　人类既是环境的产物,又是环境的塑造者,人类与环境是辩证统一的。人类在改造环境的过程中,应该树立可持续发展观念,促进人与环境的和谐发展。

【关键词】　人类与环境;对立统一;可持续发展;和谐

人类与他们周围的地理环境每时每刻都发生着密切的关系。一方面,人类的所有活动需要不断地从周围环境中摄取物质和能量,以求得自身的生存和发展,同时,又要将废弃物排放于地理环境之中;另一方面,环境又根据自身的规律在不停地形成和转化着一定的物质和能量,但它的变化和发展,并不以人类的意志为转移,不因人类的主观愿望而改变自身的客观属性,也不因人类的有目的的活动而改变自己的内在规律性,人类与环境之间,存在着一种既对立又统一的辩证关系。

1　人类与环境的对立统一

人类社会与环境的对立,是指人类的主观需求和有目的的活动,同环境的客观属性和发展规律之间,不可避免地存在着矛盾。人类只有全面正确地认识环境,遵循环境的发展变化的内在规律来从事自身的生产和活动,才能保护好环境,促进生态平衡,否则环境问题就会随之产生。

人类社会与环境的统一,是指人类社会以环境作为载体,在一定的环境空间存在,人类的一切活动总是同其周围的环境相互联系、相互制约和相互转化。人类既是环境的主体,环境的塑造者;同时人类也是环境的产物。人类的活动不可能无限地向环境索取,也不可能总是随心所欲地向环境排放废弃物。当人类的行为遭到环境的报复而影响到人类本身的生存和发展时,人类就不得不调整自己的行为,以适应环境的承受能力。自从有了人类以来,人类社会就是在这种对立统一的辩证关系中发展起来的。

在远古时代,当人类刚从动物分化出来,这种对立统一关系就已处于初级的状态。早期的人类已懂得了猎取食物、取火、制衣、穴居,在各种环境中进行着生存竞争。然而,因人类活动能力有限,只能以自身的生活活动和自己的生理代谢过程与环境进行物质和能量的交换。这时,人类同环境之间的矛盾尚不突出,人们的努力目标仅是去适应环境、利用环境,而很少有意识地去改变环境。

伴随着人类改造自然能力的增强,使用的工具也日益进步,人类开始懂得了改变生存的环境,学会了农耕、养殖、穿衣、住房,特别是进入了原始农业文明时代,人们将大片的荒山、草地辟为田地,加之由于水利事业的发展,又为农业的丰收提供了保证。然而,在人类社会逐步发展的过程中,人类社会与环境的矛盾却显得日益突出。这些矛盾的激化,曾使繁荣一时的楼兰文明变为一片沙荒,也使玛雅人经受不住干旱、洪水、风沙的侵袭,而不得不丢弃自己亲手创造的文明,离开了故乡……这就是早期的环境问题。遗憾的是,这并没有引起人类的警觉,也未认识到这是环境的报复。当时,人类生产力尚不发达,对环境的破坏尚不明显,环境问题也未达到危及人类生存的地步,故人类仍是我行我素。到了后工业时代,情况便发生了根本性的变化,人类社会的生产力获得了长足的发展,人类的数量空前增长,人类社会活动的范围日益扩大,"人定胜天"的思想占据了人们的头脑,人类在对环境进行改造的同时,对环境的破坏也日益加剧。与此同时,环境的结构组成、物质循环的方式和强度都发生了深刻的变化,环境问题随之明朗起来,现代工业使大量埋藏在地下的矿产资源被开采出来,投入环境之中,并随着产品的生产与消费,又把废气、废水、废渣排放出来,其中许多废弃物难以处理、同化,使之对人体及生物造成难以忍受的危害。随着这些有害废弃物的不断累加,造成了环境质量的逐步恶化,使生态平衡遭到了破坏。现代工业还带来了人口问题、城市化问题,农业现代化也派生出来许多方面的环境问题。可见,人类在发挥其积极作用、创造高度物质文明之时,也同样给环境带来消极的副作用,从1934年美国的"黑风暴"到我国大跃进年代内蒙古的"人造荒漠";从20世纪60年代的伦敦烟雾事件、洛杉矶光化学事件、比利时马斯河谷事件,以至当今世界性的人口的剧增、森林锐减、臭氧层出现空洞等一系列的环境问题,无一不是大自然对人类的报复。这些都是人类与环境对立关系的具体体现。

2　创造人类与环境和谐的举措

人类与环境的对立统一关系,始终贯穿在人类社会发展过程之中,伴随着人类社会的发展和对环境资源需求的增长,这个关系也在不断地向前发展着,要解决人类同环境对立的矛盾,一方面有赖于生产力的发展、科学技术的进步,另一方面要大力提高全民的环境意识,实现人与环境的高度的协调。

(1)树立可持续发展的观念,即人类当前的行为或目标要与整体的长远利益和命运相一致,人类的各种生产活动和生活活动必须有利于生存环境,并获得最大的效益。

(2)人类的活动要能够源源不断地从环境中获得物质和能量,获得良好的生存环境和长久利益,必须把利用环境与保护环境结合起来。人与自然、人与人之间能够建立起一种相互补偿的良性关系,达到协调系统各要素的有机结合,互成一体。人类必须强调经济、社会和环境的协调统一发展,其核心思想是经济发展应当建立在社会公正和资源环境可充分利用的前提下。

(3)通过实施环境经济政策和环保法规,使私人成本接近或等于社会成本,让生产者直接面对社会成本,从而通过经济手段,借助于市场机制的作用,使生产者和消费者破坏环境的行为得到纠正;通过法规强制措施,促使生产者和消费者保护环境。

(4)在人类与环境协调发展的大工程中,人类的组织结构、知识结构必须健全,全民参与意识必须加强,主体的决策必须正确;人与环境的协调必须是全方位的协调,必须使人类一直处于地球的最大环境容量或承载量之内,必须一直处于最佳的生存环境状态之中,达到既满足当代人的需要,又不对后代人满足其自身需要构成威胁,从而使我国的发展可以持续下去。

　　总之,人类与环境的对立统一关系无处不有,无时不在。要消除对立,强化统一,就必须协调人类与环境的关系,在经济建设中做到经济效益、社会效益、生态效益的高度协调,只有这样,才能保证人类的持续发展与环境的和谐的高度统一。